生态规划导论

王让会　主编

China Meteorological Press

内 容 简 介

本书在介绍生态规划的概念、产生和发展过程的基础上，重点阐述了生态规划的理论基础、生态规划的内涵与原则；并进一步阐述了生态规划的基本程序、内容和方法，强调了景观生态规划及管理的作用；介绍了生态功能区划的步骤和途径以及生态分析和调控原理；基于生态规划的理念，分析了中国相关省（区、市）和城市生态规划的案例。

本书可供从事生态科学、管理科学等相关研究领域的教学、科研与工程技术人员参考，也可供城市科学、环境科学、地理科学、经济管理等学科领域本科生与硕士及博士研究生学习参考。

图书在版编目(CIP)数据

生态规划导论 / 王让会主编.
—北京：气象出版社，2012.11
ISBN 978-7-5029-5661-5

Ⅰ. ①生… Ⅱ. ①王… Ⅲ. ①生态规划 Ⅳ. ①X32

中国版本图书馆 CIP 数据核字(2012)第 319393 号

Shengtai Guihua Daolun

生态规划导论

王让会　主编

出版发行：**气象出版社**
地　　址：北京市海淀区中关村南大街 46 号　　　　邮政编码：100081
总 编 室：010-68407112　　　　　　　　　　　　发 行 部：010-68409198
网　　址：http://www.cmp.cma.gov.cn　　　　　　**E-mail**：qxcbs@cma.gov.cn
责任编辑：李太宇　　　　　　　　　　　　　　　终　审：黄润恒
封面设计：博雅思企划　　　　　　　　　　　　　责任技编：吴庭芳
印　　刷：三河市鑫利来印装有限公司
开　　本：720 mm×960 mm　1/16　　　　　　　印　张：14.5
字　　数：300 千字
版　　次：2012 年 11 月第 1 版　　　　　　　　印　次：2012 年 11 月第 1 次印刷
定　　价：40.00 元

本书编委会

主　编：王让会

副主编：胡正华　李　琪

参编人员（以姓氏笔画为序）：

丁　曼　丁玉华　王让会　王龚博　朱　旻

李　成　李　琪　陆志家　胡正华　钟　文

曹　华　程　曼　薛　雪

目 录

第1章 绪 论

1.1 生态规划概述

1.1.1 生态规划概念

21世纪是世界经济快速发展的世纪,但随之产生的各种环境问题却困扰着人类社会。世界人口的剧增使人类赖以生存和发展的地球系统承受着越来越大的压力。全球范围内的气候变暖、生态退化、环境恶化、污染跨界转移和不可更新资源不断减少等问题日趋严重,影响着区域生态系统的稳定与生态安全。目前,人类已经认识到生态环境问题的严峻性,正逐步将生态学与可持续发展理念融入到规划实践中,生态规划问题亦备受关注并愈加受到重视。中国共产党第十八次全国代表大会报告也首次提出"美丽中国,生态文明,开创发展新方向"的论断,进一步说明了生态文明在社会经济发展中的重要意义。在诸多学科的快速发展中不断受到关注的生态科学,是研究生物之间以及生物与环境之间相互关系及其作用机理的学科,其基本原理正是适合人类社会与环境协调发展的重要原理。规划领域借鉴与运用生态思想,通过生态规划来达到人与人、人与自然、自然与自然的和谐与共生,实现人居环境的持续改善,使社会、经济、环境三者之间既相互制约、又互为补充。近年来,生态规划学得到迅猛发展,其应用的领域和范围也不断扩大。在学科交叉日益增多、新兴手段不断介入的大背景下,中外学者结合各自的研究工作对生态规划学赋予了不同的内涵。

关于生态规划的研究倾注着诸多学者的心血。国际上有关学者较早地涉足生态规划这一前瞻性领域。例如,美国著名的城市理论家刘易斯·芒福德(Mum-ford,1960)等将生态规划定义为"综合协调某一地区可能的或潜在的自然流(水)、经济流(商品)和社会流(人),以此奠定该地区居民的最适宜生活的自然基础。"现代生态规划学奠基人伊安·麦克哈格(McHarg,1969)认为,生态规划是在没有任何有害的情况下,或多数无害条件下,对土地的某种可能用途,确定其最适宜的地区。符合此种标准的地区便认定为本身适宜于所考虑的土地利用。利用生态学原理而制定的符合生态学要求的土地利用规划称为生态规划。联合国人与生物圈计划(MAB,1984)也指出,生态规划就是要从自然生态和社会心理两方面去创造一种能充分融合技术和自然的人类活动的最优环境,诱发人的创造精神和生产力,提供高的物质和文化水平(许浩峰,2005)。由此可见,生态规划着重强调资源环境可持续发展以及社会—经济—自然三者的相互关系(McHarg,1981)。

中国学者亦对生态规划进行了积极探讨,于志熙(1992)认为:"广义的生态规划与区域规划和城市规划在内容和方法上应是重合的,贯彻生态学的科学原理,强调生态要素的综合平衡;狭义的生态规划又称环境规划,是区域规划和城市规划的一部分。生态规划是实现生态系统动态平衡,调控人与环境关系的一种规划方法"。曲格平(1993)主编的《环境科学辞典》对生态规划的内涵作了进一步的阐述,并强调指出"生态规划是在自然综合体的天然平衡情况不做重大变化、自然环境不遭受破坏和一个部门的经济活动不给另一个部门造成损害的情况下,应用生态学原理,计算并安排(合理)天然资源的利用及组织地域的利用"。王如松和薛元立(1995)认为:"生态规划就是要通过生态辨识和系统规划,运用生态学原理、方法和系统科学手段去辨识、模拟、设计生态系统内部各种生态关系,探讨改善系统生态功能、促进人与环境持续协调发展的可行的调控政策。其本质是一种系统认识和重新安排人与环境关系的复合生态系统规划。"王祥荣(1995,2002)认为:"生态规划不应仅局限于土地利用规划,而是应以生态学原理和规划学原理为指导,应用系统科学、环境科学等多学科手段辨识、模拟和设计人工复合生态系统内的各种关系,确定资源开发利用与保护的生态适宜度,探讨改善系统结构与功能的生态建设对策,促进人与环境持续协调发展的一种规划方法。"仝川(1998)认为:"广义的生态规划是作为一种方法论去指导其他规划,如土地利用规划、景观规划、园林规划、城乡规划和市政规划等,使生态学思想贯穿于规划之中;狭义的生态规划是在生态系统水平上所做的规划,应从定性描述和分析走向定量分析和数值模拟,使其成为可实施的对策规划,成为促进可持续发展的有力工具和可行途径。"刘天齐(2001)认为:"生态规划是在生态学原理指导下的土地利用分区规划。"欧阳志云(2005)从区域发展角度指出,"生态规划系指运用生态学原理及相关学科的知识,通过生态适宜性分析,寻求与自然协调、资源潜力相适应的资源开发方式与社会经济发展途径。"由上述观点可以发现,不同学科和研究领域对生态规划的认识有一定的差异。早期的生态规划多关注土地利用空间结构和布局优化;但随着复合生态系统理论不断完善,生态规划已经从土地空间结构布局和土地利用规划,逐步拓展到环境、资源、经济、社会等多个领域。从上面众多的生态规划概念中也可以看出,虽然不同学者对生态规划的概念有不同的认识,但生态规划强调的是人与自然环境的和谐,体现的是一种和谐的规划思想已基本达成共识。生态规划的目的就是从自然要素的规律出发,分析其发展演变规律,确定人类如何进行社会经济发展生产和生活,有效地开发利用和保护自然资源,促进社会经济和生态环境的协调发展,实现区域和城市的可持续发展(王祥荣,2000)。联合国人与生物圈计划报告中指出,生态规划就是要从自然生态和社会心理两方面去创造一种能充分融合技术和自然的人类活动的最优环境,诱发人的创造精神和生产力,提供高的物质和文化生活水平。景观规划是贯穿城市建设过程的一条精神主轴。景观作为城市的一个重要功能要素,将其进行整合是生态城市建设的重要层面之一(李团胜,1998;沈莉莉等,2006)。

简而言之,可以将生态规划理解为以可持续发展理论为基础,以生态学原理和城乡规划原理为指导,应用生态科学、系统科学、环境科学等多学科的研究手段辨识、模拟和设计复合生态系统内的各种生态关系,确定资源开发利用和保护的生态适宜性,探讨改善系统结构和功能的生态建设对策,促进人与环境系统协调和持续发展的一种规划方法(许浩峰,2005)。通过改善区域社会、经济和环境复合生态系统的结构与功能,实现环境、社会和经济的高效和谐发展(杨锦滔,2006)。现实应用中,根据生态经济学原理,结合国民经济发展计划,实现和保护生态稳定性的长期计划,其目的是通过规划,合理而有效地利用各种自然资源,以满足社会生产和消费不断增长的需要;同时保证人类社会生存活动不妨碍并有利于充分发挥自然界的功能,以保持和增进自然资源和自然环境的再生能力。生态规划是在人类生产、非生产活动和自然生态之间进行平衡的综合性计划。一般包括以下五方面的内容:(1)保证可再生资源不断恢复、稳定增长、提高质量和永续利用的计划和措施。(2)保护自然系统生物完整性的计划和措施。(3)合理有效地利用土地、矿产、能源和水等不可再生资源的计划和措施。(4)治理污染和防止污染的计划和措施。(5)改善人类环境质量的计划和措施。总体实现生态价值、经济价值、美学价值与社会价值的协调。另外,生态适宜性分析就是指一定土地对某种特殊利用适合程度的确定过程。生态适宜性分析是生态规划的基础,也是生态规划的关键。通过生态适宜性分析,规划制定者可以根据研究区域的自然条件、环境特征、区域和资源利用要求,明确区域内资源与环境的适宜性等级,为规划方案的制定奠定基础。在制定生态规划时,应根据区域自然、经济、社会条件和环境污染等生态退化状况,因地制宜地研究确定本地区的生态建设性状指标,以确保资源的开发利用不超过该地区的资源潜力,不降低它的使用效率,保证经济发展和人类生存活动适应于生态稳定,使自然环境不发生剧烈的破坏性变动。

1.1.2　生态规划的类型

根据规划对象及学科方向不同,生态规划可以按地理空间尺度、地理环境、学科门类等方面进行划分(陈涛,1991)。就生态规划对象的空间尺度与边界,还应包括按行政区划的空间尺度划分。生态规划的分类较多,一般而言,可以按规划的范围和层次将其分为国家规划、区域规划和部门规划,按照宏观和微观分为区域规划和专项规划。国家规划和区域规划对地区规划和专项规划具有指导意义,而后者是前者的基础和组成。

1.1.2.1 按地理空间尺度划分

在全球尺度上,生态规划表现为对生物圈的保护规划。生物圈保护以生物多样性保护及生物资源永续利用为首要目标,应用生态学原理与工程技术手段缓和保护、利用及发展过程中所存在的问题,注重对资源的长效保护;建立专门的管理机构,实行长效管理机制,并按照多层次、多目标的规划原则实施全球性生态保护与环境管理。

在区域尺度上,生态规划具体表现为区域生态规划,它是以可持续发展为目标,合理规划区域资源,促进区域经济社会的发展。在遵循生态优先、整体和谐等原则的基础上,积极开展相关区域生态规划工作,制定中长期发展规划纲要。针对土地利用及规划方案,提出多种不同的思路与方案,为相关政府部门完善区域土地法规政策及环境质量管理等方面奠定基础。寓生态建设、环境保护于区域经济发展之中,力争形成资源高效利用、经济可持续发展的良性循环,最终实现生态保护与社会经济发展的同步发展。

在地方尺度上,生态规划表现为对地方生态要素、环境资源与社会发展协调性的规划。而基于景观生态学原理及方法所实施的景观生态规划,能保障地方尺度上的生态规划的实施。景观是一组或以相类似方式重复出现的相互作用的生态系统所组成的异质性区域(或空间上相邻、功能上相关、发生上有一定特点的生态系统的聚合),存在着类似生态条件的综合体(傅伯杰等,2001)。与区域生态规划不同,景观生态规划是在一定尺度上对景观资源的再分配,通过研究景观格局对生态过程以及人类活动与景观的相互作用,在景观生态分析、综合及评价的基础上,制定出景观资源的优化利用方案,着重强调空间格局对生态过程的影响以及景观的资源价值与生态特性,其目的是协调景观内部结构和生态过程及人与自然的关系,正确处理生产与生态、资源开发与保护、经济发展与环境质量的关系,进而改善景观尺度上生态的功能,维持景观功能的健康和安全,提高生态系统的生产力、稳定性和抗干扰能力(王军等,1999)。

1.1.2.2 按地理环境划分

在生态规划分类中,按地理环境进行划分,亦有诸多不同的类型。一些学者根据研究对象的地理环境特征,把生态规划分为陆地生态规划、海洋生态规划、森林生态规划、草原生态规划、城市生态规划、农村生态规划等,其中,在城市化快速发展的背景下,城市与农村的生态规划是目前生态建设与环境保护中的重要内容,并受到政府和规划部门的高度重视,成为新农村建设与低碳城市规划的重要组成部分。

1.1.2.3　按学科特征划分

近年来,随着学科的交叉与融合,从社会科学与生态科学交叉与融合的角度,人们也在探索生态规划的分类问题。如一些学者认为可以把生态规划分为经济生态规划、人类生态规划、民族文化生态规划等。与此同时,随着生态经济学的发展,经济生态规划发展较快,成为区域经济发展规划的重要组成部分。经济生态规划强调两方面的内涵,其一是生态系统整体观,将城市、农村、城乡结合部视作区域大系统的一部分;其二是环境经济观,将经济发展与环境质量看作一个统一体,用环境经济整体观指导社会经济活动,兼顾社会、经济发展的整体利益和自然生态过程的良性循环。

1.1.2.4　按行政区划划分

行政区划是国家管理的重要手段,是一个国家内部行政区域的划分。行政区划与生态保护密切相关,从行政区划的角度分析生态规划的内涵及规律,更具有现实意义。目前,行政单元主要分为省(自治区、直辖市)、县(自治县、区)、乡镇等,对应的生态规划亦可分为省级生态规划、市级生态规划、县级生态规划及乡镇生态规划。2003 年,中国国家环境保护总局制定了生态县、生态市、生态省相关建设指标,对中国不同行政区域开展生态规划起到了积极作用。

1.2　生态规划形成过程

生态规划中的"生态"理念可以追溯到中国古代的风水理论,至今已有千余年的历史;在中国传统哲学思想中用"天人合一"观念概括自然界与人的和谐关系,是古代中国城市规划中朴素生态思想萌芽的基础(赵伟丽,2008)。在 2000 多年前,中国就形成了一套"观乎天文以察时变,观乎人文以化天下"的人类生态理论体系。18—19 世纪傅立叶的"法郎基",Rowan 的"新协和村",西班牙 Soria 的"现代城"(刘传国,2004),都充分反映了人类在技术进步的帮助下,从为追求一般的生活环境到追求自然的、可持续的人居环境的历程,都蕴含了一定的生态规划的哲理(王祥荣,1995)。19 世纪下半叶,以乔治·马什(1864)、约翰·鲍威尔(1879)和霍华德(1898)等为代表的生态学家和规划工作者,及其规划著作相继面世,标志着基于土地利用规划的生态规划的产生(欧阳志云和王如松等,1991)。

20世纪初,随着生态规划理论初步形成,生态学思想与城市规划、社会学等学科的思想相互渗透,生态规划逐渐繁荣起来。1923年Benton MacKaye明确地将区域规划与生态学联系起来,并将区域规划定义为:"在一定区域范围内,为了优化人类活动、改善生活条件而重新配置物质基础的过程,包括对区域生产、生活设施、资源、人口及其他可能的各种人类活动的综合安排和排序"(刘康和李团胜,2004)。Lewis Mumford(1960)曾指出:"对于一个城市的生存,自然环境的保护是极为重要的。"美国生态学家Aldo Leopold经过十几年的工作实践,不仅创立了"野地动物保护学科",并且提出了"土地伦理"观念,将二者与土地利用、管理和保护规划相结合,为生态规划的发展做出了巨大贡献。在规划方法上,这一时期的最显著贡献者是Warren Henry Manning,发明了地图叠合技术来理解和评价场地包括土壤、坡度、植被等多因素的空间关系。到1915年,他已经综合了2000多幅国家资源地图,运用图形叠加技术,完成了美国国家景观规划,表达了以自然资源和自然系统为基础的土地分类思想,并以此为基础指导土地利用和开发,为后来生态规划方法的飞速发展奠定了坚实的基础。20世纪50—70年代,随着工业化和城市化进程逐步加快,人们对资源环境的破坏日趋严重,全球性的生态危机不断显现。人们在现代生态学理论的迅速发展中,对生态规划有了新的认识。生态规划从传统的地学领域向其他领域渗透,形成了地域生态规划。20世纪80年代后,生态规划不论在方法上,还是在技术上都有突飞猛进的进展,特别是在思维方式和方法论方面有了明显的创新。

21世纪以来,随着可持续发展理论、生态系统评估、低碳理念及应对气候变化行动计划的实施,生态规划的理论与实践得到了新突破。联合国教科文组织(UNESCO)首次提出了"生态城市"这一全新的城市发展模式(MAB,1984),强调从生态学角度入手,以系统思维为指导,采用整体、综合有机体等观点去研究和解决城市问题,并以此指导城市规划与建设,处理城市生态问题等(李广斌和钱新强,2002;张晓明,2007)。诸多城市相继开展生态城市的实践,并取得了良好的成效。近年来,国际上在生态城市规划与建设过程中,注重理论与实践紧密结合,强调人与自然和谐相处,从不同角度给出多种规划方案。同时,加快完善生态城市评估的指标体系,建立了多种指标类型及评价模型。景观规划与景观生态学的快速发展及两者间的相互融合,使许多有关景观生态规划的研究工作逐步开展起来,形成了系统的理论与方法体系,并率先在土地利用规划中得到了应用,极大地促进了景观生态规划的发展(肖笃宁,1991;赵伟丽,2008)。

1.2.1 中国生态规划的理论与实践

中国的生态规划研究虽然起步较晚,但在发展过程中形成了自己的特色,强调生态规划的理论研究与规划建设同步进行,注重规划过程的整体性与系统性(赵伟丽,2008)。

近年来,随着中国全面建设小康社会进程的快速推进,城市化进程也在逐步加快,但环境问题不断凸显,并日益受到人们的广泛关注。与此同时,人们对城市发展中的生态规划问题的关注亦不断加强。在理论方面,生态伦理作为一门新的价值观,对于人们树立"生态价值观"发挥着重要作用;在国家战略层面,中国共产党的十七大及十八大报告中提出的"生态文明"理念,为发展生态规划提出了更高的目标,充分体现了中国对生态建设的高度重视。另外,信息生态学、景观生态模式理论的发展,极大地促进了生态规划的发展。目前,将生态系统服务理念、生态资产评估与低碳环保理念相结合,逐渐地催生了具有中国特色的生态规划理论体系。在规划技术方面,随着数字城市、物联网、智慧城市等领域的不断拓展,信息技术的创新日新月异,为生态规划提供了更加科学、准确的技术手段。

1.2.1.1 理论与方法进展

中国生态规划的研究与实践起步于 20 世纪 80 年代,目前正处于快速发展阶段。中国生态城市领域的专家将现代生态学的理论与方法、国际城市生态规划研究与实践的成果与中国国情以及发展阶段的特征相结合,提出了许多切实可行的理论和方法(杨锦滔,2006;徐析和李惊,2008)。马世骏和王如松(1984)提出了"社会—经济—自然复合生态系统的理论",并认为以人的活动为主体的城市、乡村构成了社会、经济与自然三个子系统,形成相互作用与制约的复合生态系统。该理论不仅丰富了区域生态规划的内容,而且找出了社会经济发展存在的问题;明确了人口、资源、环境与产业的发展战略,为实现经济、社会和环境相统一的战略方针,提供了切实可行的方法。随后,王如松等学者提出了泛目标城市生态规划方法(王如松,1987;刘浩和吴仁海,2003;张晓明,2007)。生态规划的实质就是通过辨识—模拟—调控的方法,运用现代生态学原理以及生态经济学理念等对复合生态系统中社会、经济与自然三个子系统及其各组分之间的生态关系进行调控,协调人类活动与自然环境的关系,实现城乡及区域经济、社会和环境的可持续发展(欧阳志云和王如松,1993;许浩峰,2005)。孔繁德(2002)认为,区域生态规划应从城市生态系统的结构入手,通过优化人口空间布局、合理利用土地资源、提高环境质量等手段,改善区域生态系统的状态,构建布局合理、功能分明的城镇化体系,实现区域经济一体化。吴良辅(2001)提出以整体观念处理局部问题的规划准则,以他在长江三角洲、京津地区人居环境发展规划的研究实践,对中国城市发展规划和人居环境建设发挥了巨大的推动作用(杨虎,2007)。俞孔坚提出要以"反规划"作为思想方法,以生态基础设施规划作为解决综合问题的系统途径。俞孔坚认为生态基础设施是城市和居民获得持续自然服务的基本保障,是城市扩张和土地开发利用不可突破的刚性限制;生态基础设施是一种空间结构,必须先于城市建设用地的规划和设计而进行编制,阐述"反规划"和生态基础设施优先的思想是实施生态城市的重要途径(刘浩和吴仁海,2003),也是目前低碳城市规划的重要思路与途径。

生态规划是基于一种生态思维方式,遵循"循环再生,协调共生,持续稳生"的生态原则,引导一种低碳模式与实现可持续发展的过程,生态规划的重点是要通过规划及其规划的实施,实现环境友好、生态协调与经济发展的良好目标。

系统科学理论是以系统为研究对象,研究一切系统的模式、原理和规律的科学。它是在老三论(系统论、控制论、信息论)的基础上逐步发展起来,并出现了新三论(耗散结构论、协调论、突变论)。它们从不同的角度进行研究,形成并完善了系统论的概念以及范畴,从系统的角度揭示客观事物和现象的相互联系、相互作用的本质和规律,对现代科学的跨越式发展起到了极大地推动作用(胡兵,2010)。贝塔朗菲还认为系统存在封闭系统和开放系统的区别,热力学研究的只是封闭系统,是开放系统的一个特例,开放系统才是更为一般的系统。贝塔朗菲在一般系统论中明确描述了系统的概念,并进一步对组织、整体、等级、动态和目的等系统特征做出了建设性的论述。系统论的基本概念包括系统、层次、功能、反馈、信息、平衡、涨落、突变和自组织等(武赫男,2006)。

系统论、控制论及信息论对系统的整体性、系统行为的不确定性及其调控方式等做了系统的描述,系统论的核心概念即整体性概念,亦是控制论和信息论的基本出发点。如果说系统论主要研究系统的机构组织的话,那么控制论和信息论则更加偏重于系统的行为方式的研究(王英,2007)。从其中可提炼出整体原理、有序原理和反馈原理这三个基本原理(武赫男,2006)。整体原理强调,任何系统只有通过相互联系形成整体结构才能发挥整体功能,系统中各要素是相互作用、相互依存的,没有整体联系、整体结构,要使系统发挥整体功能是不可能的。有序原理强调,任何系统只有开放、有涨落、远离平衡态,才可能走向有序,形成新的、稳定的有序结构,以使系统与环境相适应。反馈原理强调,任何系统只有通过反馈信息才可能实现有效的控制。一个控制系统,既有输入信息,又有输出信息,系统的控制部分根据输出信息,进行比较、纠正和调整它发出的输入信息,从而实现控制。

"耗散结构"理论回答了开放系统如何从无序走向有序的问题。耗散结构理论本质上是一种自组织理论,又称为"非平衡系统的自组织理论。"普利高津强调非平衡是有序的起源,耗散系统的结构是一个开放系统,注重系统对来自外部环境的能量的耗散,通过连续的物质和能量流来维持,与热力学平衡结构是相对立的,但同意热力学第二定律和生物进化论的矛盾(武赫男,2006)。"耗散"的含义在于这种结构的产生不是由于守恒的分子力,而是由于能量的耗散,系统只有耗散能量才能保持结构稳定。耗散结构理论把自然界的不确定性、复杂性、偶然性放在首要地位,关心的是自然的演化。耗散结构理论本属于非线性、非平衡热力学领域,但随着相关研究的不断拓展,耗散结构理论能够解决很多系统的有序演化问题,其应用范围已经超出物理、化学自然科学系统,而逐步深入到自然—经济—社会复合生态系统的研究中。协同论研究各种不同的系统从混沌无序状态向稳定有序结构转化的机理和条件。哈肯指出:"从混沌状态而自发形成的很有组织的结构,乃是科学家们所面临的最吸引人的现象和最富于挑战性的问题之一。"协同论主要研究系统的自组织现象,它是对耗散结构论和超循环论的整合与突破,广泛应用了概率论、信息论、控制论、平衡相变理论以及突变论等有关理论,进而实现了系统论在最高层次的复归,是一般系统论关于开放系统的深入和新的发展。突变论研究的主要对象是从一种稳定态到另一种稳定态的跃迁,是客观世界中广泛存在的突变现象。突变论的主要特点是用形象而精确的数学模型来描述和预测事物的连续性中断的质变过程。突变论在研究复杂问题和过程时具有特殊的方法论意义,为人们理解、研究和把握客观世界的突变现象,提供了新的手段和可能。

9

总体而言,系统科学的相关原理,对于指导生态规划具有重要的基础性作用,对于实现生态规划的预期功能与目标具有不可替代的作用。

在生态规划领域,诸多理论为科学规划发挥着积极作用。还原论就是其中的一个重要方面,它强调从微观角度研究城市发展过程中经济社会与资源环境的相互作用;山水城市论则是还原论中具有中国特色的城市发展理论。钱学森先生于 1990 提出山水城市概念。他从中国传统的山水自然观、天人合一哲学观基础上提出的未来城市构想,要让城市有足够森林绿地,足够的自然生态;要让城市富有良好的自然环境与宜居环境(叶盛东,2011)。追求人工艺术与自然景观的"共生、共荣、共存、共乐、共雅",体现强烈的中国文化元素,将城市中的人工环境和自然环境相融合,走出一条具有中国特色的城市可持续发展之路。与此同时,整体论也在现代城市规划中发挥着重要作用,从宏观上研究城市发展的动因、结构与功能的关系,并将其运用到城市生态规划与管理之中,提高资源利用效率,改善系统内外关系,增强城市活力(杨彤等,2006)。

前面提到,复合生态系统理论强调社会生态子系统是主导,以城市内所有居住人口为中心,为满足城市居民的需求提供劳力和智力服务;经济生态子系统是命脉,以资源为核心,通过物质循环、能量流动以及信息传递,实现资源的高效利用;自然生态子系统是基础,以生物结构和物理结构为主体,强调生物与环境的协同共生(杨锦滔,2006)。复合生态系统可持续能力的维系有赖于对其环境、经济、社会和文化因子间复杂的人类生态关系的深刻理解、综合分析及系统管理。它们可以归结为对有效资源及可利用的生态位的竞争,人与自然之间、不同人类活动间以及个体与整体间的共生或公平性,以及通过循环再生与自组织行为维持系统结构、功能和过程稳定的自生或生命力等核心内涵及原则。目前,相关发展模式的代表是循环经济推动模式和紧缩城市发展模式。在以循环经济为支撑的生态城市建设中,建立新型生态工业循环体系,达到"零排放"等节能减排与低碳的理想目标。紧缩型发展模式突出城市内在联系及时空概念,采取混合使用和密集开发的策略,使人们的居住地更靠近工作地点和日常生活所必须的设施所在地的模式。

景观功能指景观提供生物生存所需的物质、能量、空间需要的能力,景观功能是通过物质循环与能量流动、信息传递等来实现的。研究景观的功能,必须研究景观中能量、物质的流动和再分配过程,以及动植物的运动规律(刘茂松和张明娟,2004)。景观生态学的研究对象和内容主要概括为结构、功能与动态,尺度、过程及格局以及景观异质性等。目前,景观功能已经与生态规划的建设紧密地结合了起来,廊道类型的多样性反映了其结构和功能的多样性,已是当今生态学研究的热点问题,景观三要素所构成的"斑块—廊道—基质模式"的具体运用,使得景观结构、功能和动态的表述更为具体,有利于科学合理地实现规划目标。

在生态规划的方法领域,中国的生态规划方法建立了辨识—模拟—调控的生态规划方法,体现了系统规划及灵敏度模型的思想,创立了泛目标生态规划方法(王如松,1987)。泛生态规划是以生态控制论原理为指导,以调节生态系统的功能为目标,以专家系统为工具、定量和定性方法相结合对城市生态系统进行规划和调控的智能辅助决策方法。这种生态规划方法通过对不同方案进行关键因子与结构以及机会风险和效益的分析,向决策者提供一系列的城市整体或部分的发展对策。泛目标生态规划的对象是一个由相互作用的要素构成的系统,其主要特征体现在如下四个方面:第一,运用生态学原理和生态经济学原则对城乡复合生态系统进行调控,以追求整体功能最优为规划目标;第二,在优化过程中关注限制因子及其与系统内部各组分之间的耦合关系;第三,在由整个系统关系所组成的网络空间中优化生态关系,输出一系列效益、机会、风险矩阵和关系调节方案;第四,强调决策者在规划过程中的参与,运用现代生态学理论和地理信息系统方法进行具体方案设计(欧阳志云和王如松,2005)。

生态规划改变了传统规划以土地为核心,以经济发展为单一目标的规划方式,着重强调了可持续发展理念、人与自然和谐相处与低碳环保的理念,在规划布局和规划建设等方面都融入了现代生态学原理、低碳理念以及节能减排技术等。随着3S(遥感技术,地理信息系统和全球定位系统)技术的迅猛发展,突出图像图形表达,提高信息处理的效率,为生态规划在信息获取、信息处理以及方案制定等方面提供了便捷的平台及技术支撑。此外,在生态规划建设中,采用生态评价技术与生态建设规划技术也是本领域的热点;其中生态分析评价技术包括生态敏感性评价、生态足迹分析、生态承载力评价等,而生态建设规划技术则包括生态功能分区、生态景观建设、生态修复等(张泉和叶兴平,2009;李永军,2010);通过上述评价与分析可以帮助决策者全面认识生态现状,并科学制定生态规划方案。

目前,应用较多的还有旅游生态城市规划,旅游生态城市是针对目前中国旅游专业化城市粗放型的发展现状提出的一种生态城市建设模式。旅游生态城市在城市建设过程中注重与城市旅游功能的密切结合,注重协调城市居住环境、城市环境与旅游环境之间的关系,通过旅游生态城市建设使城市生态系统的功能进一步合理化。

1.2.1.2 生态规划的实践

中国生态规划从 20 世纪 80 年代开始的理论发展,90 年代初已逐步进行了多种形式的实践活动,极大地丰富了中国生态规划的理论与实践。前已述及,生态城市的规划是在生态系统资源环境承载力的范围内,运用现代生态学及生态经济学原理和系统工程方法,建立一个自然和谐、社会公平和经济高效的复合系统的过程,并且,使得城市生态系统具有自身人文气息、自然风貌与现代特色。值得一提的是,中国江西省宜春市 1986—1991 年开展了生态城市的试点建设,并取得了良好的效益;马鞍山市也于 1996 年完成了生态城市规划,《人民日报》于 1999 年也曾报道山东省烟台市开展生态城市的建设情况。目前,中国的生态规划建设尚处于初级阶段,城市规划及建设中有诸多难题急需解决。

进入 21 世纪以来,随着示范区建设的成熟,各地区都在大力推行生态省、生态市、生态县建设规划,将为中国生态规划的实践提供新的机遇。目前,生态功能区规划取得了新进展,按照中国的地貌、水热组合、植被特征等自然条件划分为 3 个生态大区,50 个生态区,206 个生态亚区和 1434 个生态功能区。建立了分省生态功能区划方案,各省方案包括了公路、生态亚区、土壤、年干燥度、土壤侵蚀、数字高程、生态区、生态功能区、铁路、社会经济、地质灾害、地貌和土地利用等子项目。经济全球化也正在改变着中国城市发展的国际背景,持续稳定的经济增长积极地推动了中国的城市化进程。在生态城市规划建设方面,中国许多地方结合各自城市及区域特色,开展诸多有益的实践,建立了一系列试验模式。例如,江苏省沿江城市带和沿江风光带规划、深圳市生态市规划、苏州工业园区生态示范园区建设、北京中关村科技园区生态建设、合肥滨湖新区生态建设等就是其中的典型代表。

(1)社区驱动开发模式

社区驱动开发模式是指社区的规划、设计、建设、管理和维护全过程都由社区居民参与,是一种社区自助性的开发方式。在可能的情况下,社区居民可以通过各种方式参与生态城市的建设(薛梅等,2009)。这种模式需要公众积极参与,而公众参与是生态城市取得成功的重要一环,强化了公众是城市的生产者、建设者、消费者和保护者的重要作用(王青,2009)。目前,这种模式在中国还不普遍,大力倡导社区驱动开发模式,对于提高公众生态保护的意识,促进公众积极参与生态城市建设具有重要现实意义。

(2)节水型生态城市规划

节水型生态城市主要是提高城市污水回用率,进行海水淡化以及雨水利用等手段来缓解城市在现代化建设进程中所出现的水资源匮乏、水质污染和灾害性天气带来的城市供水安全问题(文琦等,2007;薛梅等,2009)。例如,南京城市用水以长江为水源,总体水质较好,但控制污染的压力日益加大,特别是由于地处于长江下游段,承载着来自中、上游污染下泄的水质安全风险。为加强城市节水,有效缓解供水压力,减少水资源消耗,多年来南京市供水节水管理处通过各种方式,包括出台"南京市非居民用户节约用水管理规定",开展"节水志愿者"活动、开通"网上微博"等,让更多的南京市民了解并参与到节水中来。与此同时,还运用高新技术手段,对单位内部的用水情况进行综合性分析评价,充分挖掘用水潜力,提高节水、用水效能,达到强化用水管理,提高合理用水的目的,从而保障经济的高速发展与社会的和谐稳定。

(3)山水园林城市建设

随着人们对环境质量要求的不断提高,各级政府普遍开始重视城市的建设与发展。而"园林城市"、"山水城市"、"山水园林城市"等都是城市发展的阶段性目标。园林城市在强调绿化指标和自然环境生态化的基础上,艺术化地组织和构造城市空间的各个基本要素,强化社会生态化、绿化质量和人文内涵的特色,使城市形体环境有最佳的美学和生态学效果。由此可见,"山水园林城市"建设是一项系统工程,需要整体的规划以及切实可行的理论指导,目前还需要做大量的探索性工作(王亚军,2007)。

2011年,世界园艺博览会在西安举行。这是在中国大陆举办的一个重大国际盛会,是宣传生态文明,提升国家形象的重大机遇。以"天人长安·创意自然—城市与自然和谐共生"为主题,会徽和吉祥物均命名为"长安花",取意"春风得意马蹄疾,一日看尽长安花";理念为"绿色引领时尚",倡导"简单而不奢侈,低碳告别高耗,回归自然,不事雕饰,绿色生活成为追求的时尚。"其中,人文山水·诗意长安园设计主题为重塑山水诗画意境,再现诗经植物风华。设计内容主要包括:人文山水、诗经植物园、湿地植物园,集中体现了诗经、唐诗以及王维《辋川集》中反映中国传统诗画意境与古典园林结合的生态自然景观(图 1.1 和图 1.2 反映了山水园林建设的理念;引自 http://news.hsw.cn/system/2011/04/21/050901410.shtml)。

图 1.1　山水园林设计示例之一

图 1.2　山水园林设计示例之二

1.3 生态规划发展趋势

生态规划涉及社会、经济、技术、环境、人类心理和行为等各方面,具有复杂性和动态性,要求多目标、多层次动态规划,要求有高度综合和定量的研究方法来适应(胡启斌,2005)。生态规划与用地布局、设施建设、产业结构等城市问题紧密联系,因而,生态规划与城市规划的融合应是未来重要的发展方向。但目前不同专家对城市生态规划的研究内容仍有较大差异,从社会、经济和自然等多方面进行深入分析,并结合中国生态规划现有的规划类型、区域规划及城市总体规划,建立系统而规范的规划内容体系十分必要。通过资源环境承载力分析、生态适宜性分析及生态功能分区等方法,引导城市定位及发展方向、促进城市合理布局,实现生态建设目标明确化、任务具体化。同时,针对中国城市发展需要,重点进行规划评价体系、关键技术方法等方面的研究。中外专家们提出了许多可持续发展指标体系,如绿化率指标体系、城市容度指标体系等,指标体系的研究标志着城市生态规划研究向量化阶段发展,推动规划实践及对实践成果的检验。在此基础上,通过对融合、衔接技术的探索,解决生态规划的实施途径与方法问题(张泉和叶兴平,2009)。因此,现代生态规划需要多学科广泛参与和知识的相互渗透,朝定性分析、定量模拟方向发展。与此同时,计算技术、遥感技术和地理信息系统技术得到广泛发展和应用(胡启斌,2005)。

生态规划不能只停留在明确区域可持续发展的方向上,重要的是落实在生态建设项目与生态产业规划的空间合理布局上。根据地理条件,生态系统演变规律、社会经济发展潜力、历史文化的传承等方面综合分析,科学合理地把握规划内容,避免实施过程中的可操作性的缺失。生态规划不是对某一重点建设项目的布局,而是考虑经济目标与非经济目标项目的总体布局。科学合理的生态规划涉及多个学科共同参与,不同学科总体协调,多方配合,统筹安排,需要自然地理学、景观生态学、城市生态学、恢复生态学、人类生态学、自然资源学、环境科学、经济地理学、人文地理学等多学科交叉的综合工作。也就是说,开展生态规划工作,必须依托多学科的交叉与融合才有可能对生态规划对象做出科学的长远定位。

1.3.1 强调区域可持续发展能力

可持续发展的内涵规定了现代生态规划的目标,其实质是协调人口、资源、环境与发展之间的相互作用关系。而现代生态规划的任务就是综合运用生态经济学、景观生态学、城市科学、系统科学、规划科学等学科的原理和方法,从"社会—经济—自然复合生态系统"的整体出发,对一定区域范围内的生态资源进行分配,满足人类居住、生产、生活以及心理要求,从而协调社会经济发展及资源环境的相互关系,使区域生态系统结构和功能达到整体协调和最优化。针对生态规划中如何体现可持续发展问题,有必要强调可持续发展的内涵及特点。首先,可持续发展应能与自然和谐共存,维护生态结构与功能的完整性;其次,可持续发展应能协调当前发展的要求与未来时代的发展要求的关系;最后,可持续发展应能不断满足人类的生存、生活及发展的需求,使不同区域人类公平地得到发展,逐步达到健康、富有的目标(刘康和李团胜,2004;许浩峰,2005)。可持续发展的内涵规定了生态规划的目标。生态规划同生态工程、生态管理共同构成可持续发展生态建设的核心(胡启斌,2005)。事实上,可持续发展的内涵规范了生态规划的主要目标,生态规划是实现可持续发展的重要途径和方法。未来生态规划的重要特征就是通过广泛地运用资源价值观、环境经济与生态经济以及环境伦理及生态美学等理念,提升发展与保护的关系,促进资源、环境及社会经济的可持续发展。

1.3.2 强调生态合理性与实效性

现实中的生态合理性问题是一个规范人类生态行为的重要问题。生态规划强调生态合理性,但不是无条件地遵守自然规律,也不是以人类活动为中心,而是相对符合自然规律,合理规划与设计,以达到符合人类生态的长远利益需求,深入分析生态结构、功能和过程,维护与改善生态系统完整性,达到生态合理性。实效性则是指研究成果能直接或间接取得的环境效益、社会效益和生态效益。即生态环境规划与设计是对人与自然的一种"约束",人类往往更注重实效性,自然所"追求"的是生态合理性,如何实现规划的生态合理性与实效性的高度统一,是生态规划需要很好解决的问题(代丹和罗辑,2008;尹丹宁,2006)。

1.3.3 强调景观生态学理论指导

目前,生态规划虽然在理论和方法上取得了较大的发展,但它本身仍继承了20世纪初的特点,偏重于生态学思想的应用,强调人的活动对自然环境的适应。在研究方法论上采用的环境与资源适宜性分析,注重的是发展中所面临的自然资源及资源的潜力与限制,对自然生态系统自身的结构与功能,以及它们与人类活动的关系涉及不多,它很少将现代生态学,尤其是景观生态学与生态系统生态学的新成果应用于规划之中(刘康和李团胜,2004)。现代生态规划更多地将现代生态学原理与客观实际相结合,使生态规划建立在生态学合理的理论基础之上。在具体规划中,通过分析生态系统的生态结构与功能特征等,维护生态系统健康发展,建立适应区域发展的生态规划体系,指导生态建设与生态管理(赵伟丽,2008)。因此,在未来的生态规划中,将更多地运用现代生态学、管理学、规划学的原理与方法,通过深入分析城市与区域生态系统景观生态的结构与功能,维护与改善城市与区域的生态完整性,将成为生态规划的重要组成部分(欧阳志云和王如松,1995)。

1.3.4 强调3S技术的综合应用

随着系统生态学及其他学科的不断发展,以遥感、地理信息系统及全球定位系统为核心的3S技术在生态规划中的应用得以深化,现代生态规划方法与手段也不断完善。全球定位系统的定位功能,为规划提供了重要精度保障。在规划中应用遥感技术,可以宏观把握规划区域的自然地理特征及生态环境背景,能够为制定规划奠定基础。地理信息系统的数据处理以及模拟等功能,使得空间特征数据的采集、存储、分析处理、转换及显示更为方便,成为生态规划的重要工具。规划的图像图形表达有赖于3S集成技术的有机结合与有效应用。

1.3.5 强调定性与定量有机结合

生态规划涉及资源、环境、社会、经济、人类的心理和行为等各方面复杂的要素,因而要求进行多目标、多层次的动态规划,要求有高度综合和定量的研究方法与其相适应。不仅需要定性分析手段,而且更需要定量分析与模型模拟手段的具体应用。如对区域生态景观的布局等,规划的最终目的是为了指导建设,一个规划从产生到最后实施,整个过程是应该有很多量化依据的,它需要多学科的广泛参与和知识的相互渗透,也需要各学科先进技术的结合(代丹和罗辑,2008)。对于快速发展的生态规划,要以可持续发展为目标的,因此,应该更加深入地研究生态规划的技术方法,为规划提供更多的量化依据。这样不仅可以发展技术方法本身,而且也可以促进生态规划理论的发展(尹丹宁,2006)。

目前,应用领域大多为统计分析及聚类分析等统计学方法。随着生态学自身理论及方法不断发展,人们对自然过程及其与人类活动关系认识的加深以及云计算、物联网技术的广泛使用,使得多属性、大范围的空间模拟分析成为可能,从而将推动定量分析与模拟在生态规划中的发展与应用。目前,空间模型分析主要包括实体模型和概念模型:实体模型有两种表达,一种是用图纸表达,主要用于规划管理和实施;另一种是采用透视法画的透视图、鸟瞰图,主要用于表达效果。概念模型一般用图纸表达,主要用于分析和比较,包括几何图形法、等值线法、方格网法和图表法。从定性分析向定量模拟方向发展是生态规划的重要趋势,定性分析如因果分析和比较分析,定量分析如频数和频率分析、集中量数分析、离散程度分析、回归分析、矩阵分析、层次分析等都是生态规划中具体应用的方法。

1.3.6　强调生态产业的引导示范

生态规划的内涵是以生态关系、人与自然的和谐发展为核心,在此基础上,结合经济、社会、环境、资源等要素,发展生态产业,提高人的居住环境质量,解决人口、资源、环境与发展之间的矛盾,促进人与自然、城市与自然的和谐发展。生态规划是用来指导客观实践的,它的最终目标就是要付诸实施。因此,生态产业的引导十分重要。现代生态规划注重宏观规划与具体生态设计的结合,将生态工程和生态技术引进产业的规划建设中(胡启斌,2005),这将有助于生态产业的发展。

未来生态规划应体现如下几个方面的特点。第一,体现系统性。由于生态问题的研究涉及社会各领域的方方面面,而城市生态规划研究应抓住城市生态环境问题的主要方面,如人居环境、大气环境、水环境、自然环境、人工环境等,对影响城市生态的关键要素如水体、绿地等进行重点研究,通过关键技术的突破,解决城市规划和建设存在的环境问题。结合区域规划、城市总体规划、详细规划等不同层次规划和相关专项规划,明确各自的任务和重点内容,构建城市生态规划的理论体系、层次体系、内容体系和方法体系等。第二,突出实用性。城市生态规划需要通过各项人工技术、措施、政策等来予以保障与实施,因此,城市生态规划理论的研究必须注重对实践的指导,通过实践的反馈来完善理论体系。不同的城市存在不同的生态环境问题,因此,需要重视地方需求,从实际出发确定规划目标与研究方向,解决关注的重点问题。第三,注重专门性。目前,城市生态规划的研究目标多停留在宏观层面,研究内容多数为生态系统的分析与评价,而对于如何构建生态系统、协调城市建设各项关系的具体措施尚缺乏深入研究。因此,细化研究目标,深化研究内容,落实建设项目与建设内容是增强规划可实施性的重要途径,也是不断发展城市生态规划的重要方向。城市生态规划作为一项新兴的且快速发展中的研究学科,研究基础条件以及研究环境与氛围的营造是学科自身发展的重要内容,因此,在未来的发展中,应建立专业的学术团队,加强中外合作和内部合作,形成稳定的学术交流渠道,加快研究的发展速度,推动生态规划的建设实践(张泉和叶兴平,2009)。

第 2 章　生态规划的理论基础

2.1　生态规划的生态学原理

　　生态规划产生于 19 世纪末 20 世纪初的土地生态恢复、生态评价、生态勘测、综合规划等方面的理论与实践。生态规划发展迅速,应用的领域和范围也不断扩大。随着生态学的不断发展及其在社会经济各个领域的广泛渗入,特别是复合生态系统理论的不断完善,生态规划已不仅限于土地利用规划、空间结构布局等方面,而是逐步扩展到经济、人口、资源、环境等诸方面,与国民经济发展、人民的生活质量、生态保护和建设、资源的合理开发和利用紧密结合(张晓明,2007)。

2.1.1　生态学与生态规划的关系

　　生态学是研究生物及其环境的一门科学。德国科学家海克尔(Haeckel,1869)曾认为,生态学是研究生物有机体与其周围环境(包括非生物环境和生物环境)相互关系的科学。这一观点至今仍普遍被人们广泛接受(武赫男,2006)。

　　基于生态学的特点,它与现实中的生态规划具有密切的联系,这种联系成为生态学的发展方向,也成为生态规划的重要理论基础。生态学可以从不同方面进行分类。一般常从三个方面将生态学划分为不同的类型。按照研究对象的组织层次划分,生态学相应地分为个体生态学、种群生态学、群落生态学、生态系统生态学、景观生态学、全球生态学等不同层次的学科门类。按照生物的生境类型划分,可分为陆地生态学、流域生态学、湖泊生态学、岛屿生态学和海洋生态学等。按照应用分类,生态学在实践中具有广泛的应用,按应用领域和对象的不同,可分为森林生态学、草地生态学、农业生态学、城市生态学、恢复生态学、生态工程学、人类生态学、生态伦理学、生态经济学等。此外,生态学学科分支还有按照其他角度的分类,如根据研究对象而分的植物生态学、动物生态学、微生物生态学等,还有按照学科间相互渗透而形成的数量生态学、化学生态学、物理生态学等。现代生态学具有一系列特征,一方面以全球生态学和空间生态学为特征的宏观生态学发展迅速,另一方面,以分子生态学为特征的微观生态学发展也异常活跃,生态学的研究范围、研究方法等十分多样。

在生态规划中，根据特定区域的问题差异性，可以应用不同的生态学原理进行问题的梳理与凝练，最终为生态规划提供理论指导。

2.1.2　生态学的相关原理特点

在生态学的发展过程中，许多学者对生态学的基本原理做了大量的研究，从不同角度、不同层次、不同尺度提出了一系列生态学的原理，针对生态规划问题，简要梳理相关的几方面生态学原理，对于启发与指导生态规划的制定及客观实践具有重要的现实意义。

2.1.2.1　生态系统耦合关系原理

生态系统内部各组分之间经过长期作用，形成了相互促进和制约的关系，这些相互作用关系构成生态系统复杂的关系网络。生态系统中要素与要素以及子系统与子系统之间密切的联系均是生态系统耦合关系的内涵（王让会和张慧芝，2004）。该原理指出了保证生态系统稳定性的机制，要求人类在开发利用资源时，要注意整个生态系统的关系网，而不是局部（刘康和李团胜，2004；武赫男，2006）。

在生态系统中，诸多生态要素之间具有十分复杂的联系。复杂性科学思想认为组织即是功能耦合系统，内稳态是组织的基本性质，而组织的稳态是在负反馈机制作用下的结果，功能耦合系统中只要有两种事物存在着耦合，就必然包含着信息反馈，因而耦合造就了内稳态和维系它的负反馈调节。大气、水文、土壤、植被等要素始终是紧密地耦合在一起的，在生态规划中必须考虑它们之间的联系，并分析它们的作用，以合理规划生态功能及维护策略。在生态系统中生物的生长是功能耦合的扩大，它需要更多的子系统耦合起来；而内稳态的作用正在于它可以建立耦合，使原来无关的一些随机变量（或系统）成为一个耦合系统（赵珂和冯月，2009）。显然，生态系统的耦合原理对于认识与评价生态要素的特征，凝练生态变化的规律，最终制定科学的生态规划方案具有十分重要的作用。

2.1.2.2　生态要素尺度效应原理

生态要素以及生态问题与尺度密切相关，脱离了尺度问题谈生态问题是不准确的。尺度效应是一种客观存在而用尺度表示的限度效应，尺度选择对许多学科的再界定具有重要意义（张洪军，2007）。生态规划是特定空间及时间尺度下的规划，它标志着对所研究对象细节了解的水平。在景观生态学研究中，空间尺度是指所研究景观单元的面积大小或最小信息单元的空间分辨率水平，而时间尺度是其动态变化的时间间隔。景观生态学的研究基本上对应于中尺度范围,即从几平方千米到几百平方千米、从几年到几百年。尺度效应表现为最小斑块面积和随尺度增大而增大,其类型则有所转换,景观多样性减小。

景观是由景观要素有机联系组成的复杂系统,含有等级结构,具有独立的功能特性和明显的视觉特征,在一定程度上也是尺度的反映。

依据不同要素在时间及空间的表现特征,把握其尺度特征对于生态规划中要素的合理布局、科学定位等具有重要的指导作用。

2.1.2.3 生态系统功能最优原理

系统整体功能最优原理就是各个子系统功能的发挥取决于系统整体功能的发挥(王敬华,2001)。生态规划是特定尺度背景下生态系统整体性的重要体现,而生态系统各子系统功能的发挥状况影响系统整体功能的发挥(许浩峰,2005)。各子系统都具有自身的目标与发展趋势,各子系统之间的关系并不总是协调一致的,但系统发展的目标是整体功能的完善,一切组分的增长都必须服从于系统整体功能的需要,局部功能与效率应当服从于整体功能和效益,任何对系统整体功能无益的结构性增长都是系统所不允许的(何永和刘欣,2006)。实现生态系统功能的最优化也是生态规划的重要目的。

长期以来,人们一直关注原生生态系统的研究,但地球生态退化的速度要远远高于自然生态恢复的速度,生态研究的范围远远小于生态影响的范围。一个可持续发展的未来不仅是自然的保护和恢复,更需要通过人类为生态系统有目的地调控提供服务。生态问题研究应从原生的、现存的、未被扰动的生态系统进行研究,向以人类为重要部分、聚焦生态系统服务和人工生态设计转型,构建维持性、恢复性和创造性的综合生态系统(何永和刘欣,2006)。

2.1.2.4 景观结构及其功能原理

景观要素是由基质、廊道及斑块组成的,景观结构及功能的实现需要通过三要素的合理配置与组合来实现。第一,斑块。它泛指与周围环境在外貌或性质上不同,并具有一定内部均质性的空间单元。对于乡村景观而言,斑块可以是农田、居民点、草地等。第二,廊道。它是指景观中与相邻两边环境不同的线性或带状结构。常见的乡村廊道包括农田间的防风林带、河流、道路、峡谷等。第三,基质。它是景观中分布最广、连续性最大的背景结构。常见的有森林、农田、居民点等基质。景观的基本功能包括环境服务、生物生产及文化支持。景观规划设计就是要保证这三大功能的实现。结构是功能的基础,功能的实现以景观协调有序的空间结构为基础(傅伯杰,2002)。

异质性强调的是景观单元在空间分布上的不均匀性及复杂程度。异质性同干扰能力、恢复能力、系统稳定性和生物多样性有着密切的关系,景观异质性程度高,有利于物种共生。异质性增加,即输入负熵,有利于景观生态系统的稳定。景观格局是景观异质性的具体表现,通过对外界输入能量的调控,可以改变景观的格局,使之更适宜于人类的生存。景观中纵横交叉的道路构成的廊道网络,各种房屋构成的斑块等人为建筑,从形状到结构都应遵从统一规划和设计,尽可能寓实用和美观于一体。异质性是保障结构的多样性与功能的差异性的重要体现。

　　不同的空间结构形式,具有不同的功能特点和类型。景观规划由目标到功能、到结构、到具体单元逐级进行,每一步都是上一步内容的具体化,并共同构成景观规划的基本步骤。乡村景观规划设计过程中,必须充分了解景观的生态特征景观中任意一点,或是落在某一斑块内,或是落在廊道内,或是在作为背景的基质内。斑块、廊道、基质是景观生态学用来解释景观结构的基本模式。这一模式为比较和判别景观结构,分析结构与功能的关系和改良景观提供了一种通俗、简明和可操作的语言。因此,斑块—廊道—基质模式也是生态规划设计可充分利用的模式之一。

　　上述生态学的基本原理,是开展生态规划与设计工作的重要理论基础。生态学作为生态规划的基础学科,要求在生态规划中以区域生态整体性为出发点,从生态复杂性的要素来把握系统的空间分布与格局、生态过程、生态功能及动态变化过程,为生态规划与设计提供客观科学的依据,并在具体的生态规划实践中得到充分体现(武赫男,2006)。

2.2　生态规划的美学原理

　　城市生态系统中,城市的总体轮廓及功能分区,建筑艺术、人文景观、风景园林、绿地、水域、色彩以及人们的精神风貌等,是环境审美的主要对象,而绿化、整洁、安宁、文明以及形式的多样与统一,人工环境与自然环境的协调则是构成城市环境美感的基本要素。城市生态规划和城市建设要把自然界中的水源、空气、土壤、动植物等要素,与人类活动作为一个大的功能系统连接起来,经过科学的调控,使城市的社会环境、物质环境、技术环境保持最优化的协调关系,创造一个日益繁荣的社会结构和优美舒适的生活环境(梅伟明,1998)。城市的美,并没有一个绝对的标准(李明,2008),景观的美学标准具有多样性特征。生态美学原理对于生态规划具有重要的指导意义。

2.2.1　生态美学的一般特征

　　自然美是客观事物本身具有的自然属性,自然美是人的主观意识的产物。它是人与自然相互作用的结果,与人的社会实践有关,是自然物的自然属性与人类的社会属性的统一。自然美的特性体现在自然性、形式性及变异性等方面,从感官的可接受性到生理心理的愉悦性以及审美主体等,都对自然美具有一定的影响。生态规划要最大限度地保留自然美的特征。

从空间上来说,城市景观是由绿色空间与建筑空间两部分组成的。绿色空间是自然的、有机的、易变的,而建筑空间则是人文的、无机的、稳定的,一旦建成后就开始走向破旧与衰败。因此,建筑空间需要用立面造型、体量、色彩以及空间关系来体现有机生命的存在。在城市区域中,建筑空间因绿色空间的存在而富有了生气,绿色空间因建筑空间的存在而体现了其生态价值。绿色空间是生态基础设施的重要组成部分,而建筑空间则是人文生态的栖息场所,将两者结合起来就是通向人与自然和谐相处的生态型城市的必要条件之一。从形态上来说,城市景观要素分为物化和非物化两方面。物化要素即是山水、草木等的自然属性,是显露在外的具体形象;非物化要素即是自然要素所体现出来的人文、精神方面的属性,是一种景观文化。城市必然要对自然现状进行整理和加工,也必然具有自然和人文的双重性,是自然景观与人文景观相互依存的和谐统一整体(沈莉莉等,2006)。

如何掌握城市的自然风格,运用其风景特点,使人工环境与自然环境和谐地结合在一起,使其相辅相成,相映成趣,这是一个能否增强城市环境美感的重要方面,也是生态规划必须考虑的问题。城市规划中也应遵循大小相随、疏密相间、刚柔相济、壮秀相形、起伏相让的构图原则,组织好建设物与建筑物,群体与群体的尺度对比空间关系,寓多样于统一,于统一中见变化,使之富有某种韵律的强烈美感。城市应该是一个有节奏有变化的整体,形式美包括一定的自然规律的概括和抽象(梅伟明,1998)。

生态规划中美学原理的应用无处不在,而且作用意义非凡。第一,节奏与韵律是指艺术作品中的可比成分连续不断交替出现而产生的美感。在植物景观设计中,利用美学原理中的"节奏与韵律",使景观在时间与空间上得到艺术化处理,呈现给人一种律动之美,展现出不同植物个体或景观整体的形态美、色彩美、组合美、动态美、意境美等。第二,在植物景观设计中,对于"比例和尺度"的把握同样十分重要。根据不同的园林空间大小和形式,选取适宜比例和尺度的园林植物进行植物造景才能充分展示植物个体和群体美,以满足不同空间风景构图的需要。在园林空间大小的处理中,植物很好地协调了园林环境。第三,对比和衬托,利用植物不同的形态特征,运用高低、姿态、叶形叶色、花形、花色的对比手法,表现一定的艺术构思,衬托出美的植物景观。对比的方式有运用水平与垂直对比法、体形大小对比法和色彩与明暗对比法等不同的具体方法。第四,层次和背景,为克服景观的单调,宜以乔木、灌木、花卉、地被植物进行立体化多层布置,形成空间层次。植物配置的空间,无论平面或立面,都要根据植物的形态、高低、大小、落叶或常绿、色彩、质地等,做到主次分明、疏落有致。群体配置,要充分发挥不同园林植物的个性特色,分清主次突出主题。

自然的景色和有趣味的景致总是美丽的。自然的线形、地形通常是连续、均顺、圆滑的,而这常给人留下了优美愉悦的感觉(冯亚刚,2006)。现实实践中,不同内容的规划不仅在自身形式、风格、质感、色彩、尺度、比例、协调等方面符合美学原则,而且还要与环境景观浑然一体,相互协调、相互映衬(黄勇等,2010)。园林景观植物配置是各种植物在审美及生态习性上的艺术配置,合理的植物配置能体现出景观之中的自然美与和谐美。景观中的植物配置要有一定的特点,协调环境中的各个因素,使得景观中的景观和植物相得益彰,充分体现景观中的生态和自然的完美结合(莽虹和莽昆仑,2010)。

生态美是一种在自然美的基础上,强调生态主体与自然环境相融洽的整合美。生态美包括自然美、生态关系的和谐美和艺术与环境的融合美,它与强调人为的规则、对称、形式、线条等传统美学形成鲜明对照,是生态规划与设计的最高美学准则。生态美的衰退标志着生命处境的劣化,生态美的消失意味着生命的终结。生态美学的出现是在生态环境日益恶化的情况下,人们对良好生态环境的眷恋、期盼及对人与自然关系重新思考的结果。

2.2.2 生态美学与生态规划

2.2.2.1 城市环境的自然化

人们在城市环境中追求自然美是很有必要的。创造美好的绿化环境,是激发人们热爱生活、创造美好生活的一个重要手段。充分利用绿色植物起到分隔空间、塑造意境、点缀精华、美化环境等功能(梅伟明,1998),是实现生态规划总体功能的重要途径。

通过生态规划,将大自然的综合景观,经过提炼融进城市建设中来,创造出新的城市风格,让广大市民在生态绿化自然美的陶冶下增进身心健康,得到美的享受。自然美常常表现一种特有的审美趣味,重视清新、活泼的气息和流动感,在人工造景中,本着造型艺术的原则,保持丰富的变化,从变化中求统一,巧妙地应用多样统一这个重要法则。城市色彩方面,常统一在绿色中。因此,城市的自然美要有一个协调的整体,如自然山水或大片的草地和树林,存在着丰富的协调之美。

2.2.2.2 城市景观的多元化

城市生态建设应该具有自身的美学价值,随着人们审美意识的增强,生态规划中相关要素的设计也表现出多元化的特点。

　　为了实现城市功能规划的完美,需要从以下几个方面着手。首先,应创造具有高标准的能够满足人们生理与心理需要的城市中心环境空间;其次,应充分利用现有城市基础条件,完善功能分区,合理安排城市发展空间,以使城市健康有序地发展;第三,突出城市中心区的城市要素的美学价值塑造,以促进城市形象的提升,改善城市景观环境质量;第四,完善城区道路路网和道路功能,建立等级分明、高效便捷的城区交通体系;第五,建立和完善城市景观环境系统,创造具有良好生态环境和人文环境的城市新中心。充分利用美学思想的指导作用,美化城市中心环境(叶立兵,2010)。

　　人们对景观体验的第一感觉即是景观是否"美",是否给人们带来"愉悦感。"这表明,景观首先要符合人们的视觉审美习惯、造成情感上的共鸣,才能引起人们的注意和兴趣。美具有两个基本特征,即客观社会性和具体形象性。所谓美的客观社会性是指美是不能脱离人类社会而存在的,美包含着日益开展着的丰富具体的无限存在,这种存在就是社会发展的本质、规律和理想,它构成了美的客观社会性的无限内容;美的具体形象性是指美必须是一个具体的、有限的生活形象的存在,不管是一个社会形象还是一个自然现象,无限的内容必须通过这个有限的形式表现出来(张亚芬,2009)。

2.2.2.3　城市色彩的多样化

　　目前,许多城市以色彩美学的标准作为指导城市建设的重要手段之一,因为色彩美学所涵盖的信息量是十分广泛的。通常与当地的气候、地理条件、城市文化、心理学、材料与工艺等因素联系紧密,并且能为城市特色的建设做出建设性贡献(熊惠华等,2010)。城市色彩美学的客观性是以揭示其本质为中心,认为色彩美学的本源在客体,在于色彩感性物质的属性,同时,它也是在尊重客观存在的城市自然与人工环境前提下,科学合理地运用色彩美学原理为城市色彩设计提供重要的美学支撑。城市色彩美学的客观性,一方面是强调色彩的客观属性,另一方面强调以客观存在的场所为基础,并认为色彩之美是一种客观的精神实体。由于每座城市具有不同的历史背景、地理位置、气候条件、文化内涵等,在城市色彩选择上通常根据这些不同因素,做出一种科学合理的判断,具有一定的主观性。同样,城市作为客体而存在,当与色彩美学发生关联时,则是主体决定的(熊惠华等,2010)。

　　当前,人们的审美取向日新月异,对美的要求趋向多样化。为了塑造良好的城市形象,人们通过对城市色彩的设计来美化城市。

2.3 生态规划的合理性原理

生态规划的合理性是指生态规划过程中要遵守的客观原理和理念，以及贯穿始终的方法、途径及效果的科学性、规范性、可行性等；生态规划的科学性是生态规划过程中必须要遵守的学科原理以及相关准则。

2.3.1 共生及边缘效应原理

共生的概念来源于自然界中植物与动物的关系，指的是不同种生物基于互惠关系而共同生活在一起（李雷，2008）。该理论可以使人类通过共生控制人类环境系统，实现与自然的合作，与自然协同进化。一个系统内多样性越高，其共生的可能性越大。乡村景观规划必须围绕人与景观的共生原理展开，人类的各种社会经济活动不能违背景观生态特点，两者的互利共生是景观优化利用的前提，是景观规划设计的终极目标。整合乡村聚居环境的自然生态、农业与工业生产和建筑生活三大系统，协调各系统之间的关系是景观规划设计研究乡村生态环境的重要任务（肖笃宁，2001）。乡村景观规划的目标体现了要从自然和社会两方面去创造一种充分融合自然于一体、天人合一，诱发人的创造精神和生产力，提供高的物质与文化生活水平，创造一个舒适优美、卫生、便利的聚居环境，以维持景观生态平衡和人们生理及精神上的健康，确保生活和生产的方便。

边缘效应指斑块与基质等边缘部分有不同于内部的物种及物种丰富度，边缘带越宽越有利于保护其内部的生态系统。内缘比低有利于斑块与基质环境的生态系统，内缘斑块容易融合于基质中；内缘比高，则有利于保存斑块中的资源，对外界的干扰有较大阻抗性。景观的边缘效应对生态流有重要影响，景观要素的边缘部分可起到半透膜的作用，对通过它的生态流进行过滤。斑块和基质等边缘部分，有不同于内部的物种及物种丰富度，边缘带越宽越有利于保护其内部的生态系统。而且从信息美学角度看，不同质的两种构景元素的边缘带，信息容量大，在构图上易于产生魅力。这正是景观规划设计中应当注意并可以巧妙利用的地方。

2.3.2 文化特色及生态伦理

城市文化是指一个城市独特的历史、公众的价值观、民风民俗、组织制度、日常性和季节性的文化活动等直接相关的种种文化现象、文化因素及其相互关系的总和（陈丽敏，2009）。城市文化的人文性要素是一座城市的底蕴和内涵，是一个城市个性特征的内在表现，它对城市发展的影响和作用是内在的、可持续的（张雅静，

2006)。文化是人类适应环境的产物,由于各地区、民族所经历的发展历程不同,所处的自然地理条件各异,因而也就产生了不同的文化,文化在适应环境的过程中不可避免地呈现出一种单向度的发展倾向(陈敏,2005)。每个城市的历史都具有独特性,它不可能重复或复制,因而所有城市在历史的进程中所积淀的历史文化,都具有自己的特征,显现出明显的地域性,与其他城市的历史文化存在着明显的差异。地域性是公园的特色和所要突显的主题,这样才能引起强烈认同感。

自然景观设计必须继承与体现自身的地方特色,这应首先从尊重自然条件开始。包括尊重当地地形和气候,甚至尊重当地的植物、动物等,这些非常重要。在地方性特点的营造过程中,利用场地的起伏则是对"场所"的一种培育行动(董骞,2008)。这是尊重生态伦理的体现。自然景观的形成是历史进程中必然的结果。现代强度工程行为在一定程度上造成自然景观基质的明显变异,山脉被无情地切割,河流被任意截断现象,如果继续保持这种模式,大量物种的生存将不再可持续,自然环境将不再可持续,人类自然也将不再可持续。因此,维护景观格局的完整性和连续性,维护自然过程的连续性成为区域及城镇景观规划的首要任务(俞孔坚,2003)。这在一定程度上体现了生态伦理的内涵。在城镇的扩展过程中,维护区域山水格局和自然的连续性和完整性,是维护城镇生态安全的关键之一,也自然成为生态伦理观的重要体现。人类作为自然界的组成部分,要想可持续发展,必须做到天人合一,与自然界和谐共生。现实的规划设计中,应更多地崇尚自然,根据地形、地貌、水体、气候等地理条件,"因势利导、因借巧施",根据地方特征因地制宜、因势随机地进行整体设计。

2.3.3 生态保护学原理

生态保护是指人类对生态环境有意识的保护。生态保护是以生态科学为指导,遵循生态规律对生态环境的保护对策及措施。生态保护的关键在于应用生态学的理论和方法,研究并解决人与生态环境相互影响的问题,协调人类与生物圈之间相互关系。生态保护工作的对象包括生物多样性的保护,自然生态系统的保护,自然资源的保护,自然保护区的建设与管理等(孔繁德,2002;周文,2008)。目前,退化生态系统类型众多,从生态保护的角度开展生态修复与重建工作,在一定意义上是体现生态规划合理性的重要组成部分。

2.3.4 生态经济学理论

生态经济学理论的体系核心是综合研究使人类社会物质资料生产得以进行的

经济系统和包括人类在内的生态系统之间如何协调发展的辩证关系(赵麦换,
2001;李春越,2005)。土地生态经济系统是土地生态、经济系统在特定的地域空间
里耦合而成的。长期以来,由于在进行土地利用规划和利用决策时对生态环境问
题缺乏全面的分析与把握,造成土地利用与生态环境建设之间一直存在着脱节现
象,基于环境敏感性、生态功能区划和生态退耕等生态环境问题综合分析之上的区
域土地规划和开发利用决策,有助于认识区域土地利用与区域生态环境建设的关
系,形成区域环境友好型土地利用模式,为区域社会经济与生态环境的可持续发展
提供坚实的基础。与此同时,还要考虑生态承载力、环境容量以及资源禀赋状况,
这些都是进行生态合理性评价的重要依据。环境承载力是环境系统功能的外在表
现,即环境系统具有依靠能流、物流和负熵流来维持自身的稳态,有限地抵抗人类
系统的干扰并重新调整自组织形式的能力。环境承载力是描述环境状态的重要参
量之一,即某一时刻环境状态不仅与其自身的运动状态有关,还与人类对其作用有
关。环境承载力既不是一个纯粹描述自己环境特征的量,又不是一个描述人类社
会的量,它反映了人类与环境相互作用的界面特征,是研究环境与经济是否协调发
展的一个重要判据(叶文虎,1992;王正言,2007)。

2.4 生态规划的可持续性原理

2.4.1 可持续发展的概念与内涵

可持续发展是指既满足当代人的需要,又不对后代人满足其需要的能力构成
危害的发展。它旨在保护生态的持续性、经济的持续性和社会的持续性。1987
年,联合国环境与发展世界委员会发表的"Our Common Future"报告中将"可持续
发展"定义为"既满足当代人的需求,又不对后代满足其需要的能力构成危害的发
展。"该概念体现了公平性原则,持续性原则以及共同性原则。

可持续发展思想涵盖了可持续发展的生态观、社会观、经济观与技术观。是实
现生态文明,构建和谐社会的重要基础。可持续发展强化环境的价值观念,促进资
源的有效利用,抑制环境污染的发生,实现经济效益、社会效益与环境效益的协调
统一(张晓明,2007;赵伟丽,2008)。同时,可持续发展追求建立在保护地球自然生
态系统基础上,以低碳环保的模式持续发展经济,并倡导实现公众参与社会公平。
这对于科学开展生态规划,确保生态安全具有重要的指导意义。

2.4.2　生态可持续性的若干特点

2.4.2.1　资源的承载力与环境的缓冲性

资源承载能力主要是指在一段时间内,一个国家或地区按人口平均的资源数量和质量情况,以及它对空间内人口的基本生存和发展的支撑能力。显而易见,在社会经济发展中,人类对资源的开发和利用均应维持在环境允许的阈限之内。如果人们基本生存和发展能够得以满足,则具备可持续发展的条件,反之,如果过分地开发资源,为害人类赖以生存的环境,可持续发展就可能受到抑制。

环境缓冲性是环境在各种影响因素的作用下,表现出适应要素影响而保持环境稳定性的能力及特性,也是生态规划中必须考虑的重要要素。脆弱的环境以及不断加剧的为害环境的行为,都将导致环境质量的劣变。只有人类的开发建设活动处于环境缓冲能力的范围之内,才可能维持环境健康,否则,环境污染及一系列环境事件就会发生。

2.4.2.2　生态稳定性与社会和谐性

生态稳定性是可持续发展中必须考虑的关键问题。生态稳定性强调的是在资源开发与经济发展中,不可避免地要影响到区域生态系统的结构与功能,也影响到景观外貌特征,但这种影响不至于造成生态系统功能的巨大变化,即不至于影响到生态系统的稳定性。

在经济发展过程中,要避免因自然变化和社会经济变化而带来的生态负效应,就要强调社会的和谐性。社会和谐是保障人们理性开发资源、维护生态稳定的重要基础。随着生态文明建设的不断深入,社会的和谐性将得到不断加强,生态的稳定性及可持续性亦可得以完善。

2.4.3　可持续发展对生态规划的作用

可持续发展是人类共同的行动纲领。《中国 21 世纪议程》把可持续发展作为中国发展的基本战略,强调要通过生态建设实现因地制宜的持续发展。作为生态建设的重要内容之一,生态规划必须以可持续发展理论为指导,促进区域资源利用、环境保护与经济增长的良性循环(刘康和李团胜,2004;张晓明,2007)。从持续性的整体构成来看,一种可持续的发展模式既要符合经济全球化背景下的国际大趋势,亦要传承区域文化历史,高效利用资源、合理利用能源、有效保护环境,创建具有一定创新价值的经济发展模式、社会发展模式与文化发展模式,实现生态的可持续性。基于可持续发展理念,开展生态规划是实现资源永续利用、环境友好型社会的重要途径。

在社会经济发展中,仅从局部或集团利益出发,很难维持生态的可持续性;与此同时,仅仅追求自然完整性,单纯强调生态保护,从而与人类需求相脱离的选择也不能促进生态文明的发展。作为一种生态发展模式,必须与人类社会的进程相协调。可持续发展理念对于科学地制定生态规划具有现实的指导价值与不可替代的意义。

第3章 生态规划的内涵与原则

3.1 生态规划的内涵及特征

3.1.1 生态规划的内涵

生态规划作为生态建设与环境保护的前期工作,对于特定自然地理背景、生态环境状况与社会经济的区域可持续发展,具有重要的理论指导价值与现实意义。生态规划的奠基者之一——Marsh(1965)认为,生态规划就是与自然共同设计人类活动,也就是说生态规划强调的是与自然环境的和谐统一,它体现了一种"协调"型的规划理念。这种理念要求在生态规划过程中,必须以可持续发展理论为基础,运用生态学和经济学的原理,研究规划区域内自然—经济—社会复合生态系统的结构与功能、生态过程及其相互作用的关系,规划和协调人与自然资源开发、利用和转化的关系(张晓明,2007),建立与自然和谐的经济发展方式以及人的生活方式,在一定的范围内调节系统的发展过程,使其功能正常发挥,向持续、高效、稳定的方向发展(王硕,2008)。

生态规划强调复合生态系统的开放性,区域与生态经济优势、社会系统和自然系统优势的互补。生态规划涉及的是环境、经济、社会、科技、人类的心理和行为等各个方面,具有复杂性和动态性,因而要求进行多目标、多层次的动态规划,要求有高度综合和定量的研究方法来与其适应,需要多学科的广泛参与和知识的相互渗透,也需要各学科先进技术的结合(胡启斌,2005)。目前,生态规划的内涵和外延还没有一个公认的界定,但从不同的概念和研究实例可以看出,生态规划是从自然要素的规律出发,运用生态学与生态经济学原理分析其发展演变规律,促进区域生态系统良性循环,保持人与自然、人与环境关系持续共生、协调发展,以实现社会的文明、经济的高效、生态的和谐为目的,提出资源合理开发利用、环境保护和生态建设的规划对策的规划方法(汤姿,2005)。在此基础上,进一步确定人类如何进行社会经济生产和生活,从综合的角度有效地开发、利用、保护这些自然资源要素,协调资源开发及其他人类活动与自然环境和资源性能的关系,促进社会经济和生态环境的协调发展,最终使得整个区域实现可持续发展(王祥荣,2002;欧阳志云和王如松,1995;鄢泽兵和万艳华,2004;武赫男,2006)。

生态规划不同于环境规划,环境规划侧重于环境,特别是环境要素的监测、评价、控制及管理等方面,而生态规划则强调系统内部各种生态要素的特征、生态过程的稳定与生态质量的提高。生态规划不仅关注区域自然资源和环境的利用与消耗对人的生存状态的影响,也关注系统结构、过程、功能等的变化和发展对生态的影响。同时,生态规划还考虑社会经济因子的作用。而环境规划是经济和社会发展规划或总体规划的组成部分,是应用各种科学技术信息,在预测发展对环境的影响及环境质量变化的趋势基础上,为达到预期的环境指标,进行综合分析做出的带有指令性的最佳方案(赵伟丽,2008)。其目的是在发展的同时,维护生态安全。

3.1.2 生态规划的特征

3.1.2.1 生态理念的客观性

生态规划强调从人的社会、经济活动与自然环境的客观状况出发,将人类的各种活动融入自然规律的变化之中,追求人与自然关系的和谐统一。生态规划更多地是运用生态学原理,尤其是系统生态学与景观生态学的原理,结合生态工程方法,使规划建立在生态合理性的基础上,通过深入分析生态适宜性,生态敏感性以及发展与资源开发所带来的生态风险等,维护与改善系统的生态完整性(欧阳志云和王如松,1995)。因此,生态规划必须以生态学原理为理论基础,在生态学原理的严格指导下,广泛研究社会、经济、人口、资源和环境等诸多问题,调查、辨析、模拟、评价和调控区域生态系统,调整并规范人与自然的关系,从而实现区域的健康发展(巩文,2002)。

马世骏曾指出:"生态建设的实质是把生态学的整体协调、循环再生的原理应用到工农业生产建设及自然资源管理中去,通过多级的物质循环利用,充分发挥物质的生产潜力,化废为宝,使新产品不断增加,保持自然活力的物质不断地得到补充。"这一论述阐明了生态建设的基本原理及其所要达到目标。生态建设是在对系统环境容量和承载力正确认识的基础上,有计划、有组织地安排人类相当长时段的活动范围和强度的行为,而前提是要制定科学的生态规划。生态建设由生态规划、生态设计和生态管理三部分组成,它是在生态规划基础上进行的具体实施生态规划内容的建设性行为(常斌,2007);它运用生态学原理,以空间合理利用,系统关系协调发展为目标,使人与环境、系统内部结构与外部环境的关系相协调,从而创造一个安全、舒适、清洁的生活和工作环境。生态规划是生态建设的核心,它是生态建设的基础和依据,其目标是通过生态建设来逐步实现的,而生态设计和生态管理则是规划实施的保证。

3.1.2.2 资源环境可持续性

在一定的时间和空间范围内,资源环境系统的承载力是有限的,区域的发展是建立在资源环境承载力的基础之上的。区域生态规划就是要充分分析自然资源承载能力、环境容量等因素,并提出适合的资源开发利用模式。可持续发展是指"既满足当代人需求,又不对后代人满足其需要的能力构成危害的发展"(汤姿,2005)。生态规划与可持续发展密不可分,可持续发展的内涵规定了生态规划的目标与原则,生态规划则是实现可持续发展的重要途径。生态规划是一种基于生态思维方式,协调人与环境、社会经济发展与资源环境之间的相互关系,使生态系统结构与功能相协调,系统整体优化,从而引导一种实现区域可持续发展的过程。可持续发展理论要求在进行生态规划的过程中,不能片面强调社会经济发展目标,不考虑资源环境的承载力;也不能过分强调环境保护,而降低未来社会经济发展应体现的水平(胡启斌,2005)。因此,生态规划一定要充分把握可持续发展原则,任何脱离可持续发展原则的规划都不能称为科学的生态规划。生态规划与可持续发展密不可分,可持续发展的内涵决定了生态规划的目标与原则,生态规划则是实现可持续发展的途径之一。生态规划强调既要应用生态学的基本原理,体现生态的合理性,又要突出人的主观能动性,强调人对整个系统的宏观调控作用,提高系统自我调控能力与抗干扰能力,从而实现系统结构与功能的完整与可持续发展。生态规划、生态工程、生态管理共同构成可持续发展生态建设的核心(胡启斌,2005)。

3.1.2.3 人与自然的和谐性

人是自然界中的特殊要素,人类改造自然的活动将通过自然所特有的反馈关系反作用于人类。因此,生态规划在以人为本为原则的基础上,协调人类活动和生态环境的关系,追求人与自然的和谐相处。生态规划强调既要应用生态学的基本原理,体现生态的合理性,又要突出人的主观能动性,强调人对整个系统的宏观调控作用,提高系统自我调控能力与抗干扰能力,从而实现系统结构与功能的完整与可持续发展,达到人与自然的真正和谐统一(胡启斌,2005)。

3.2 生态规划总体目标和原则

3.2.1 生态规划的总体目标

生态规划的目的主要体现在保护人体健康和创建优美环境、合理利用自然资源、保护生物多样性及完整性等方面。在区域规划的基础上,以区域的生态调查与评价为前提,以环境容量和承载力为依据,把区域内环境保护、自然资源的合理利用、生态建设、区域社会经济发展与城乡建设有机地结合起来,构建秀美的生态景观,倡导和谐统一的生态文化,孕育经济高效、环境友好、社会和谐的生态产业,确定社会、经济和环境三者相互协调发展的最佳模式,建设人与生态和谐共处的生态区域,建立自然资源可循环利用体系和低投入高产出、低污染高循环、高效运行的生态调控系统。按照生态规划的目的,生态规划的任务则是探索不同层次生态系统发展的动力学机制和控制论方法,辨识系统中局部与整体、近期与长远、人与环境、资源与发展的复杂关系,寻找解决这些尖锐问题的技术手段、规划方法和管理工具(胡启斌,2005)。

前面已经提到,联合国在人与生物圈(MAB,1984)计划中也指出,生态规划就是要从自然生态和社会心理两方面去创造一种能充分融合技术和自然的人类活动的最优环境,激发人的创造精神和生产力,提供较高的物质和文化生活水平(胡启斌,2005)。生态规划在为人们创造优美环境的同时,又能满足人们的物质和文化生活的需要,促使社会系统、经济系统和自然系统发展的可持续性,并最终实现区域经济、社会、生态效益高度统一的可持续发展(赵伟丽,2008)。因此,实现区域的可持续发展是生态规划的核心和总体目标,这就要求严格遵守“人与自然共生”的基本法则,在维护自然再生产和生态完整性的基础上,科学地利用自然资源,有序地调整产业结构,不断地加强生态功能建设和环境保护,追求在自然可持续发展基础上的人类社会经济的可持续发展。

生态规划追求的可持续发展目标可以从三个方面理解:首先,可持续发展应能与自然和谐共存,维护生态功能的完整性,而不是以掠夺自然和损害自然来满足人类发展的需要;其次,可持续发展应能协调当前与未来发展要求的关系,这就要求在发展过程中合理利用自然资源,维护资源的再生能力;其三,可持续发展还应能不断满足人类的生存、生活及发展的需求,使整个人类公平地得到发展,逐渐达到健康、富有的生活目标(陈波和包志毅,2003;武赫男,2006)。

按照复合生态系统理论,相应地可以把一个复合系统的生态、经济、社会规划战略目标以及生态文化的战略目标(焦胜等,2006)梳理为如下几个方面。

(1)生态环境战略目标 提高区域的绿化面积,具体指标包括森林(草地等)覆盖率、人均公共绿地面积、绿化覆盖率和自然保护区覆盖率等;提高环境质量,具体指标包括环境综合指标、空气质量、饮用水源地水质、噪声达标区覆盖率、烟尘控制区、公众对环境质量的满意度;加强环境治理,具体指标包括环境保护投资占国民生产总值比例、生活垃圾无害化处理率、生活污水集中处理率、工业污水排放达标率、废气处理率、废物综合利用率、清洁生产占企业效益的比例、单位效益的碳排放率等。

(2)生态经济战略目标 提高经济水平,主要指标是同时提高人均国民生产总值和绿色国民生产总值;增强经济效益并减小生态系统退化带来的经济损失,具体指标包括单位国民生产总值增长所需的能耗、水耗、物耗;优化经济结构,具体指标包括第三产业占国民生产总值比例、高新技术产品产值占工业总产值比例、信息产业增加值占国民生产总值比例、科学技术进步对国民生产总值的贡献率;低碳产业对国民生产总值的贡献率;控制人口,具体指标包括人口密度、自然增长率、贫困人口比例等。

(3)生态社会战略目标 合理配置资源,具体指标包括人均生活用水量、用电量、气化率和万人商业网点数等;加强基础设施建设,具体指标包括人均铺设道路面积、人均居住面积、万人医院、诊所、病床数;提高教育、科技水平,具体指标包括公民受教育程度、高等教育入学率、研究、发展经费占国民生产总值的比例、科教投入占国民生产总值的比例;提高社会保障水平,具体指标包括失业率、社会保险、医疗保险等综合参保率、刑事案件发生率;加强信息化水平,具体指标包括信息化综合指标、人均信息消费占总消费的比重、因特网上网人数等。

(4)生态文化产业战略目标 发展文化产业重要目标就是要在文化建设中引入产业机制,实现文化的自我积累和长期稳定发展,形成文化发展中独立的扩大再生产机制,不断形成多类型的文化生产和服务体系,才能从数量、质量、多样化等方面满足群众的文化需求。群众在精神文化方面的满足会提升人的精神动力,以精神文化的追求抑制对物质享受的无限渴望,从而有助于环境、经济和社会战略目标的实现。

为此,应进一步关注以下几个方面:第一,保障自然的可持续发展,确保社会发展的自然资源保护、开发与长期高效使用。第二,协调人与自然关系,促进人与自然的和谐共处。第三,为当今社会提供制定人类社会可持续发展的行为规范与约束的科学依据。第四,构建区域生态安全的防御体系,增强区域竞争力与可持续发展能力。

生态规划的实施应是更多的公众参与的社会性活动,具体包括环境决策参与、环境监督参与、环境投资参与和个人环境行为等方面,通过可持续发展素质教育,宣传可持续发展的思想以及环境承载力、生态资产的重要性和紧迫性,使人们正确认识生态规划的客观意义,自觉执行生态规划方案,达到人与自然的高度统一。

3.2.2 生态规划的一般原则

生态规划的研究对象是生态系统,它既是一个复杂的自然生态系统与人工生态系统的结合,又是一个社会—经济—自然的复合生态系统。其目标是自然、经济和人类社会的可持续发展,作为区域生态建设的核心内容、生态管理的依据,与其他规划一样,具有综合性、协调性、战略性、区域性和实用性的特点,因此,在进行生态规划时,既要遵守生态要素原则,又要遵循复合系统的原则(高爱明,1995;巩文,2002)。

3.2.2.1 整体优化原则

生态规划从生态系统的整体性原理和方法出发,强调规划的整体性与综合性(汤姿,2005),即生态与经济的统一以及自然与人文的统一。生态规划的目标不仅仅是区域结构组分的局部优化,也不只是经济、社会、环境三者中某一方面效益的增加,而是必须依据区域总体发展目标及阶段发展战略,制订不同阶段的规划方案,从而使得生态规划的目标与区域、系统的总体发展目标一致,满足人类对复合生态系统的整体需求,最终追求生态、经济、社会的整体最佳效益(巩文,2002)。同时,生态规划还需与城市和区域总体规划目标相协调。

整体性原理已成为系统科学方法论的一个根本性原则。整体性是客观事物作为系统存在时的一种基本特性的体现。系统整体特性决定着系统功能,系统整体会具有它的各个部分单独不可能具有的功能(武赫男,2006)。生态规划的总体目标就是要实现资源节约、生态协调、环境优美、产业兴旺、经济发展的良好状态,整体性的理念在实现上述目标中发挥着举足轻重的作用。必须从系统的整体和全局出发,正确处理整体和局部的关系,才可能使得生态规划具有整体性的良好效果。关联性原理与整体性原理密切相关,强调分析系统各组成要素及子系统之间的耦合关系。事实上,系统与其他系统都存在着相互联系、相互作用、相互依存、相互制约的复杂关系,这些关系就是关联性的具体体现。基于要素与要素之间的联系以及子系统与子系统之间的联系,进一步全面分析就上升到了整体的层面。

从上述方面开展生态规划无疑增加了目标的可信度与方案的可行性。

3.2.2.2 协调共生原则

复合系统具有结构的多元化和组成的多样性特点,子系统之间及各生态要素之间相互影响,制约着系统整体功能的发挥。在生态规划中就是要保持系统与环境的协调、有序和相对稳定,提高资源的利用效率(胡启斌,2005)。

人与自然生态系统形成一个复合统一体,在生态规划时,首先要明确规划区内自然地理背景,通过对规划区内人类活动与气候变化的关系分析,自然生态要素的自净能力等方面的研究(巩文,2002),达到科学评价区域背景与发展潜力的目的。与此同时,根据复合生态系统结构多元化和组成多样性的特点(常斌,2007),综合考虑区域规划、系统总体规划的要求,充分利用环境容量,使得各个层次及相应层次的生态因子相互协调、有序和动态平衡。因此,人类必须发挥主观能动性,充分利用自然生态规律,并根据国民经济发展的阶段战略目标,制定不同阶段的生态规划实施方案(巩文,2002),创造更适宜生存和发展的生态环境,实现人与自然协调统一与共生。

3.2.2.3 区域分异原则

生态规划坚持区划分异原则,就是说不同地区的复合生态系统有不同的结构、生态过程和功能,生态规划强调生态系统的多样性和地域分异,必须在充分研究不同地区的经济、社会、自然条件、生态环境和历史文化等的基础上(汤姿,2005),制定不同的资源保护与利用对策,实现社会、经济和生态效益的统一。区域分异原则要求生态规划必须以环境容量、自然资源承载力和生态适宜度为依据,将自然界生物对营养物质的富集、转化、分解和再生过程应用于工农业生产和生态建设及生态规划中(汤姿,2005),充分发挥生态系统的潜力,强化人为调控未来生态变化趋势的能力,改善区域生态环境质量,促进可持续发展的区域生态建设(武赫男,2006)。

系统结构是系统维持稳定的基础,也是保障系统功能的前提。系统结构的有序性、整体性、稳定性及多样性是进行生态规划的重要依据。系统在运行过程中受到各种因素的影响,其时间及空间特征就会不断发生变化,这是客观存在的。必须以动态的观点把握管理系统运动的变化规律性,及时调节管理的各个环节和各种关系,以保证系统不偏离预定的目标(刘康和李团胜,2004)。把该理念应用到生态规划中,就有利于及时调整规划目标,以及调整实施方案,实现生态规划的现实可靠性,达到客观性与实时性的统一。

3.2.2.4 功能高效原则

生态规划的目的是将规划区域建设成为一个功能高效和谐的自然—经济—社会复合生态系统(武赫男,2006),物质和能量得到多层次多途径的充分利用,废弃物利用回收率高,物质循环利用率和经济效益高。从这一原则出发进行生态规划,分析各生态功能区之间及生态功能区内部的能量流动规律,对外界依赖性,时空变化趋势等,由此提出提高各生态区内能量利用效率的途径(巩文,2002)。生态规划要考虑自然、经济、社会三要素,以自然背景为基础,以经济发展为目标,以人类社会和谐为生态规划的出发点。

3.2.2.5 多样性保护原则

生态规划的对象是复杂的生态系统,是各种生态景观斑块的复合体(巩文,2002)。在进行生态规划时,要坚持保护生物多样性,从而保证系统的结构稳定和功能的持续发挥。保护自然景观资源和自然景观生态功能及其多样性,是合理开发利用资源的前提。多样性保护可分为以物种为中心的保护途径和以生态系统为中心的保护途径。尽管两者都考虑物种和生态基础设施的保护,但前者的规划过程是从物种到景观格局,而后者是从景观要素到景观格局(俞孔坚,1998)。

第4章 生态规划的程序

4.1 确定规划范围与总体目标

在生态规划研究与实践过程中,不同的规划者以及政府部门形成了不同特点的生态规划程序。虽然目前生态规划仍没有统一的工作程序,但对调查—分析—规划方案的工作步骤已为众多技术人员所认同(图4.1)。

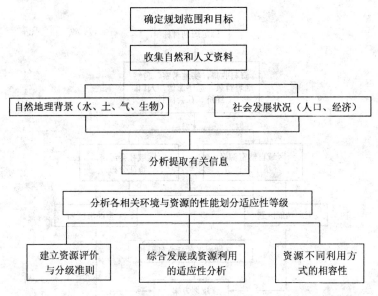

图 4.1 McHarg 生态规划工作程序(引自蒋廷杰,2007,有修改)

McHarg 生态规划工作程序可以分为五个步骤:第一,确定规划范围与规划目标;第二,广泛收集规划区域的自然及人文资料;第三,根据规划目标综合分析;第四,对各主要因素及各种资源开发确定适应性等级;第五,综合适宜性分析。McHarg 生态规划工作程序的核心是:根据区域自然环境与自然资源特性,对其进行生态适宜性分析,以确定开发利用方式与发展规划,从而使开发利用活动及人类其他活动与自然特征、自然过程协调统一起来(McHarg,1981;Rose et al.,1979;

尹丹宁,2006)。Lewis(1996)建立的环境资源分析方法框架,其基本思想与
McHarg方法类似,但还是具有独到之处,最重要的区别可能在于Lewis的规划方
法,试图区分主要因素与次要因素在规划中的作用,以避免McHarg方法中对不同
重要性要素的一般化处理。因此,Lewis在其流程图中首先分析与区域发展相协
调的资源利用的自然属性,以明确主要资源与辅助资源,接着分析主辅资源的关
系,然后根据主要资源特征,并辅以辅助资源特征,对区域或区域资源进行区划,在
生态环境区划的基础上进行适应性分析,提出规划方案(欧阳志云和王如松,
1995)。中国学者也根据自己的研究实践建立了若干生态规划的程序框架。王家
骥等(2004)认为生态规划的基本程序包括信息采集,信息系统的分析与整理,生态
承载力分析和生态经济系统诊断,总体目标和分阶段目标制定,区域生态规划的编
制与审查,以及方案实施等。欧阳志云和王如松(2005)认为,生态规划的程序可以
包括生态调查、生态评价与规划方案分析三个方面七个步骤,其具体的流程见
图4.2。

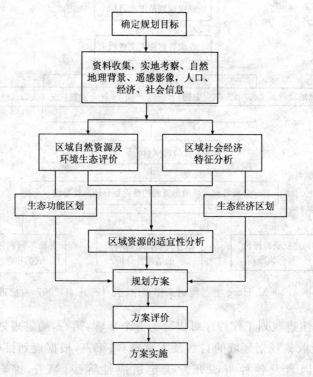

图4.2　生态规划流程(引自欧阳志云和王如松,2005,有修改)

对已有的生态规划程序框架进行分析后不难得出,它们是在不同的时间,针对
不同的问题,由不同知识与社会背景的学者所提出的生态规划途径,它们的适用范

围、解决问题的具体方法、需要运用的知识等方面是有所不同的,综合这些程序框架以及生态规划的实践研究,可以把生态规划的程序分为确定规划的范围与目标、信息调查、分析与评价、规划方案设计与评估和规划方案实施与后评估四个基本阶段,每个阶段又包括若干分析流程(图4.3)。

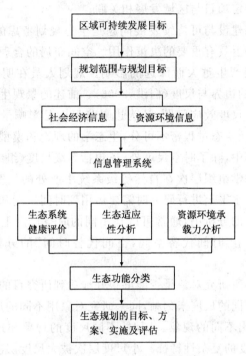

图4.3 生态规划的一般程序

生态规划范围与总体目标的确立是规划的前提与基础,是信息调查、分析与评价、规划方案设计与评估的依据。生态规划的范畴需要考虑地理、社会、经济和生态环境四个方面的问题。只有明确了地理、社会、经济和生态环境的边界后,才能使后续的规划工作建立在明确的目的之上(于斯惟,2009)。

规划的总体目标是区域规划的具体任务的总结和概括,是区域社会经济发展规划、土地利用规划、工农业发展规划以及区域城镇发展及交通规划等具体目标的凝练。总体目标的确定必须参考区域的可持续发展目标,如某一区域为促进区域的发展,提高居民的生活质量而制定的中长期发展目标;或者参考区域的现状和存在的问题,如解决区域水资源开发与水污染问题,土地资源的保护与持续利用(杨虎,2007),保护生物多样性,缓解城市交通压力,城乡一体化的布局与规划,城市低碳经济的发展等。

4.1.1 规划范围特点

一般而言,规划范围与地理背景、行政区划以及产业结构等密切相关,同时,也与规划的目的以及特定项目与区域发展相关联。

规划对象的生态建设与可持续发展问题是生态规划考虑的核心内容,在未来发展的总体战略布局上具有重要的决策作用。空间布局的合理性与长远性策略将会对社会经济的发展产生重大而深远的影响。规划人员在明确规划任务的基础上,要明确生态规划的边界与尺度(白洪,2006)。前述的景观生态学明确强调空间问题研究中的边界与尺度效应问题,认为边界与尺度是影响景观结构与功能的重要因素,与空间格局及生态过程密不可分,生态学的理论和模型的构建都要涉及尺度问题。在生态规划中,除了时空尺度外,还包括等级尺度(组织尺度和功能尺度)等。等级尺度是生态学组织层次在自然等级系统中所处的位置和所完成的功能,而在不同的等级尺度水平上进行研究时需要运用到时间尺度和空间尺度来刻画和描述。在对生态系统的分析中,通常可以在不同的时空尺度上分解为相对离散的结构和功能单位,采用"时间代替空间,空间代替时间"的分析方法研究系统的动态。

尺度的设定要以所研究对象是否能够很好地达到研究目的为依据。不同的研究对象一般需要用不同的尺度来刻画,同一研究对象用不同的尺度研究时,由于异质性的存在,会表现出不同的现象。同时,不同尺度的现象和过程之间相互作用、相互影响,表现出尺度的复杂性特征。小尺度层次被大尺度层次所融合后,小尺度上的非平衡性或空间上与时间上的异质性可以转化为大尺度上的平衡性和均质性。此外,特定的空间尺度对于某一层次子系统是很重要的,但是对于另一层次子系统可能就不一定重要了。因此,在生态规划过程中注意特征尺度,使人们对问题的认识更为充分。同时要关注邻近尺度,运用尺度的转换,使研究结果有运用尺度的替代使研究问题变得简易可行。

因不同空间尺度的变化,生态规划所包含的自然、经济、社会、文化等内涵也发生相应的变化,整个结构和系统也会产生差异,所以不是用简单的地域面积所能概括的。针对生态规划的具体对象,依据地形、地貌、土壤、水文、生物、环境及社会经济结构、区域文化等要素,合理确定生态规划的范围。具有不同目标的生态规划方案都是建立在不同的规模尺度上,在一定的空间范围内实施,与尺度具有明显的空间相关性。在研究复合生态系统时,针对社会经济系统而言,往往是跨越了不同的空间与时间尺度,规划区域的空间和时间范围就是所依赖的尺度。

4.1.2 规划总体目标

生态规划的总体目标是以复合生态系统理论为基础,以人与自然和谐为主旨。在生态规划过程中,规划的作用在于决定规划对象的性质、规模和空间形态,合理安排各项建设用地及各项基础设施,指导规划对象的未来发展趋势。这就要求在编制生态规划的总体目标时,从自然要素的规律和人类社会、经济利益的整体要求出发,分析自然—经济—社会复合生态系统的发展演变规律,在此基础上确定人类如何进行社会经济生产和生活,有效地开发利用及保护这些资源与环境要素,促进社会经济和环境、资源利用以及历史文化的协调发展,最终实现整个区域和规划对象的可持续发展(许克福,2008)。生态规划要求规划人员或规划编制单位对规划对象全方位了解,围绕区域的可持续发展或生态环境建设目标,充分分析它们之间的互相作用和互相影响的互馈机理。需要强调的是,要想实现复合生态系统可持续发展的目标,生态规划必须强调生态优先,在区域资源环境承载力的前提下进行总体目标的制定。

生态规划不仅仅是为人类的生存空间提供良好的生态环境,也为人类对居住区域资源的开发利用过程中遵循既定的目标,提升环境整体的利益,使经济、社会、文化诸多方面得到不断发展,最终实现区域整体意义上的可持续发展(许克福,2008)。合理利用自然资源,维持生物多样性,寻求最佳土地利用与管理方式,协调人与环境的关系,营造一个低碳、健康、舒适的生活环境。作为规划建设过程的重要一环,应通过各种形式的活动,广泛宣传可持续发展的理念,倡导清洁、循环与低碳的生产与生活模式,切实从公众利益出发,鼓励和引导公众积极参与生态规划总体目标的制定与实施工作。

4.2　信息调查分析与评价

生态规划的基本信息包括三个方面:其一,区域生态环境概况,包括各种地理信息、自然系统的基本特征、生态功能和过程信息;其二,社会经济信息,包括区域社会经济发展对环境资源的需求信息;其三,该区域社会经济可持续发展的目标信息(刘新锋,2009)。

对调查到的信息进行归纳和标准化处理,进行资源环境承载力分析,对社会经济发展所能承载的压力和可开拓的支撑潜力进行识别或预测;进行生态系统健康评价,了解区域生态系统的整体状况,掌握生态系统在结构和功能方面的稳定性以及自我调节能力;进行区域的生态适宜性分析,揭示区域生态系统与社会、经济发展之间的互馈机制,评判系统的功能和演化态势,找出适宜的生态系统开发及利用方式。利用信息调查、分析与评价的结果,进行生态功能区划,将区域分解为若干个功能区,各功能区既要突出各自的特色,又要注重整体特色。

4.2.1　信息调查与采集

信息调查的目的在于收集规划范围内的社会、经济、自然等方面的资料和数据,掌握规划区域或规划范围内的社会—经济—自然复合生态系统的特征及其内在的发展变化规律,为充分了解规划区域的自然性能、生态过程、生态潜力与制约因素提供基础(欧阳志云和王如松,1995)。由于规划的对象与目标不同,所涉及的时空尺度以及因素的广度与深度也不同,因而生态调查所采用的方法和手段也不尽相同(尹丹宁,2006),资料和数据的精度也有差异。为了满足规划对各种数据的基本要求,有必要在调查前建立生态规划调查清单,明确数据的各种属性、精度、来源等,从而为制定合理的生态规划方案奠定可靠的基础(杨虎,2007)。

生态规划调查的信息是包括社会、经济和自然环境数据在内的多元数据,是一个跨学科收集资料的过程,数据的来源、精度、表达方式都不尽相同,经常会出现数据不匹配的现象。为了实现多元数据的合理匹配和融合,一般在生态调查中,会根据生态规划的要求,将规划区域划分为不同的功能单元,将调查资料和多元数据经过标准化处理后落实到每个单元上,并建立信息管理系统,借助于数据库和地理信息系统平台,以图形表达的方式将区域社会、经济和生态环境各种要素时空分布直观地表达出来,为信息分析与评价奠定基础。

在信息调查的过程中,要特别注意收集一些已经公布的相关政策、规范、规划和基础信息资料,防止所编制的规划与政府已有的规划和决策不相符或不同步,从而影响规划的顺利实施(章家恩,2009)。由于生态规划调查的信息多种多样,因此数据获得的方式也多种多样(尹丹宁,2006),统计年鉴,实地调查,历史调查,问卷调查,3S(遥感技术、地理信息系统和全球定位系统)技术分析等均是目前应用广泛的信息调查与采集的重要途径,值得在实践中综合应用。

4.2.2　信息分析与评价

信息的分析与评价是生态规划的必要阶段,是实现生态功能区划分的基础,可以为规划方案的设计与评估提供科学依据(尹丹宁,2006)。信息的分析过程主要是根据生态调查阶段获得的各类数据资料,运用景观生态学和系统生态学的理论与方法,对规划区域的社会—经济—自然复合生态系统的组成、结构、功能与时空变化过程进行分析,认识和了解规划区域的发展现状、发展趋势以及发展潜力(杨虎,2007),揭示区域发展的规律及限制因素。信息的评价过程主要是运用生态学、生态经济学、地学及其他相关学科的知识,对与区域规划目标有关的自然环境和资源的性能(尹丹宁,2006),生态系统的健康状况、生态系统的适宜性进行综合分析与评价。以3S为代表的空间信息技术在生态规划的信息分析与评价过程中发挥着重要的作用,这些技术的使用大大提高了信息处理的精度和准确性,尤其在大型或复杂的生态规划项目中(杨虎,2007),3S技术成为了不可或缺的研究手段。

在信息的分析与评价过程中,根据区域复合生态系统结构及其功能,如果涉及的区域范围较大而又存在明显空间异质性的区域,还往往根据信息的综合评价结果对区域进行生态区划,根据区域内自然环境及自然资源及生态过程的分异特征,将区域划分为生态功能不同的区块,为制定区域发展策略提供生态学基础,这一过程就是生态功能分区(尹丹宁,2006)。生态功能分区是在研究其结构、特点、环境承载力等问题的基础上,根据区域生态环境要素、生态环境敏感性、生态适宜度与生态服务功能空间分异规律,提出合理的分区布局方案的过程。例如,传统的生态功能分区只是针对自然资源以及生态环境进行的分区活动,随着自然—社会—经济复合生态系统研究的扩展,生态经济分区也成为生态功能区划的重要组成部分。生态经济分区是宏观管理区域社会经济发展的一种新模式,旨在协调区域经济发展与保护环境、利用自然资源的条件,实现区域社会经济的持续发展。生态经济分区是反映不同社会经济与生态环境相关性及其空间分异规律的基本空间单元,各区有其特定的自然、社会、经济组合形式,是进行生态恢复与重建的基础。

生态经济分区一般采用类型法、叠置法和聚类分析相结合的综合区划法,区划指标的选择包括四个方面,规划人员可根据具体规划对象的实际情况予以选择。

(1)生态环境及资源基础指标类,包括丘陵、山地、平原等区域土地面积的百分比,林地、草地、荒地、农田等的覆盖率,多年平均温度、降水、积温等,土地沙漠化、盐碱化程度等。

(2)经济发展指标,包括国民生产总值、人均国民生产总值、人均绿色国民生产总值,三大产业占总产值比例,主要粮食作物的单产和总产,进出口总额、人均收入、人均吃、穿、用、住消费水平、教育、科学、文化、体育、卫生等的年均投入量及占国民生产总值的比例等。

(3)社会发展指标类,包括人口密度,第一产业、第二产业、第三产业人口占总人口的比例,交通网密度,人均受教育程度、人均教育经费、人均居住面积、每万人口医疗、养老保险福利费、人均绿地面积等。

(4)文化产业发展指标类,包括文化产业链建设与占国民生产总值比例,文化产业营业额及利润,文化产业基本建设投资,民间文化与娱乐市场比例及收益,核心层方面报业、广电和演艺以及外围层面的网络文化、文化娱乐、旅游业的相关投入及收益,文化产业占第三产业从业人员的比例等。

信息的分析与评价过程主要包括以下几个方面的内容:

一、资源环境承载力分析

资源环境承载力是在一定的时期和一定的区域范围内,在维持区域资源结构符合持续发展需要区域环境功能仍具有维持其稳态效应能力的条件下,区域资源环境系统所能承受人类各种社会经济活动的能力。资源环境承载力是一个包含了资源、环境要素的综合承载力概念(郭秀锐等,2000)。

当前存在的各种生态问题,大多是人类活动与资源环境承载力之间出现冲突的表现。当人类社会经济活动对区域的影响超过了资源环境所能支持的极限,即外界的"干扰"超过了环境系统维护其动态稳定性与抗干扰的能力,也就是人类社会经济行为对环境的作用超过了资源环境承载力,此时区域的发展就会停滞甚至倒退(齐亚彬,2005)。目前,根据各种实际情况和研究对象,研究人员提出了各种各样资源环境承载力的概念和内涵,从而形成了一个环境承载力集合,目前最重要的承载力研究主要集中在区域环境承载力、资源环境综合承载力(齐亚彬,2005)和资源环境要素承载力三个方面(郭秀锐等,2000):

(1)区域环境承载力是指在一定的时期和一定的区域范围内,在维持区域环境系统结构不发生质的改变,区域环境功能不朝恶性方向转变的条件下,区域环境系统所能承受的人类各种社会经济活动的能力,它可看作是区域环境系统结构与区域社会经济活动的适宜程度的一种表示。

(2)资源环境综合承载力可由一系列相互制约又相互对应的发展变量和制约变量构成。第一,自然资源变量:水资源、土地资源、矿产资源、生物资源的种类、数量和开发量;第二,社会条件变量:工业产值、能源、人口、交通、通信等;第三,环境资源变量:水、气、土壤的自净能力。计算资源与环境综合承载力时,可采用专家咨询法针对五个要素(大气、水质、生物、水资源、土地资源)分别选取发展变量和制约变量组成发展变量集和制约变量集,然后将发展变量集的单要素与相对应的制约变量集中的单要素比较,得到单要素环境承载力,再将各要素进行加权平均,即得到资源与环境综合承载力值。

(3)从要素构成的角度对区域资源环境承载力进行分析,可以从资源承载力要素系统和环境承载力要素系统进行评述。其中,资源承载力要素系统和环境承载力要素系统又是由各个要素子系统组成的。目前,关于资源承载力要素系统的研究有:土地资源承载力、矿产资源承载力、水资源承载力等;关于环境承载力要素系统的研究有:大气环境承载力、水环境承载力、旅游环境承载力等(齐亚彬,2005)。生态规划中的资源环境承载力的分析,实质上就是在特定的时空尺度下,对规划区域的资源环境进行深入研究,以定性和定量相结合的方法来表征区域资源环境系统对社会经济的承受能力,为规划目标的确定提供科学的依据。

二、生态系统健康评价

生态系统的健康是指生态系统随着时间的推移保持活力并且能维持其组织结构及自主性,在外界胁迫下容易恢复的特征。评估生态系统健康的标准有活力、恢复力、组织结构、生态系统服务功能的维持、管理选择、外部输入、对邻近系统的影响及人类健康影响等八个方面。它们分属于生物物理范畴、社会经济范畴、人类健康范畴以及一定的时间、空间范畴。这八个方面的标准中最重要的是前三个方面(任海等,2000)。活力揭示了区域生态系统的功能,一般用新陈代谢能力或初级生产力等来测度;恢复力指生态系统在外界胁迫下维持其原有的结构和功能的能力;组织结构则可根据生态系统的整体稳定性以及各组分间的相互联系、相互作用的能力来评价。

一个健康的生态系统是稳定的和可持续的,也能够维持对胁迫的恢复力。评价某一生态系统是否健康可以从活力、组织结构和恢复力这三个主要特征来定义。评价生态系统健康首先需要选用能够表征生态系统结构、功能、过程的主要特征参数,如土壤、水质、水文、生物多样性、生境质量、干扰等。

生态规划中的生态系统健康评价首先要选择能够表征生态系统主要特征的参数,再对这些参数进行分类分析,揭示这个特征的生态健康的内涵,再对这些特征参数进行充度量,按其在生态系统健康中的作用大小来确定每个特征参数在生态系统健康中的权重以及每类特征参数在生态系统健康中的比重,最后确定生态系统健康的评价方法,构建生态系统健康的评价体系(孔红梅等,2002),进而完成区域生态系统的健康评价。

三、生态适宜性分析

区域资源环境的生态适宜性分析是生态规划的核心。它主要的目标是根据区域可持续发展要求与资源利用要求,以及区域自然资源与环境状况及其潜力与制约因素,划分资源与环境的适宜性等级。生态适宜性分析的本质就是根据区域可持续发展目标,运用生态学、经济学、地学、农学及其他相关学科的理论和方法,分析区域发展所涉及的生态系统敏感性与稳定性(尹丹宁,2006),了解自然资源的生态潜力和对区域发展可能产生的制约因子,对资源环境要求与区域资源现状进行匹配分析,确定适应性的程度,划分适宜性等级,从而为制定区域生态发展战略,引导区域空间的合理发展提供科学依据。

目前,许多研究者对生态适宜性的方法进行了深入研究,先后提出了多种生态适宜性评价方法(杨虎,2007),如整体法、数学组合法、因子分析法以及逻辑组合法等。早期的生态适宜性分析以定性方法为主,随着技术手段的不断更新,特别是

3S 技术的迅速发展,生态适宜性分析方法得到进一步发展和完善(许克福,2008),从而使定量描述生态适宜性等级成为生态规划发展的重要方向。在生态适宜性分析中,一般首先进行单项资源的适宜性分析,明确其潜力与限制。然后,综合各单项资源的适宜性分析结果,分析区域发展或资源开发利用的综合生态适宜性空间分布特征,为制订规划方案提供基础。

进行生态适宜性分析时要注意区域的生态潜力分析和生态敏感性分析。狭义的生态潜力指单位面积土地上可能达到的第一生产力,它是一个综合反映区域光、热、水、土资源配合的定量指标。它们的组合所允许的最大生产力通常是该区域农、林、牧业生态系统生产力的上限。广义的生态潜力则指区域内所有生态资源在自然条件下的生产和供应能力。通过对生态潜力的分析,与现状利用和产出进行对比,可以找到制约发展的主要生态环境要素(杨虎,2007)。

在复合生态系统中,不同子系统或景观斑块对人类活动干扰的反应是不同的。有的生态系统对人类干扰有较强的抵抗力,有的则具有较强的恢复力,也有的既十分脆弱,易受破坏,又不易恢复。因此,在生态规划中必须分析和评价系统各因子对人类活动的反应,进行敏感性评价。根据区域发展和资源开发活动可能对系统的影响,生态敏感性评价一般包括水土流失评价、自然灾害风险评价、特殊价值生态系统和人文景观、重要集水区评价等(杨虎,2007)。

需要强调的是,生态规划工作通常会涉及尺度效应,因而在生态规划建设过程中,往往按照点到区域不同尺度逐级进行的。例如,水资源的合理利用是干旱区社会经济可持续的核心问题。在塔里木河流域实施水利建设工程以及水土流失控制规划,对当地的绿洲建设和经济可持续发展起到了重要作用,为合理解决流域产业发展目标和生态环境保护目标奠定了坚实基础(王让会,2006)。

4.3 规划方案设计与评估

在信息调查、分析与评价的基础上,结合生态规划的总体目标以及区域可持续发展目标,编制社会、经济和环境协调发展的具体目标,包括时间目标和空间目标,如不同年份的时段目标以及不同功能区的分区目标。具体目标必须与规划的总体目标保持一致,是总体目标的实现途径。根据规划的具体目标,明确规划要解决的主要问题,确立规划的重点领域和方向,编制生态规划方案,并利用合理的方法对规划方案进行评估,选择最优的区域生态规划方案。

4.3.1　规 划 方 案 设 计

在信息分析评价的基础上,根据规划对象的发展与要求、区域可持续发展的目标以及资源环境的生态适宜性,基于生态功能区划的要求,确定规划的具体目标。然后在具体的规划目标指导下,选择经济学与生态学合理的发展方案与措施,其内容包括根据发展目标分析资源要求,通过与现状资源的匹配性分析确定初步的方案与措施,再运用生态学、经济学、环境管理等相关学科知识对方案进行分析、评价和筛选(杨虎,2007)。规划方案是多个备选方案的集合,它可以为政策制定者和方案的执行者提供多种选择,从而增强规划方案的可操作性。

生态规划方案通常是由总体规划及若干个相关的子规划组成,包括系统生态规划与调控总体规划、土地利用生态规划、人口适宜性发展规划、产业布局与结构调整规划、环境保护规划、绿地系统建设规划等,这些规划最终都要以促进社会经济发展、生态环境条件改善及区域持续发展能力的增强为目的(杨虎,2007)。生态规划应该充分考虑生态地理与资源空间分异,合理确定生态规划的思路与流程(Moore,1988;Duchhart,1989;Stokes *et al*.,1997),以免造成资源的浪费和增加区域调控管理的难度。

4.3.2　规 划 方 案 评 估

在实施以前,要从三方面对各项规划方案进行评估(许克福,2008):其一,方案与目标评价。分析各规划方案所提供的发展潜力能否满足规划目标的要求,若不满足则必须调整方案与目标,并做进一步的分析。其二,成本及效益分析。对方案中资源与资本投入及其实施结果所带来的效益进行分析、比较,进行经济上可行性评价,以筛选出投入少、效益高的措施方案。其三,方案对持续发展能力的影响评价。发展必须考虑生态环境,有些规划可带来有益的影响,促进生态环境的改善,有的则相反。因此,必须对各方案进行可持续发展能力的评价,内容主要包括对自然资源潜力的利用程度、对区域环境质量的影响、对景观格局的影响、自然生态系统不可逆分析、对区域持续发展能力的综合效应等方面。

根据发展目标,以综合适宜性评价结果为基础,制订区域发展与资源利用的规划方案。区域规划的最终目标是促进区域社会经济的发展,生态环境条件的改善以及区域持续发展能力的增强(武赫男,2006)。

4.4 规划方案实施与后评估

按规划方案进行具体实施,在实施过程中不断收集反馈信息,通过规划方案后评估的方式,对原有的规划总体目标、具体目标进行修正,从而对方案进行修订和调整,使规划更加合理,更具可操作性。后评估要在分析现状的基础上,及时地发现问题、研究问题,以确定未来的发展方向和发展趋势(孙越,2009)。因此,要求后评估人员具有创新意识,能够把握主要因素,并提出切实可行的改进措施。

4.4.1 规划方案的实施

生态规划一经批准,就具有法律效力。生态规划的最终目的是提出区域发展的方案与途径并且在实践中加以实施。方案实施必须采用各种策略及程序,实现生态规划中确定的目标及政策。在地方尺度上,控制对土地及其资源的利用可以采用自愿达成契约、土地购买、开发权转移、分区制、设施推广政策及执行标准等措施,而执行标准是其中最为适用于生态规划的实施措施。生态规划者采用的方法必须适应此地区的实际情况(王立科,2005)。美国政府实施规划通常采用四种权力(管制权、征用权、支付权及税收权)来保证上述措施的实施(李小凌和周年兴,2004)。Steiner(2000,2002)指出,具体所要采用的方法必须适应该地区的实际情况。例如,在某些地区,传统的分区制可能是行之有效的,而在另一些地区,则可能发现分区效果并不理想,而不得不寻找其他的实施措施(杨劲松,2007)。规划方案的实施并不是生态规划的结束,它往往是新的生态规划过程的开始。因此,必须把生态规划方案的实施纳入管理的范畴。当生态规划与社会发展有较大的不适应时,可以通过法定程序,从资源环境、经济发展、社会影响等诸多方面,进行局部调整甚至做某些重大变更,使生态规划建设遵循经济、社会、人口、资源和环境相协调发展的原则。

生态规划的程序是一个动态的过程,其中包含有若干反馈机制,用来随时对方案进行监督和调整。在规划方案的实施过程中,具体的操作人员以及管理人员必须不断地对规划所涉及的各种生态过程参数进行收集和汇总,对规划方案实施后评估,以跟踪评估方案的优劣以及合理性和可操作性。如果方案在实施过程中出现了问题,可以将这些参数重新纳入生态规划的信息分析、评价以及后续的流程中,从而实现生态规划的动态调整,保证区域生态规划的合理性与科学性。

规划内容如期实施是一项长远的社会性工程,需要规划对象所在地政府与公从的重视与支持,需要各单位、各部门及全社会民众的通力协作。项目的有效管理和沟通能够促进更好地协作,便于加强规划成果的可操作性。

生态规划不是单纯的生态建设与环境保护规划,而是为了实现不同行政区划尺度规划对象的生态环境优化与区域可持续发展模式。基于不同时间与空间尺度,分析人类的经营活动与资源利用产生的空间效应,在生态功能分区的基础上确定生态产业的格局与可持续发展模式(许克福,2008)。针对区域发展过程中生态性用地结构建设发展而制定的"约束性与控制性"规划,确定生态经济发展模式的空间布局、生态社会稳定、地域民族文化保护等人类生存关心的问题。重新审视人类经营活动过程中的生存方式、意识和行为,权衡生态规划与环境演变的关系。

4.4.2 规划方案后评估

后评估的目的是对现有情况进行回顾和总结,并为有关部门提供反馈信息,以利于提高相关的决策水平和管理水平,为以后决策和项目建设提供依据与借鉴;方案后评估分为前评估、中评估和后评估三种。前评估是项目决策阶段对其必要性、技术可行性、经济合理性、环境可行性和运行条件的可行性等方面进行的全面系统的分析与论证过程,目的是为项目决策提供依据。中评估是在项目实施过程中对项目实施情况和未来发展进行的跟踪评估,目的是对项目实际进展进行监督和跟踪检查。后评估是在项目完成之后、预期效益开始发挥之时对其进行的评价,以此判别项目的实施情况、目标的实现程度,并且对已经发生的事实总结,并对预期的发展进行预测,目的是检验项目前期决策和调整未来项目决策标准和政策(冯晶艳,2008)。

相对于前两者,后评估具有现实性、公正性及综合性等特点。后评估是对项目完成情况以及实际运行情况一种总结评价,分析研究的是项目的实际情况,所依据的数据资料是现实发生的真实数据或者根据实际情况计算得出的数据,总结的是现实存在的经验教训,提出的是实际可行的对策措施,后评估的现实性决定了其评估结论的客观可靠性(刘翠梅,2004)。从事后评估工作的主要是监督管理机构、或者单设的后评估机构、或者是决策上级机构,摆脱了项目利益的束缚和局限,可以更加公正地做出评估结论。后评估的内容具有综合性,不仅要分析项目的前期过程,还要分析项目的实施过程,不仅要分析项目的经济效益,还要分析项目的社会效益(孙越,2009)。

必须强调的是由于生态规划涉及的问题与知识十分广泛,因此,在规划过程中要求是一个包括规划学、生态学、经济学、社会学、管理学等多学科组成的规划团队,多学科的交叉与合作在生态规划中至关重要。在生态规划的后评估过程中,还需要注意诸多方面的问题(Steiner,2000)。

4.4.2.1 生态过程分析

生态过程是由生态系统类型、组成结构与功能所规定的,是生态系统及其功能的宏观表现。自然生态过程所反映的自然资源与能流特征、生态格局与动态都是以区域的生态系统功能为基础的。同时,人类的各种活动使得区域的生态过程带有明显的人工特征。

在生态规划中,受人类活动影响的生态过程及其与自然生态过程的关系是关注的重点(杨虎,2007);特别是那些与区域发展和环境密切相关的生态过程如能流、物流、信息流等,应在规划中进行综合分析。例如,对人工生态系统分析发现,人工复合生态系统营养结构简化,自然能流结构与能量被改变,生产者、消费者与分解还原者彼此分离,难以完成物质循环再生和能量有效利用等生态过程,造成系统生态耗竭与生态滞留。辅助物质与能量投入增大,人与外部交换更加频繁与开放,使得以自然过程为主的农业依赖于化学肥料和能量的投入增大,工业依赖于外部的原料输入。系统的自我调控与发展能力过程打破动态平衡,水土流失加剧,土壤退化,导致有毒有害废物的积累及环境污染。分析区域内物质交换特点,可进一步了解区域内功能分工及经济特点,而分析区内与区外物质流动过程,则可以了解区域经济与资源的地位、区域经济对外部的依赖性等(杨虎,2007)。

4.4.2.2 空间格局分析

生态规划的空间布局受到自然背景、社会经济、技术条件、区域文化等多种因素的限制,并经历着历史演变过程。考虑到生态规划是区域性的规划工作,因此,在考虑经济目标与非经济目标的同时,依据规划对象系统的驱动力,应该合理进行规划项目的景观格局分析。区域的生态规划往往带有典型的景观格局变化特征,如人类的长期活动使区域景观结构与功能带有明显的人工特征,原来物种丰富的自然植物群落被单一种群的农业和林业生物群落所取代,成为大多数区域景观的基质。城镇与农村居住区的广泛分布成为控制区域功能的镶嵌体,公路、铁路、人工林带(网)与区域交错的自然河道、人工河渠成为了景观的廊道,它们共同构成了区域的景观格局。不同的景观要素,发挥着不同的景观功能。城镇既是区域镶嵌体,又是社会经济中心,它通过发达的交通网络等廊道与农村及其他城镇进行物质与能量的交换与转化。残存的自然斑块则对维护区域生态条件、保存物种及生物多样性具有重要意义(杨虎,2007)。

4.4.2.3 公众参与分析

公众参与度作为一种规划技术和规划理念,广泛应用于规划方案后评估中。生态规划是一个动态的过程,在 Steiner 教授的生态规划框架中,公众参与处于核心地位,并贯穿整个生态规划过程。事实上,生态规划的全过程中都必须考虑规划项目涉及到的各方利益主体,通过特别工作组、市民及技术咨询委员会和邻里规划委员会等方式广泛倾听各方面的意见,使民众积极参与并将意见融入到规划中去,加强对规划的监督力度。

Steiner(2002)主张"生态应该包括人类自身",因为自然界和人类社会不是各自孤立存在的,而是共存于错综复杂的、相互影响的生态系统之中。他提倡运用人类生态学的思想来指导规划设计,并试图以生态上合理的方式来实现规划目标(王立科,2005)。将设计纳入到规划的过程之中,可以帮助决策者和公众想象、理解所作决策的后果,也有助于将设计与更为综合的社会行动与政策联系起来。设计可以采用多种表达方式,专家研讨会是产生设计思想源泉的良好平台(李小凌和周年兴,2004),通过专家研讨会和公共参与等方式,集思广益,再由景观设计师来实现。规划设计师在生态规划的基础上进行详细设计,体现了协调生态与美学在设计中的关系的重要性(俞孔坚和李迪华,2003)。生态规划中的设计也应是生态的设计,而且,土地使用者或单个市民的短期利益必须与整个地区长期的经济与生态目标相结合。只有这样,决策者才能认识人类生活的生态背景,正确评价各种事物。设计可以通过图形模拟、建设示范项目等来表达。

公众的参与在规划中也十分重要,只有这样,规划才能真正解决所面临的迫切问题,获得大众的支持,从而便于实施。一个规划的成功很大程度上取决于有多少受影响的民众参与到其决策过程中,因此,公众参与应贯穿整个生态规划过程(王立科,2005)。

第 5 章　生态规划的方法

5.1　生态规划的一般思路

在应对全球气候变化,节能减排,构建生态文明社会日益成为中国各级政府及公众共识的背景下,生态规划问题更显得重要。事实上,生态规划是一项综合性和应用性很强的技术工作,规划的基本思路是调查—分析—判定—对策编制(王家骥等,2004)。调查工作是基础,而分析评价是判定主要的保护和建设目标的基本手段。要对区域自然体系的生态完整性进行评价,对生态承载力和环境容量进行分析,同时要对生态经济体系建设情况进行评价。在上述工作的基础上,可以判定规划的主要保护和建设目标,并确定规划的主要建设领域和配套的重点工程。

前已述及,生态规划的目标是建立区域可持续发展的行动方案,通过怎样的方法与途径达到这一目标正是生态规划方法的任务。生态规划方法实际上是一个规划工作流程,在这个工作过程中,要求明确规划的目标与范围,充分了解规划地区与规划目标有关的自然系统特征与自然生态过程以及社会经济特征以及人群价值观等(王磊,2009)。在此基础上,根据规划目标对资源的开发利用要求,进行适宜性分析,并提出规划方案,然后对规划方案进行成本、效益分析,包括经济效益、社会效益及环境效益,以确定最佳规划方案。生态规划方法也是一个动态过程,是将规划当作对某一地区的发展施加一系列连续管理和控制,并借助于模拟寻求发展过程的手段,使这种管理和控制理念得以实施。

5.1.1　生态调查的内容与方法

生态调查是指调查了解区域资源环境与社会经济的特征及其相关作用关系的过程,是生态规划的前期基础工作,是生态规划过程中重要的内容与环节。由于在生态规划中,要求在调查与了解区域基本情况时,不仅要关心自然环境,自然资源与区域社会经济发展的状况,还要求注重两者之间相互关系与相互作用。并强调只有在充分了解它们的相互作用关系的基础上,才能制订出生态上合理、经济上可行的区域发展规划。

5.1.1.1 生态调查的内容

生态调查是生态规划的重要环节,也是一项综合性很强的基础工作,在规划工作开始之前,一个由多学科的专家组成的专家组负责制定详细的调查清单,并协调各专业小组的工作。生态调查包括了社会、文化、生物与自然环境多方面的内容,涉及区域地质、地理、土壤、水文、气候、植物、动物及人等许多方面(王磊,2009),在生态调查中,还必须注意区域自然环境及社会文化因素的动态过程。

生态调查的内容主要取决于规划的目标与任务。在区域发展规划中,生态调查的目的在于对区域自然条件、环境背景、社会经济发展水平以及区域生态特征较系统地认识与了解。欧阳志云和王如松(1993)在生态规划中,强调了生态调查内容包括自然环境与自然过程、人工环境、经济结构、社会结构等方面,更多关心与农村发展有关的因素。在调查收集自然、人口及经济资料与数据时,不但广泛收集了历史资料,以研究其时间过程;同时,还收集反映空间特征的资料,并结合实地考察以分析其空间特征分布及其变化。

5.1.1.2 生态调查的方法

生态规划的对象与目标不同,对所涉及因素的广度与深度的要求也不一样。资料的收集通常针对规划目标所规定的特殊要求,如在区域发展生态规划,农业土地利用规划所涉及的资料包括气候条件、土地质量、社会经济状况、土地利用等,而城镇与工业布局的发展规划则更注重交通条件、经济发展水平、原料基地等因素。尽管不同生态规划目标所要求的基础资料不同,但资料获得的方法手段往往有其共同之处。通常包括历史资料的收集、实地调查、社会调查与遥感技术的应用(王磊,2009)。

通过实地调查,获取所需资料,往往是生态规划收集资料的直接方法。在区域规划与城市规划中,通常需要通过实地调查,收集或补充有关气候、地形、地貌、土壤、水文、生物、人口、土地利用、城镇分布、基础设施的分布格局以及水体、大气环境质量、水土流失,尤其在小区域大比例尺的规划中,实地调查更为重要(王磊,2009)。实地调查获得各种气候、地理、生物、社会经济资料的方法涉及很广,并与其相应的学科形成了不同的方法体系。应指出的是,由于受时间或资金的限制,实地调查往往是针对规划目标十分重要,而又缺乏资料的区域进行调查。严格意义上,实地调查往往是补充性质的调查,以弥补历史资料的不足或不完善(王磊,2009)。

由于在区域或城市的生态规划中,不可能对所涉及的范围就所有有关的因素进行全面的实地考察,因此,收集历史资料在规划中占有重要地位,不仅可以通过对资料的收集与分析,了解区域与城市的过去及其与现在的关系,而且历史资料还将提供实地调查所不能得到的资料,以作为规划的基础,因此,对历史资料的收集一直为传统规划所重视。在生态规划中,应着重从时空特征分析人类活动与自然环境的长期相互影响与相互作用,充分控掘历史资料在生态规划中的潜力,大力体现历史资料给规划者提供重要思路,以识别人类活动与区域环境问题关系的作用。

近年来,遥感技术和地理信息系统迅猛发展,并逐步被应用于生态规划领域。生态环境调查方法主要包括调查咨询法、专家评判法、实际监测法和遥感分析法(王家骥等,2004)。

调查咨询要解决的工作内容既要包括区域自然系统的生态学特征和基本过程、环境资源的特色和脆弱性、人类开发建设的历史和存在的问题;也要包括社会经济可持续发展的现状和目标。在调查中,特别注意自然资源特色和市场需求,如海岸带、河口湿地、森林、草原、湖泊、气候资源等。要特别注意收集自然资源的数据及空间图像信息,这是区域生态规划工作的重要基础。调查咨询法是最简单和最容易采集信息的方法。由于中国现存庞大的统计体制,许多资料信息可以通过地、市、县、乡政府的国民经济统计年鉴、农业区划报告、环境质量年报、土壤普查资料等获取。

由于种种原因,有些地方会缺少一些必须的信息,给生态规划带来不便,如土地退化程度、森林植被破碎化、人工化程度等。其中土地退化情况需要查清退化面积、退化程度、退化类型(如土壤的风蚀、水蚀、潜在沙漠化还是土壤肥力下降等),治理也包括程度、类型和数量问题,这些问题尺度很不好掌握,与所处地理条件、开发利用方式关系密切。有时为了获取准确的原始信息,需要进行现场监测或测试。这种方法适用于中国现行监测体系的常规监测内容,如地面水环境质量、噪声状况、大气环境质量,可以按照国家确定的监测技术规范和标准进行监测和评判。

3S技术是生态、环境、地理等学科领域内最重要的资料获取、处理与分析的技术手段,在生态规划过程中同样必不可少。在生态调查时,可以利用全球定位系统技术进行实时、实地的精确定位,利用遥感技术进行土地利用类型及其他相关资料的识别与分类,利用地理信息系统技术对多元数据进行处理、空间分析、评价、查询以及动态更新和管理。3S技术是区域生态规划最常用的信息收集方法,已经得到十分广泛的应用。一般来说,通过遥感技术编制土地利用图,在标准地形图和收集到的自然资源图件的支持下,还可以衍生植被类型图、森林分布图、草地分布图、农田分布图、聚居地分布图等。大量基础图件的生成为编制区域生态规划提供了数据基础,这是生态规划不可以缺少的数据及技术支撑。

5.1.2　资源环境的生态评价方法

　　生态评价是生态规划的一个重要环节,是生态规划方案制定的重要依据。生态评价是在数据资料调查的基础上,根据科学的评价指标体系和方法,评价某一区域内的特定时间范围内的生态状况、质量水平、发展趋势以及存在的问题。区域资源环境的生态评价是指运用生态学的原理与方法,对区域的自然资源与自然环境的性能、区域生态系统的结构、功能及其演化特征以及区域生态环境的敏感性与稳定性,及其与人类活动的关系进行综合的分析,其目的是认识和了解区域资源与环境的生态潜力与制约,为区域规划奠定生态学基础。生态评价的内容主要包括区域生态功能与生态过程的特征、生态系统服务功能、生态潜力分析、生态格局特征及生态敏感性等。

5.1.2.1　生态系统生产潜力分析

　　生态系统生产潜力是指在单位面积土地上可能达到的第一性生产水平。它是一个能综合反映区域光、热、水、土资源特征及其配合效果的一个定量指标。在特定的区域,光照与热量条件在相当长的时期内是相对稳定的,这些资源组合所允许的最大生产力通常是这个区域农业与林业生态系统生产力的上限。

　　根据自然资源的稳定性和可调控性,生态系统生产潜力可以分为四个层次,包括光合生产潜力、光温生产潜力、气候生产潜力及土地承载力。

　　光合生产潜力,简称光合潜力,是指在植物群体结构及其环境因素(CO_2、温度、水)均处于最适状态时,由光能所决定的生产潜力。光合潜力是由当地的光能与植物的光能利用率所决定的。一般来说,除非植物的光合效率得到提高,光合潜力通常是区域的最大生态系统生产潜力。光合有效辐射取决于区域太阳直接辐射、散射辐射、日照时数等因素。光能利用率与植物群落叶面积指数、光饱和点等植物特征密切相关(于沪宁和李伟光,1985;丘宝剑和卢奇尧,1987)。

　　光温潜力是在光合潜力的基础上引入热量限制因素,温度与植物光合作用的关系比较复杂,而且不同植物的反应也各有差异。

　　气候生产潜力,系指在区域光、热及水分条件下的植物第一性生产力。植物的生产力与水分的关系也很复杂。

　　光合、光温及气候生产潜力分析要针对区域自然生态系统的生态潜力与生态效率特征,它反映了区域气候资源的潜力,是区域农业与林业生产的基础。

　　区域土地承载力评价的目的是结合区域农业土地资源及区域农业生产特征,分析评价区域农业生产的潜力。评价方法是在农业气候生产潜力的基础上,引入土地质量因素,即根据耕地的土壤理化特性及土壤肥力,将耕地划分为不同等级,并转换为产量系数,从而可以得到不同土地单元的土地生产力。

5.1.2.2　生态景观格局分析

区域自然及人工景观的空间分布方式及其特征与区域生产、生活密切相关,是人与区域自然环境长期作用的结果。因此,景观分布与特征,如景观的优势度、景观多样性、景观均匀度、景观破碎化程度等,可以从不同角度反映区域人的活动强度及其与区域自然环境的关系。

在特定区域背景下,人们主要关心的是区域人工景观及自然景观要素的分布方式与相互关系,如区域景观基质的分布与判别,自然、半自然与人工斑块的空间分布形态,生态功能与社会经济,廊道与生态网络的形态与连接方式等。

(1)基质的判别　基质是面积最大、连通性最好的景观要素类型。因此,在功能上起着重要的作用,影响着景观内部及其与外部环境之间的能流、物流和物种流。基质的判别准则,包括相对面积、连接度及动态控制三个方面。通常相对面积超过其他所有景观要素面积总和的要素,可以视为基质。但有的区域任何一要素的面积均可能不会超过总面积的 50%,因此,可以通过进一步分析主要要素的连接度,典型的情形是作为基质的要素,在区域可以完全连接,并环绕所有其他景观要素。然而,在区域中,实现完全连接的要素很罕见,尤其在人类活动强度很大的区域,景观要素破碎化严重,要素的连接度降低(王磊,2009)。此时就要看景观要素对景观动态的控制程度。基质对景观动态的控制程度较其他景观要素类型大。

在基质判别的三个标准中,相对面积标准最容易估测,动态控制标准最难评价,连通性标准则介于两者之间。从景观生态学意义上看,控制程度的重要性要大于相对面积和连通性。因此,在确定某一景观类型的基质时,最好先确定全部景观要素的相对面积和连通性,面积大、连通性高的类型就为基质。当相对面积和连接程度均难以判别基质时,则要进行野外观测或获取有关物种组成和生活史特征信息,通过比较分析估计现存哪一种景观要素对景观动态的控制作用最大,从而将其判别为基质。

(2)景观空间特征　景观要素的分布形态可以用景观优势度,破碎化程度及网络连接度等一系列景观生态指数予以反映,部分景观要素、属性及景观指数特征如表 5.1 所示。

表 5.1　景观特征参量及主要景观指数

序号	参数	特征描述
1	斑块大小分布	某种斑块类型的大小分布特征
2	边界形态	边界的宽度、长度、连续性和曲折性(如分维数)
3	周长与面积比	反映斑块的形状

序号	参数	特征描述
4	斑块取向	斑块相对于具有方向性过程(如流水、生物运动)的空间位置
5	基质	与斑块直接联系在一起的下垫面或景观中的主要组成类型
6	对比度	通过某一边界时相邻斑块之间的差别程度
7	连结度	斑块间通过廊道网络而连结在一起的程度
8	丰富度	某一地区内斑块类型的数目
9	均匀度	景观镶嵌体中不同斑块类型在其数目或面积方面的均匀程度
10	斑块类型分布	斑块类型在空间上的分布格局
11	可预测性	亦称空间自相关性,即某一生态学特征在其邻近空间上表现出的相关程度

5.1.2.3 生态系统服务价值评价

区域生态系统不仅为人类提供了生活与生产所必需的食品、医药、木材及工农业生产的原材料等生态系统产品(杨志焕,2006),还在形成人类生存所必需的环境条件起着重要的作用,如土壤形成与肥力的维持、水土保持、气候调节、物质循环与大气组成、环境净化与有害有毒物质的降解、害虫控制、昆虫传粉等,并为野生动植物提供生境等许多方面(欧阳志云和王如松,2000)。从区域生态系统在维持生物多样性、土壤保持与维持土壤肥力、水源涵养与 CO_2 固定等方面探讨区域生态系统服务功能具有重要的现实意义。

一、维持生物多样性

在生态系统维持生物多样性的重要性评价中,可以根据生态系统结构与过程的特异性,其物种丰度与多样性,具有受威胁或濒危物种的数量与比例,将生态系统对生物多样性的保护价值按其重要性划分为若干个等级。在生态系统结构与过程以及物种方面的资料不足的情形下,可以运用专家调查法,通过问卷调查或专家访谈,明确规划区域内的生态系统在生物多样性保护中的作用。

二、涵养水分

在不同生态系统中,其地表覆盖层与土壤的物理化学性状不同,从而具有不同的水分涵养能力。

土壤涵养水分能力用最大土壤持水量与土壤凋萎系数的差值表示。

三、维持土壤肥力

生态系统的生物体和枯枝落叶层能贮存大量的营养物质,并通过生态系统的腐殖化作用及还原作用增加土壤的有机质,并将营养物质返回到土壤中,使土壤的肥力不断得到更新。同时,生态系统覆盖,可以减少雨水对土壤的直接冲击,减少土壤营养物质的流失。在评价中,可以综合运用实地调查资料与土壤普查资料,计算不同生态系统对维持土壤肥力的潜力与营养物质贮存总量来估计。

四、水土保持

水土流失主要与地形(坡度、坡长)、降水量与降水强度、土壤质地以及地面覆盖等因素密切相关。地形、降水强度与土壤质地等因素决定了一定地域的水土流失的敏感性,而地面覆盖与生态系统类型直接相关。由于不同生态系统对降水的截留与降水量的消减作用不同,从而具有不同的水土保持效果。

五、固定 CO_2

生态系统通过光合作用和呼吸作用同大气交换 CO_2 与 O_2,对维持大气中 CO_2 与 O_2 的动态平衡起着不可替代的作用。同时,生态系统作为 CO_2 的汇(祖智波,2007),对减少大气中 CO_2 的浓度,减缓温室效应起着重要作用。在评估生态系统对固定 CO_2 的作用时,可以以陆地生态系统生产力为基础,根据光合作用反应方程,推算固定 CO_2 的总量,然后运用地理信息系统分析不同生态系统固定 CO_2 的空间分布特征。

六、生态系统服务功能价值的评价方法

生态系统服务功能的价值可以分为直接利用价值、间接利用价值、选择价值与存在价值。生态系统服务功能价值评估方法,因其功能类型不同而异。根据生态经济学、环境经济学和资源经济学的研究成果,生态系统服务功能经济价值评估的方法可分为两类:一是替代市场技术,它以"影子价格"和消费者剩余来表达生态服务功能的经济价值,评价方法多种多样,其中有费用支出法、市场价值法、机会成本法、旅行费用法和享乐价格法;二是模拟市场技术(又称假设市场技术),它以支付意愿和净支付意愿来表达生态服务功能的经济价值,其评价方法只有一种,即条件价值法(欧阳志云和王如松,2000)。

理论上市场价值法是一种合理方法,也是目前应用最广泛的生态系统服务功能价值的评价方法。城市生态系统的生态资产核算指标体系及方法如表 5.2 所示。但由于生态系统服务功能种类繁多,而且往往很难定量,实际评价时比较困难。

表 5.2　城市生态系统的生态资产核算指标体系及方法(引自王让会,2008,有修改)

生态系统的服务价值 (V_{all})	森林生态系统服务价值 V_S	湿地生态系统服务价值(V_M); $V_M = V_1 + V_2$		V_1 为湿地吸纳降解污染的价值;V_2 为湿地水生境维持的价值
		涵养水源(V_F)$V_F = P \times S \times C \times 30\%$		P 为森林区域的年降水量;S 为森林面积;C 为水库蓄水成本
		维持生物多样性(V_B);$V_B = 2.98S$		S 为森林面积
		净化空气 V_P	吸收 SO_2(V_F) $V_S = P \times A \times C_S$	P 为森林对 SO_2 的吸收能力,A 为森林的面积,C_S 为削减单位 SO_2 的工程费用
			阻滞粉尘(V_D) $V_D = Q_D \times S \times C_D$	S 为森林面积(hm^2),C_D 为森林削减粉尘成本(元/t)
		保护土壤 V_S	减少土壤侵蚀(V_E) $V_E = M \div H \times A$	M 为森林的保土总量;H 为森林土壤表土平均厚度;A 为森林的单位面积价值
			减少土壤养分损失	森林降低氮素流失(M_1) $M_1 = E_1 \times D \times Q_1 \times S_1$ → E_1 为硫酸铵市场价格(元/t),D 为土壤保持总量,Q_1 为碱解氮折算成硫酸铵系数,S_1 为土壤碱解氮含量
				森林降低磷素流失(M_2) $M_2 = E_2 \times D \times Q_2 \times S_2$ → E_2 过磷酸钙市场价格(元/t),D 土壤保持总量,Q_2 速效磷折算成过磷酸钙的系数,S_2 土壤速效磷含量
				森林降低钾素流失(M_3) $M_3 = E_3 \times D \times Q_3 \times S_3$ → E_3 氯化钾市场价格(元/t),D 土壤保持总量,Q_3 速效钾折算成氯化钾的系数,S_3 土壤速效钾含量
				降低有机质流失(M_4) $M_4 = E_4 \times D \times S_4$ → E_4 为有机质的价格(元/t),D 为土壤保持总量,S_4 为土壤有机质含量
		调节大气(V_T);$V_T = 260.9 \times W \times 1.63 \times 0.27 + 1.2 \times W \times 400$		W 为城市林木的干物质总重量
	草地生态系统服务价值			根据单位面积草地的绿当量与等面积的林地绿当量的比例,再乘以已经核算出的森林生态系统服务价值即可得出草地生态系统服务价值
	农作物系统服务价值			根据单位面积耕地的绿当量与等面积的林地绿当量的比例,再乘以已经核算出的森林生态系统服务价值即可得出农作物系统服务价值
	生态的游憩类服务价值			采用实际市场价值法,城市游憩类生态资产等于城市旅游业收入

5.1.2.4　生态敏感性分析

生态敏感性是指在不损失或不降低环境质量情况下,生态因子对外界压力或变化的适应能力(董建华,2007)。不同生态系统对人类活动干扰的反应是不同的,有的对干扰具有较强的抵抗力,有的则恢复能力强。然而,有的系统却很脆弱,既容易受到损害或破坏,也很难恢复。区域生态敏感性分析的目的就是分析与评价区域内各系统对人类活动的反应。需要指出的是,在区域开发中人类可能对生态系统造成诸多负面影响。

5.1.3　泛目标生态规划方法

生态系统是一个多目标的大系统。这个复杂的多目标大系统不仅规模庞大,更重要的还在于它的要素多、结构复杂,还由于具有多个目标,致使这类系统规划的数学模型建立和求解非常困难。而且,我们面临的是一个复杂多变的社会、经济、自然复合生态系统,其信息来源往往是不完全和不确定的。因此,传统的数学规划方法及定量化决策分析技术已很难直接应用,需要加以发展(饶正富,1991)。

区域的发展既表现在空间上的变化,也有区域内社会经济结构的调整。生态适宜性分析主要关注的是资源与环境的空间特征,目标是为合理布局区域工农业生产与城镇体系提供生态学基础。而如何根据区域资源环境特点与社会经济条件,建立合理的经济结构与产业结构,也是区域持续发展生态所特别重视的。王如松(1987)创立的泛目标生态规划为合理规划区域的经济结构提供了有效的工具(代丹和罗辑,2008)。

泛目标生态规划就是针对这类复杂的系统规划问题而发展的一种人—机对话式方法。它是以生态控制论的原理作指导,以调节生态系统的功能为目标,以数学规划、系统模拟等数学方法为手段,采用数学规划等工具,定量和定性方法相结合,决策、科研、管理人员相结合的规划方法(饶正富,1991)。泛目标生态规划方法将规划对象视为一个由相互作用要素构成的系统,其主要特征表现在如下四个方面。其一,规划目标以生态学原理及生态经济学原理为基础,调控以人为主体的生态系统,优化系统的功能;其二,在优化过程中,侧重于限制性因子及其与系统内部组分的关系;其三,从多目标到泛目标,一般多目标规划方法的基本思想都是在固定的系统结构参数之下,按某种确定的优化指标或规划去求值,优化结果缺乏普遍性和灵活性。而泛目标生态规划则在整个系统关系组成的网络空间中优化生态系统,并允许系统特征数据不定量与不确定,输出结果是一系列效益、机会、风险矩阵和关系调节方案;其四,在规划过程中,强调决策者的参与(欧阳志云和王如松,1995)。

5.1.3.1　泛目标生态规划的数学描述

泛目标生态规划着眼于功能辨识的生态思维,探索复杂性过程,以信息处理为手段,由决策、科研、管理人员相结合,其最终目的不在于求解模型,制定最优对策,而是通过多层次、多阶段、多目标和多方法的探索,弄清系统的机会和风险,为决策者指引一条通向生态协调的满意途径。

生态决策的目的是在现实的生态位内,不断改进和协调系统关系到某一较理想的程度,使得其效益为决策者所满意,而又实现系统机会和风险的生态平衡(饶正富,1991)。

5.1.3.2 泛目标生态规划的一般流程

泛目标生态规划的一般流程如图5.1所示。

5.1.4　规划方案的评价与选择

规划的最终目标是提供区域发展的方案与途径,显然,这也适用于生态规划。由生态适宜性分析所确定的方案与措施,主要是建立在区域资源环境的基础上。然而,区域规划的最终目标是促进区域社会经济的发展,生态环境条件的改善以及区域可持续发展能力的增强(尹丹宁,2006)。因此,还应对初步的方案进行投入—产出效益评价,方案规划目标的要求评价,区域生态环境的影响及区域持续发展能力的综合效应等方面的评价。

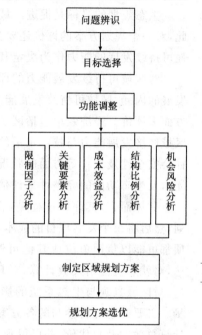

图 5.1　泛目标生态规划流程

5.1.4.1　规划成本与效益分析

每一项规划方案与措施的实施都需要有资源及资本的投入,同时,各方案实施的结果也将带来经济的、社会的或环境的效益。各方案所要求的投入及产出的效益是有差异的。因此,对各方案进行成本—效益的分析与比较,进行经济上的可行性评价,以筛选那些产出/投入比高的方案与措施。

5.1.4.2　规划目标与方案评价

在方案评价中,还应分析各规划方案提供的发展潜力,能否满足规划目标的要求。当均不能满足要求时,通常调整规划方案或规划目标,并做出进一步的分析,即分析规划目标是否合理以及规划方案是否充分发挥了区域资源环境与社会经济的潜力。

泛目标生态规划模型与规划平衡表是评价各方案实现规划目标能力的有效手段。运用泛目标规划可以对各种方案的机会与风险做出定量的分析,可以直接得到各方案与规划的关系。规划平衡表是在效益—成本分析基础上发展起来的,利用规划平衡表可对规划方案的所有优点和不足加以评定,并测定它们的影响范围。此外,还可将成本与效益充分对各个方案予以量化,借用该方法可以为实现规划目标的能力提供直观的比较。

生态规划的目标是促进区域的社会经济发展,增强区域的可持续发展能力,因此,对一个规划方案的评价还要分析其对区域可持续发展能力的影响,并将能否增强可持续发展的能力作为决定其取舍的重要准则。

对区域可持续发展能力的评价是一个多目标、多属性的复杂问题,根据可持续发展的内涵,区域可持续发展能力可以从经济效率、社会发展水平及发展潜力三个方面来评价。经济效率包括区域经济水平、生产效率及资源利用效率等方面,它是区域经济发展能力与技术水平的综合反映。社会发展水平由生活质量、医疗保健、社会安全性及教育等方面的状况来测度,发展潜力由环境质量,抗干扰能力,竞争能力及生态功能的完整性来评估。

具体而言,其评价过程是:将规划方案视为由许多单个发展项目所组成的系列,然后将每个发展项目的成本、效益、社会效应、环境影响等逐项加以评定,每一项都可能以货币单位或其他可测定的实际单位来表达,如投资,产值可用货币表达,对就业机会用人数计算,对环境的影响可用污染物排放量以及影响范围来表达,对区域景观与生态系统的影响可用其开发的面积,及对景观破碎化程度来衡量。必要时还可将参与的各方案列举出来,然后建立平衡表,最后以平衡表为基础计算总效益及总代价,并可得到各发展项目的受益者与贡献者。

区域的发展必然要对区域自然环境产生正效应及负效应。发展方案与措施对环境影响的时空范围是决定其取舍的重要方面。发展方案与措施的环境影响评价要包括对自然资源潜力的利用程度,对环境质量的影响,对景观格局的影响以及自然生态系统的不可逆性分析等方面。

5.2 生态规划的分析方法

5.2.1 分析方法概述

生态规划的对象常常是一个整体区域,而区域作为占有一定空间的地域结构形式它是由许多组分组成的开放而复杂的系统。采用系统论的分析方法,可以把区域看作是一个复合生态系统,从而有助于从总体上把握区域的发展方向与目标,充分考虑区域发展中面临的生态问题,探索解决区域自然—经济—社会复合生态系统发展中的生态规划途径。

前已述及,生态规划的理论源于生态学等多个学科,本领域的进一步发展还有赖于其他学科理论的进一步发展。同时,生态规划本身的发展也有赖于与实践相结合,在实践中发现问题和解决问题。定量化研究是科学研究深化的需要,也是科学研究不断发展的前提,生态规划面临的一个普遍问题就是可操作性不强,许多规划完成后常常被忽视,一个重要原因就是规划中缺少定量化研究或定量化指标,难以在实践中付诸实施。因此,在定性描述的基础上进行定量化研究是生态规划在未来实践中具有可操作性的基础。目前,通过在生态脆弱性分析、生态承载力分析和生态适宜性分析等定量化研究的基础上进行的有关生态规划工作,在实践中已取得了许多重要的成果。从时间尺度上比较,纵向沿袭历史轴线、对比古今,同时横向对比同一时期各学派理论侧重点、立足点与创新点;从空间尺度上比较,分析不同空间层次之间调控方法和同一空间尺度下不同地域的生态特征。

5.2.2　分析的意义及途径

5.2.2.1　因子分析的意义

因子分析方法是一种能够分辨群体变量和类似变化格局的总结或合成技术。因子分析方法是依靠多元统计技术方法来实现的,其中,PCA、因子分析、对应分析是在城市研究中最常采用的多元统计技术方法。因子分析方法作为量度空间差异的主要方法之一,在分析社会、经济、人口和居住特征的关系时起到了归纳总结的作用。随着信息技术的应用和计量地理学的发展,诸多领域内因子分析的研究更加方便实用,逐渐形成了可靠的、有效的和高水平的城市空间布局结构的归纳总结方法(刘贵利,2001)。

5.2.2.2　参评因子的确定

因子分析的目标是辨别数据的主要差异,通常保留那些能反映数据更大比例的因素。因子分析本质上是归纳性的,其实质是采用因子分析模型来分析复合生态系统的变量,通过消去线性相关的冗余信息,综合体现系统的所有统计信息(刘贵利,2001)。

分析指标的选取原则上要综合考虑自然属性和社会经济因素,在分析因子的选择上应遵循主导性、差异性、限制性、定量性等原则。评价标准的制定主要依据生态因子对给定的资源利用方式的影响,以及该因子在评价区内时空分布特点,将生态适宜度一般划分为很适宜、基本适宜、不适宜三级,或者划分为很适宜、适宜、基本适宜、基本不适宜、不适宜五级(刘康和李团胜,2004;尹丹宁,2006)。生态脆弱性用脆弱度指标进行评价分级,生态敏感性用敏感度进行评价分级,各评价分级类似于生态适宜度评价分级。

5.2.2.3 分析的一般流程

刘天齐等(1992)提出了土地利用生态适宜性评价的分析程序(尹丹宁，2006)。根据对不同资源的适宜性评价不同，相应的评价方法也不同，目前针对物种资源、草地资源、森林资源、旅游资源、地质地貌、土地利用、耕地资源、交通道路、居民生活区、水资源利用、大气、园林绿地系统等，在生态规划中都要进行生态适宜性与脆弱性的分析。在对不同尺度复合系统进行生态规划分析时，可根据规划对象进行调整，其相应步骤如下：第一，明确规划区范围及可能存在的资源利用方式及资源属性；第二，收集资料，解读空间数据，建立数据库；第三，筛选出对资源利用有明显影响的生态因子及作用大小；第四，考虑扰动因素，确定评价的等级与标准；第五，采用单因子与因子的综合分析，确定综合评价值；第六，对各因子间的空间相关进行分析，确定最终评价标准与评价等级；第七，结合资源利用，进行制图；第八，编制规划对象评价综合表和不同方式的图件。图5.2 是生态规划分析的一般流程。

5.2.3 生态适宜性分析

5.2.3.1 生态适宜性的一般内涵

生态适宜性是指区域土地的生态现状及开发利用条件，或者指区域或特定空间其生态环境条件的最适生态利用方向，或指在规划区内确定的土地利用方式对生态因素的影响程度，它是土地开发利用适宜程度的依据。生态适宜性分析是运用生态学的原理和方法，分析区域发展所涉及的生态系统敏感性与稳定性，了解自然资源的生态潜力和对区域发展可能产生的制约因素，从而引导规划对象空间的合理发展以及生态环境建设的策略。

生态适宜性分析是生态规划的核心，其目标以规划范围内生态类型为评价单元，根据区域资源与生态环境特征，发展需求与资源利用要求，选择有代表性的生态特性，从规划对象尺度的独特性、抗干扰性、生物多样性、空间地理单元的空间效应、观赏性以及和谐性分析规划范围内在的资源质量以

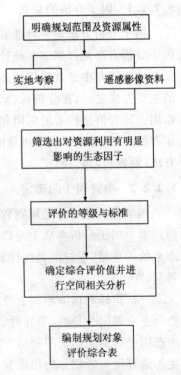

图 5.2 生态规划分析的
一般流程

及与相邻空间地理单元的关系,确定范围内生态类型对资源开发的适宜性和限制性,进而划分适宜性等级。图 5.3 是生态适宜性分析的一般流程。

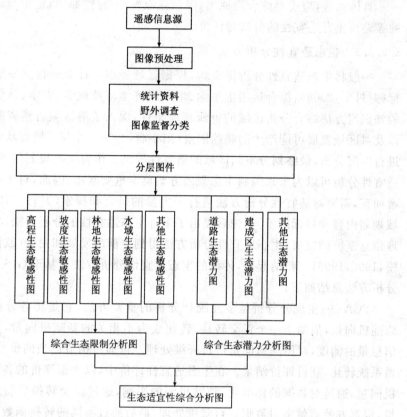

图 5.3 生态适宜性分析的一般流程(引自汪成刚和宗跃光,2007,有修改)

5.2.3.2 生态适宜性分析原则

生态适宜性分析是指在对区域进行生态调查的基础上,对区域土地的生态现状及开发利用条件进行定性和定量的评价,并对开发利用后可能产生的影响进行科学的预测,以期直观反映出区域开发利用可能性及开发潜能。实质上,生态适宜性分析就是根据土地系统固有条件,分析其对某类用途的适宜性和限制性大小,并划分其适宜等级,为建立土地的最佳利用结构服务。

土地生态适宜性分析就是从生态学角度和可持续发展的角度,根据产业发展中的现实要求,分析土地状况的供给能否满足社会、经济和文化发展的需求,给出土地质量能够满足生态学需求程度上的评价和地域分布,建立区域土地利用适宜生态发展的模式。通过生态适宜性分析可以全面了解掌握区域土地利用现状以及环境质量现状,从而制定出区域土地生态适宜性分区,确定区域内各类型土地的用途,为区域生态规划提供科学依据。

具体而言,应遵循综合性原则,限制性原则,差异性原则,定量与定性相结合原则等进行生态适宜性的分析与评价。

5.2.3.3 生态适宜性分析方法

一般将生态适宜性分析定义为,根据区域经济—社会—自然发展的现状和目标(尹丹宁,2006),综合运用生态学、生态经济学以及地学、农学、林学等相关学科的知识与方法综合分析区域的资源环境条件,深入了解区域自然资源的生态潜力以及对区域发展可能产生的制约因素(阳小聪,2008),并与区域现状资源环境条件进行匹配分析,最终划分不同区域的适宜性等级。作为生态规划的核心步骤,生态适宜性分析可以为未来编制生态规划方案奠定重要基础,因而,对于生态规划工作者而言,需要对适宜性分析方法进行了大量的研究和探索(尹丹宁,2006),根据区域规划内容和目标的不同,先后提出了多种生态适宜性的分析方法,尤其是随着地理信息系统的发展,生态适宜性分析方法得到空前的发展和完善(欧阳志云和王如松,1995,1996)。归纳起来,传统的生态适宜性分析方法与基于 GIS 的生态适宜性分析方法总结如下:

PCA 法:主成分分析是多元统计分析的重要方法,它是将各分量彼此相关的原随机向量,借助于一个正交转换,转化成为不相关的新随机向量,并以方差作为信息量的测度,对原随机向量进行降维处理。再通过构造适当的价值函数,进一步做系统转化,获得评价结果。在生态适宜性评价中,以生态评价的各因子作为原随机向量,通过对数据的标准化,消除量纲的影响,通过正交转换后得到新的随机向量,根据方差贡献率对数据进行降维处理,最后通过不同的转换函数得到生态适宜性评价结果。

AHP 法:层次分析法是对一些较为复杂和模糊的问题做出决策的有效方法,它特别适用于难以完全定量分析的问题。AHP 法通过对建立的层次结构模型中每一层次各因子相对重要性的打分获得判断矩阵,通过对矩阵的一致性检验得到排序向量,并可以计算出层次结构最底层的因子对总体目标的相对重要性权重,通过加权求和的方式获得评价的结果。以生态适宜性作为目标层,通过合理的划分层次建立层次结构模型,通过进行专家评分步骤,获得判断矩阵,检验矩阵的一致性,若满足要求便可计算出相对重要性权重,最后通过加权求和获得评价结果。

Fuzzy 评价法:Fuzzy 评价法奠基于模糊数学,该方法可以有效地处理人们在评价过程中本身所带有的主观性,以及客观所遇到的模糊性现象,辅助评价指标的量化和分级模糊评价通常按以下步骤进行,首先确定评价的因子集合与标准集合,应用标准集合对因子集合进行评价生成隶属度矩阵,应用隶属度函数生成评语集,根据最大隶属度原则,确定评价对象所属的评价等级,给出评价结论。

形态分析法:主要用于早期的土地利用规划工作。其工作过程大致可以包含以下四步:第一步是景观分类,即根据遥感影像资料的解译并结合实地采样调查的数据(尹丹宁,2006),获取地表的植被、土壤、土地利用类型、地质、地貌等信息,然后在地理信息系统的基础上,按照地形、地貌、气候、植被、资源等自然地理状况,将规划区域划分成不同的小单元;第二步是制定生态适宜性评估表,即根据当时区域经济发展的目标以及土地利用的现状,对每个小单元的资源环境情况,制定相应的生态适宜性评估表;第三步是适宜性等级划分,即在对数据资料分析评价的基础上,确定每一小单元的生态适宜性等级;第四步是制作适宜性图件,即根据土地规划的目标,制作区域生态适宜性图(张静,2005)。

地图叠加法:首先分析各因素的适宜性等级,分别绘制单因素的适宜性等级图,然后对各因素的适宜性进行叠加,得到适宜性等级图,最后再叠加到地图上。麦克哈格将其应用于高速公路选线、土地利用、森林经营、流域开发、城市与区域发展等领域的生态规划工作中,形成了一套完整的方法体系(张静,2005)。其分析流程包括三个步骤:第一,根据规划目标,确定规划目标和所涉及的因子,建立规划方案及措施与环境因子的关系表,从而列出多种区域发展规划的方案和措施,并确定各方案和措施与区域自然—经济—社会的关系;第二,调查每个生态因子在区域内的分布状况,建立生态信息档案,分析各种方案与措施对资源环境承载力以及可持续发展的影响,并建立适宜性等级;第三,对各因素的适宜性进行叠加,得到适宜性等级图,最后再叠加到地图上(尹丹宁,2006)。

数学组合法:通过线性组合与非线性组合的方式对生态适宜性进行评价。该方法是针对因素叠置法的不足发展起来的,分线性组合与非线性组合两种方法。线性组合法是用适宜度值来表示适宜性等级,并赋予不同的权重。将每个因素的适宜性等级值乘以权重,得到该因素的适宜性值。最后综合各因素的适宜性空间分布特征,即可得到综合适宜性值及空间分布(张静,2005)。非线性组合法在某些情况下,环境资源因素之间具有明确的关系可运用非线性数学模型进行表达。在进行生态适宜性分析时,用这些模型进行空间模拟,然后按一定准则划分适宜性等级。

生态位适宜度模型法:欧阳志云等(2005)在进行区域发展研究时提出的一种适宜性分析模型—生态位适宜度模型。其原理是根据区域发展对资源的需求,确定发展的资源需求生态位,再与现实条件进行匹配,分析其适宜性(俞艳和何建华,2008)。区域发展对资源的要求构成需求生态位,而区域现状资源也可以构成对应的资源空间,可简称之为供给生态位,两者之间的匹配关系,则反映了区域现状资源条件对发展的适宜性程度,其度量可以用生态位适宜度来估计。当区域现状资源条件完全满足发展的要求时,显然生态位适宜度为1,而当资源条件不能满足其对应的资源最低要求时,生态位适宜度为 0(郑新奇,2004)。

　　基于 GIS 的生态适宜性分析方法:生态适宜性分析是一种多要素分析,既包括自然地理属性,又包括社会、经济属性,其传统手工分析过程繁杂,缺乏效率。地理信息系统将数据计算与图形处理相结合,可以简洁、直观、高效准确地实现生态适宜性分析,为适宜性分析提供一种有效的技术手段,增加生态适宜性分析的科学性与客观性。基于地理信息系统的生态适宜性评价方法的一般步骤是:第一,数据收集与数字化;第二,筛选评价因子;第三,单因素评价;第四,综合评价(施璠成,2009)。最终综合区域特征及规划目标,实现图形化生态适宜性特征图的表达。图5.4 是大连市生态适宜性评价结果(汪成刚和宗跃光,2007)。

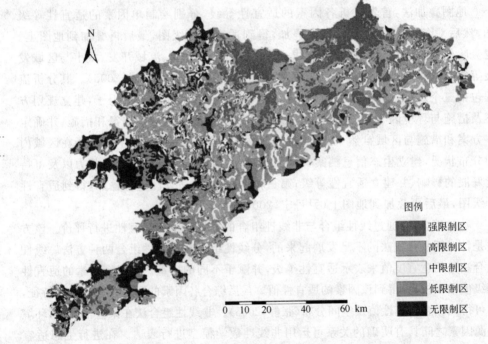

图 5.4　大连市生态适宜性评价(汪成刚和宗跃光,2007)

5.2.4　生态脆弱性分析

5.2.4.1　生态脆弱性的概念

　　生态脆弱性是景观或生态系统的特定时空尺度上相对于干扰而具有的敏感反应和恢复状态,它是生态系统的固有属性在干扰作用下的表现。它是自然因素(全球或区域性自然过程引起的气候、水文、地貌、植被、土壤等变化)和人类短期经济行为(因工业、农业、交通、运输等行业发展产生的毁林、耕垦、过牧、过量灌溉等活动)共同作用的结果。就自然背景而言,生态脆弱性是在漫长的地质年代形成的,就人类活动而言,生态脆弱性是一种风险性行为(王让会和樊自立,2001)。生态脆弱性是由多种因素相互作用或叠加形成的,不同的时空尺度上,相同成因所引起的生态脆弱程度是有一定差别的。因此,要评价一个区域的生态脆弱性,必须全面分析该区域的环境因子,通过遵循主导因素原则,科学性、实践性相结合原则,综合地理学、生态学、人文及经济学观点,选择引起生态脆弱性敏感因子,构建评价指标体系,综合反映特定时空区域的生态脆弱性的程度。

5.2.4.2 生态脆弱性的成因

造成生态环境脆弱的原因有自然因素,也有人为因素,但人类长期生产、生活活动累积的负面影响越来越大,而且自然因素与人为因素相互作用,彼此叠加的结果是造成某些地区生态脆弱性加剧的主要原因。

自然因素包括地质构造、地貌特征、地表组成物质、气候、生物群落类型、组成及其结构等因子,是生态环境形成的物质基础。地质构造运动通过改变或影响地表的物质和能量分配,奠定了地理过程发生的空间基本格局。地貌脆弱因子主要有石灰岩山地丘陵、山地陡坡不稳定风化垂直节理发展的深厚母质(或风化壳)山体、山地薄土层粗骨质阳坡等。这些地貌因子属性及地貌过程均容易造成脆弱生态环境的形成与演变。地表构成物质也是促成生态环境脆弱的因子,它一般与其他脆弱因子综合作用。生物群落类型、组成、结构反映了生态环境物质能量结构特征,如果群落类型、组成及其结构简单,则其内部物质能量过程不协调,生物群落结构容易遭到破坏而形成脆弱生态环境,气候因子主要由光、热、水的量和变率及其组合关系形成。气候因子制约着生态环境类型、生物组成和生产潜力。一般而言,高温、高湿可促使植物生长,不容易形成脆弱生态环境,而干旱、半干旱容易抑制植物生长,甚至造成枯萎而导致生态环境的脆弱。

资源和环境与人类的关系是一个相互依存、相互制约的关系。这种关系自始至终处于动态平衡之中,而从人类的发展历史来看,人类活动则越来越处于这种关系的主导地位。如果人类开发自然资源的活动在资源和环境的承载能力范围内而没有超出它们的阈值,则生态环境在受到压力后可以自我缓解,并处于良性演变状态;如果人类对自然资源进行不合理的开发利用,生态环境将会逆向演化,就将导致脆弱生态环境的产生。人类不合理利用资源环境的方式主要表现在:过度开垦土地、过度放牧、过度采伐,长期连续不合理的灌溉、挖矿开发及工农业污染等。

任何生态系因其物质、能量、结构、功能不同,其脆弱性的表现也不同。相对稳定的系统,并不意味着不存在脆弱因子或者导致环境脆弱的因素,也并不意味着脆弱的环境,其所有的构成因素都会脆弱。在稳定的生态系统和脆弱的生态环境之间不存在不可逾越的鸿沟,二者之间是可以互相转化的。随着人类生产、生活活动规模和强度持续增大,往往造成一些相对稳定的生态系统功能失调并发生退化而转变为脆弱的生态系统。从这个角度来说,任何生态系统都具有脆弱性的一面。

5.2.4.3　生态脆弱性分析的原则

生态脆弱性分析实际上就是评估资源、人口、生产、社会发展和环境整体生产能力及潜力的程度以及环境能否被持续稳定利用的综合性衡量标准。它是通过对环境各要素的特殊属性及要素组合的整体效应,对脆弱生态环境范围及演变趋向的认识,结合对脆弱生态环境成因与环境受体的综合分析,以定量、半定量的分析方法,达到对脆弱生态环境整体的概括。这一工作不仅有利于区域间的量化对比,也为脆弱生态环境的综合整治提供了依据。

为了评价的准确性、客观性,在建立生态脆弱评价指标体系时,应遵循代表性、系统性、易获得性或灵活性等原则,使评价建立在科学及合理的基础之上。

5.2.4.4　生态脆弱性的分析方法

生态脆弱性的分析方法很多,由于涉及区域较广,目前尚未形成一种公认的评价方法。不过无论采用何种分析方法,主要经过选择建立评价指标体系,确定指标体系中各因子权重,构建评价模型及评价标准等三个步骤。目前,常见的方法有模糊分析法(冉圣宏等,2002)、定量分析法(赵跃龙和张玲娟,1998)、EFI法(王让会等,2001)、AHP法(李晓秀,2000)、信息度量法(王经民和汪有科,1996)等。为满足自然资源开发利用、土地适宜性评价、土地资源评价、社会经济可持续发展等不同分析目标的需要,可选择不同的分析方法。

模糊评价法:模糊综合评价法的原理和方法步骤首先是选择最能反映脆弱生态环境特征的指标体系(可为一级或二级)形成指标集 X;确定指标体系评判集 Y,$Y=$ {1(极脆弱区),2(强脆弱区),3(中脆弱区),4(轻脆弱区)};通过专家咨询、频度统计等方式确定指标权重集 A;选用均匀分布函数进行隶属度计算,得到 $X \rightarrow Y$ 的模糊映射并导出评判矩阵 R;最后得到本地区生态环境脆弱度的模糊综合评判 B。

$$B = AR$$

该方法可用于省、区大范围脆弱生态环境脆弱度评价,也可用于县(市)、乡(镇)小范围的脆弱生态环境脆弱度评价,计算方法简单易行。缺点是采用均匀分布函数进行各指标的脆弱隶属度计算,对指标的脆弱度反映不很敏感。

EFI(生态脆弱性指数)评价法:EFI评价法的原理和方法是确定指标和权重及其生态阈值,利用对数插值处理得到脆弱生态环境各脆弱因子的标准化数值。可根据 EFI 值划分脆弱度等级。该方法把脆弱度评价与环境质量紧密结合在一起，常用于干旱区内陆河流域脆弱生态环境评价，最适合于某一评价区域的内部比较，但评价结果是相对的，不是绝对的。

AHP 评价法：对脆弱生态环境而言，各主要环境资源因子对其影响的程度不同，所以可根据主要环境影响因素以权重评分法进行脆弱度分级。

为了评价某地区生态环境脆弱程度，取主要环境影响因素为评价指标，如：年降水量、植被覆盖度、地形坡度、土壤可蚀性、土壤层厚度。地面组成物质松散度、环境容量等。确定其评分值和权重。可根据评价的对象和目的不同选择不同的因子，也可以设二级指标计算，指标权重也可以根据评价区域的不同而重新确定。该地区各环境影响因素的评分值分别乘其权重值之和得到总分值，按总分值的多少确定生态环境的脆弱度等级，其中脆弱度等级分为极脆弱性、强脆弱性、中脆弱性、轻脆弱性、微脆弱性等五级。该方法计算过程简单，可根据脆弱生态环境的特点选择不同的环境影响因子、权重及评分等级，应用广阔，可用于生态环境脆弱度比较。

关联评价法：评价一个生态系统。选定 M 个主要脆弱因子，把该区域划分成 N 个子区域，并排列成序，用 $X_{ij}(i=1,2,\cdots,n;j=1,2,\cdots,m)$ 表示第 i 个子区域的第 j 个因子的指标。该方法是牛文元先生计算生态环境脆弱性所用"集合论法"、"信息度量法"的修改版，适用于系统内部或相邻系统的脆弱性程度比较。

综合评价法：脆弱生态环境具有内部结构不稳定性和对外界干扰的敏感性两个基本特征，脆弱生态区的现状、发展趋势及其稳定性都是其固有属性的外在表现，对脆弱生态区脆弱度分别进行现状评价、趋势评价和稳定性评价，最后达到综合评价的效果。该方法评价全面，适合各种区域评价目标的需要。

（1）脆弱生态环境脆弱度现状评价。脆弱生态区的脆弱度具有一定的模糊性即任何具体的生态环境对某种脆弱标准而言有不同程度的隶属关系。因此，对脆弱生态区的现状评价主要是根据指标的实际值，计算其对某级稳定性的隶属程度。评价指标可分正向指标（指标值越大越稳定）和负向指标（指标值越小越稳定）两种。对模糊评价法中采用的均匀分布函数模型进行了适当修正，使评价结果更接近实际，也更为科学。

（2）脆弱生态环境脆弱度趋势评价。脆弱生态环境趋势评价包含两个方面：一是各指标变化的波动性，可用 Daniel 趋势函数值表示；二是指标变化的方向与速率，可用灰色理论来对各个指标值的变化速率做出定量描述。由此可计算出趋势评价指数。

按前述计算隶属度的方法，可导出趋势评价指标与生态环境脆弱程度的关系矩阵，对环境脆弱因子一段时间的变化曲线进行分析计算，进而得到脆弱生态环境的趋势评价结果。

（3）脆弱生态环境脆弱度稳定性评价。脆弱生态区不稳定的特征及其对外界扰动敏感的表现说明它是一个典型的非线性系统，引入非线性理论来研究脆弱生态区的稳定性是非常必要的，分形理论就是一种比较合适的研究工具。利用分形理论计算出脆弱生态环境稳定性所关联的分维数，分维数越大表明脆弱生态区越稳定。根据分维数与脆弱生态环境脆弱度的关系，可导出脆弱生态环境的稳定评价结果。

（4）脆弱生态环境脆弱度综合评价。在以上对脆弱生态环境进行现状模糊评价，趋势评价和稳定性评价的基础上，可得区域脆弱性的综合评价值。

事实上，为获得更多的、更实际直观的数据和实现对数据资料科学、快捷的处理统计，除确定指标体系和指标权重、选择更合适的数学模型外，将计算机技术与数学理论结合是脆弱生态环境脆弱度评价发展的主导方向。通过利用3S技术采集资料适时更新各因子脆弱性指标，对一段时间内的环境脆弱因子的变化进行分析，实现对脆弱生态环境的监测和动态评价，将现状评价、趋势评价和综合评价融于一体，为脆弱生态环境的保护和经济适度发展提供重要信息，是脆弱生态环境脆弱度评价的主要研究方向。

图 5.5 是中国生态脆弱性评价结果。

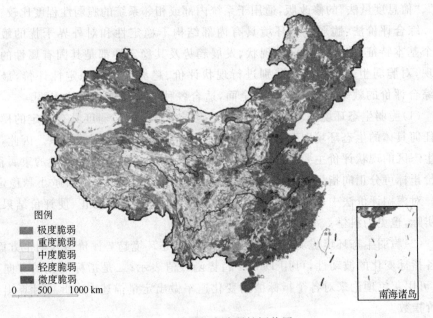

图 5.5　我国生态脆弱性评价图

（引自 http://news.xinhuanet.com/ziliao/2011-06/09/c_121511266.htm,2011）

5.2.5 生态敏感性分析

5.2.5.1 生态敏感性评价方法

生态敏感性分析是指在不损失或不降低环境质量的情况下,生态因子对外界压力或外界干扰适应的能力。通过对生态系统敏感性分析,为区域发展规划、产业布局和区域环境综合整治提供科学基础,并以此为依据建立起完善合理的环境保护和生态建设的对策框架,为区域可持续发展建设指明方向。

不同生态系统对人类活动干扰的反应是不同的。生态敏感性分析的目的就是科学评价复合系统内部各子系统对人类活动的反应。根据生态规划建设内容与可持续发展可能对复合生态系统的影响,生态敏感性分析通常包括土地利用、矿产资源、生物资源、地下水资源评价,敏感集水区和下沉区的确定,具有特殊价值的生态系统及人文景观以及自然灾害的风险评价等。

不同土地利用类型的生态功能是不同的,即使是同一种土地利用类型,也会因为面积的不同、空间位置不同以及生态环境功能等诸多因素而在生态功能上有所差异,所以在土地利用类型(林地、耕地、园地、滩涂、未利用土地),分区的基础上,根据行政区划和自然地理条件进行了进一步的划分。

在选择评价因子的时候要充分考虑到复合生态系统不能等同于一般自然生境的情况,其自身所独有的社会经济属性对城市生态敏感性的评估有着十分重要的作用,所以主要选取不同类型的资源开发经济活动作为评价因子,同时还要对各个不同区域的现状进行考查,并给出评分。

5.2.5.2 数据处理与分析

对于每个评价生态单元,根据选择的评价因子和生态参数,制订出生态敏感性评估。

借助于评价单元子目标——土地利用、地形、物种多样性、水文、交通,通过德尔菲法获得生态敏感性的原始评分,先由每项开发活动类型对各生态参数排序打分,受影响最大的参数为 1 分,其次为 2 分,依次类推,影响最小者得 5 分,分数记在每个对应单元格的下部分中;再由每项生态参数对各开发活动类型排序打分,对该项生态参数影响最大的开发活动得 1 分,其次得 2 分,依次类推,对该项生态参数影响最小的得 5 分,分数记在每个对应单元格的上部分中,得到以下两个矩阵。

由于各个土地利用类型的敏感性大小是不同的,因此,根据各生态系统对外界作用力的敏感性反应强弱,为各种土地利用类型赋予不同的权重值。

5.2.5.3 生态敏感性分级

依据各生态单元的最后综合评估值分成不同等级,来评价复合系统生态环境敏感性,可以根据区域生态特征分为"很敏感、敏感、弱敏感、不敏感"等不同的敏感性等级。

根据评价结果,以土地利用类型图为底图,应用地理信息系统平台将不同的土地利用类型按照相应的敏感性等级进行叠加,将生态敏感性划分区域,并针对不同敏感区实行相应的保护对策。

5.3 城市生态规划方法

城市生态规划的主要步骤如下:一是在全球定位技术的支持下,应用卫星遥感技术采集基础信息,主要包括地形、地貌、土地利用现状、植被类型分布、聚居地分布、地表水体和敏感生态区域分布等方面的资料信息,然后通过生态制图方法把这些基础信息在空间上反映出来,以便于产业、土地和空间结构的调整;二是在生态学前沿学科理论的支持下进行生态城市空间布局设计;三是应用系统分析和仿真模型调整产业结构;四是根据资源特色进行城市生态系统规划。图 5.6 反映了城市生态规划的框架。

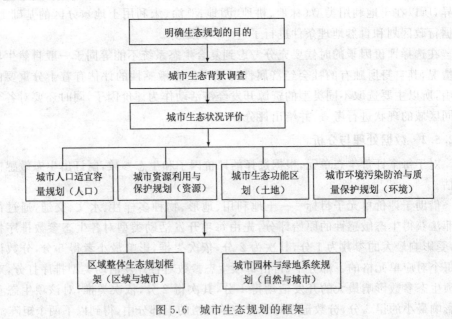

图 5.6 城市生态规划的框架

5.3.1 城市生态规划的特点

现代城市是一个复杂的人工复合生态系统,各层次、各子系统之间和各生态要素之间关系错综复杂(王祥荣等,2004)。城市生态规划是一项综合性系统工程,涉及城市的诸多方面(植被、大气、水体、基础设施等),用传统的技术手段和规划方式,极大地制约和影响着城市生态建设工作的发展。3S技术和计算机技术的发展,使集规划、管理、监测等为一体的智能化生态规划方法成为可能,城市生态规划可以借此实现设计规范化、管理现代化、监测信息化、决策科学化,并可实现城市的良性循环和可持续发展(常玉光和王宏涛,2005)。

城市生态规划是遵循生态学和城市规划学有关理论和方法,以城市生态关系为研究核心,对城市生态系统的各项开发与建设做出科学合理的决策,从而调控城市居民与城市环境的关系,维护城市生态系统的稳定性,实现城市的和谐、高效与持续发展。城市生态规划也就是运用系统分析手段、生态经济学及环境科学知识和各种社会、自然的信息与规律来规划、调节城市各种复杂的系统关系,在现有条件下寻找扩大效益、减少风险的可行性对策而进行的规划(徐建刚等,2008;奚江琳等,2007;胡希军等,2005)。

城市生态规划与城市规划、环境规划有着密切的联系,也有一定区别。城市规划是在区域规划的基础上,根据国家城市发展和建设方针、经济技术政策、国民经济和社会发展计划,以及城市的自然条件和建设条件等,合理地确定城市发展目标、城市性质、规模和布局,布置城镇体系,重点强调规划区域内土地利用空间配置和城市产业及基础设施的规划布局、建筑密度和容积率的合理设计等。也可以说主要是城市物质空间与建筑景观的规划。环境规划强调规划区域内大气、水体、噪声及固体废弃物等环境质量的检测、评价和调控管理。而城市生态规划则强调运用生态系统整体优化的观点,在对规划区域复合生态系统研究的基础上,提出资源合理开发利用、环境保护和生态建设的规划,它与城市总体规划和环境规划紧密结合、相互渗透、是协调城市发展和环境保护的重要手段(何永和刘欣,2006)。与传统的城市规划相比,城市生态规划强调以可持续发展为指导,应用各种现代科学技术手段分析利用自然环境、社会、文化、经济等各种信息,模拟设计和调控系统内的各种生态关系,从而提出人与自然和谐发展的调控对策。生态规划更重视建筑与环境的融合,充分利用好原有的地形地貌和自然界景观,保护好原有的江、河、湖、海和山、园、林、树;实现资源共享和优势互补,充分融城市的现代文明于自然环境之中。均衡分布相互衬托天然一体以实现"人—建筑—自然"的融汇贯通这种建筑设计原则。

随着现代化的发展,科学技术的提高,城市的发展速度已经大大超出了人们最初的想象,同样城市的长远规划和更适合人居的生态规划也逐渐被重视。城市的生态规划成为城市规划的发展方向。

(1)城市生态规划的多样性

城市规划设计不仅仅服务于人类,而且更服务于共同生存在城市中的其他生物。因此城市的生态规划不再将人类孤立在城市中,而是发挥生态设计的最深层含义,将规划多样性服务于城市中的自然群体生物。多样性、多选择性、复杂性是后现代思想的典型特征。而这种后现代思想推崇人们不是要寻找单一的本质,而是通过平面的多层重叠而构成的立体空间去寻找事物的多样性,不被唯一的规范所束缚,要通过事物的多样化去延续事物的发展。自然是广阔的包容丰富的生物及环境整体。人类生活在自然中即便是城市也不能将人隔离于自然之外,我们的城市发展要尊重和维护自然,要和谐、要丰富、要重视多样性。保护生物的多样性本质上就是保护和维持乡土生活和生境的多样性。多类型的复合生境是生态规划的基本条件,利用以土和水为主的自然环境构建多样的生态环境,将城市建立在自然中,将自然融入于城市的每个角落。城市规划的多样性要构筑多功能和多用途的绿色空间,改变道路树种单一,改变格局布置单一,就要规划有生态演替过程的层次分明的复合群落。

(2)城市生态规划的不确定性

城市生态规划具有不确定性,这种不确定性将城市规划引导进入一个新的领域。将城市生态系统作为一个开放的系统,让人们自组织、自协调、自维护、自创造的城市生态系统不是一维的、二维的线条,而是一个具体的三维空间。将城乡的概念模糊化,城市的生态规划将瓦解城市中有围栏的公园,将取消乡间有划分的田埂;公园、绿地、农田都成为城市生态系统中同等概念的要素组分而城市中也将不再有具体的绿化空间,绿化范畴因为整个城市就是融于自然的一部分,所有都是自然的,所有都是生态的,所有都被融合在绿色的生态系统中。

(3)城市生态规划的特殊性

在人类早期文明的发展中有很强烈的特殊性,有着不同地理气候、地貌、生物的烙印。城市不仅有城市的人类文明,同样包含着特殊的地域文明。而随着人类文明的发展,现代主义的规范化模式在城市的建设中重复使用,在一些新兴城市甚至可以看到几乎相同的建筑格局。让城市不断的重复和复制,这将彻底磨灭城市的特殊性。因此,城市的生态规划应强调和利用城市所在地域环境的特性,保护和维持特定区域环境及生态的特性,因势利导地造就各个不同生态城市的特色。

(4)城市生态规划的自然性

"师法自然"是强调人们在创建生存环境的时候对自然的向往,希望在自己的庭院和自己构建的生境中充满着自然的韵味和形态。人们要更加深刻地认识到"否定一切就是摧毁一切",也要理解"保留一切就是建设一切"的深层含义。所以,要构建一个"有机的整体",要构建一个生态的城市一定要重视自然性。将科技中先进的手段应用到保护自然中,利用自然力量来解决人类生活造成的环境问题。

(5)城市生态规划的参与性

城市生态规划应倡导公众参与。它不是单一群体的事务,而是整个生活在这个城市中的公众和其他生物的共同事务。人们要代表自己和不同的群体参与城市的规划建设。各个行业及各个领域中的专家学者要代表他们所研究的群体表达合理化建议。要充分吸纳社会各界人士对生态规划的建议,将城市的生态规划做到让不同人群认同的程度。

(6)城市生态规划的选择性

城市生态规划应当具有选择性,将城市发展中一些精华的、有历史继承、能为城市长远发展做基石的城市建设保留,并加以改造。城市生态规划的选择性还在于城市产业的选择和发展,城市的经济发展也是城市生态规划实现的重要条件,而发展经济的同时一定要将城市的生态规划作为城市发展的长远目标,故城市的经济发展或经济布局一定不要破坏城市的长远生态规划,否则将得不偿失。即便经济达到一定的水平也无法弥补和满足对城市生态环境造成的破坏(王伟杰和李雪松,2009)。

中国城市的实际情况决定了必须探索人口、社会、经济、资源、环境协调的城市生态规划与建设之路,这也是中国城市可持续发展的必然之路。必须坚持高标准的城市生态规划与建设管理、高起点的环境综合整治与生态保护、高科技为主导的产业结构与布局调整,大力发展以信息技术和生物技术等为主要载体的知识经济和以资源化、减量化、无害化的循环经济模式。只有这样才能达到社会文明公正、经济高效繁荣、环境优美洁净、生态良性循环的新世纪城市发展宏伟目标(曾丽芳,2011)。

5.3.2 城市生态规划的方法

目前,中国生态规划方法多为研究者根据对城市生态系统的理解,与新兴发展起来的现代科学控制论、信息论、泛系论理论相结合来研究生态系统,形成了全息规划法、泛系规划法、控制论规划法等。

多目标规划原理是基于线性规划原理发展演化而来的,线性规划是一种典型的运筹学方法,它着眼于解决在一定的约束条件下,如何求得目标子函数的最优解。线性规划法目前发展比较成熟,而多目标线性规划着眼解决的是一组约束条件下,多个目标均衡达到最优的难题。它作为一种数学模型工具,以获取较快的经济增长和环境开发破坏程度最小为目标,以区域资源、自然条件为限制因素,获取"可持续发展"的最佳途径。

5.3.2.1 基于地理信息系统技术的城市生态规划方法

生态学家在进行生态研究时,按一定原则将研究区域分成许多生态单元。对城市生态系统的研究多从城市宏观空间着手,把城市作为一个整体来研究,这种角度对于解决区域生态系统问题是有益的;但是,要在城市规划与建设中运用生态学的原则与方法,则需要进行城市内部空间的生态研究与调查,将城市内部分为许多生态单元,在具体的规划建设中,对每个生态单元进行控制,进而达到对整个城市生态系统的调控。地理信息系统技术在这一方面具有较大优势,结合地理信息系统技术的特点,主要从三个方面进行研究:①生态空间特征分析:生态系统或生态单元依附于一定的地理空间,具有一定的空间特征,如面积、厚度、高度、界线;系统中的点、线、面特征,这些信息 GIS 技术能给予有效的处理。同时,可以划分为记录城市生态系统的形态单元,记录城市地图信息,进行某一单元或特征的检索等;②属性特征分析:属性特征是反映地表特征和性质的数据,一般的信息系统多记录这一类数据。一定的生态系统或生态单元必然有一系列的属性特征,这些属性值反映了该生态单元的性质等。地理信息系统的属性数据库可以贮存城市生态单元的属性信息,能以属性特征进行检索,同时可以与空间特征实施双向操作;③空间分析:城市生态系统的结构是复杂的,其物质、能量的流动变化极大,对外在生态系统强烈依赖。对城市生态的研究,既应该注意其本身,同时也要关注其外在系统。生态研究离不开各种分析方法,地理信息系统之所以不同于一般的制图系统就在于其具有空间分析的能力。在生态研究中主要应用其属性分析功能,即拓扑与属性联合分析两大功能(聂康才和周学红,2006)。

(1)生态单元的划分

在自然生态系统中,生态单元的划分无确定的模式与分界,通常在进行研究时,以方便建立系统,方便统计分析、建立模型为原则。依据城市控制性规划分区,进行生态单元的划分,并便于研究生态指标和有利于与城市控制性规划的结合。以城市作为研究对象,从中观的层次上研究城市生态环境,首先就要对城市空间进行合理的划分,划分的依据可应用景观生态学的"斑块—廊道—基质"模式。"斑块—廊道—基质"是景观生态学用来解释景观结构的基本模式,普遍适用于各种景观,包括荒漠、森林、农田、草原、郊区和建成区景观。这一模式为比较和判别景观结构、分析结构与功能的关系,以及改变景观提供了一种通俗、简明可操作的语言(俞孔坚,1998)。

为了方便以后的基于生态的控制性详细规划的编制,以城市总体规划及现有的城市控制性规划确定的地块经一定的综合与修改后,确定城市建成区的"斑块"构成图。斑块的尺度应控制适度,太大可能不适应城市规划中观规模层次的需要,太小又不利于生态数据的调查与统计。一个理想的景观质地应该是粗纹理,中间夹杂着一些细纹里的景观局部,即景观既有大的斑块,又有小的斑块,两者在功能上有互补效应(俞孔坚,1998)。城市建成区从中观层次上看,市中心斑块细致,规模小,市区边缘斑块大,按理想景观的模式,边缘区同样应形成较小的斑块(如城市的副中心或次一级的中心)。

(2)生态系统结构的确定

系统结构的确定是建立信息系统的关键之一,生态单元图生成后,每个生态单元应获取和收集的属性信息是确立地理信息系统属性数据库结构的过程。结构的确定依赖于系统的应用目的——生态规划、控制性规划、城市更新与改造以及生态城市。麦克哈格(McHarg)倡导的生态设计观以及环境生态学中的环境容量或土地承载力阈值原理具有重要的现实意义(金岚,1992)。

城市生态规划应与城市总体规划和城市国民经济社会发展规划相协调。可分为宏观规划和详细规划两个层次。城市生态环境评价或分区是详细规划的前期工作。宏观规划的主要任务是保障城市环境系统与经济和社会发展相协调,指导各专项规划的编制。作为城市空间中观层次的详细规划应在前面开展的环境质量评价的基础上进行。利用地理信息系统进一步对评价图进行信息叠加,生成生态功能分区图。结合宏观规划的内容,详细规划可分解为保护规划与容量规划。

基于环境容量或土地承载力阈值的控制性规划与城市更新改造规划规划途径见图 5.7。

运用地理信息系统技术进行中观层次的城市生态规划与评价需要投入较大量的人力、财力,尤其是前期的数据资料的调查、统计、分析与数据库的建立阶段。在理论层面上,中观层次的生态单元的划分与生态原则在城市规划中的具体运用是技术运行的关键,而在生态单元

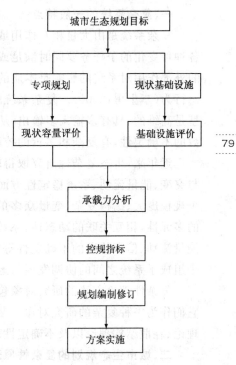

图 5.7 基于生态承载力的城市生态规划途径

的划分得以解决后,从具体的生态原则出发的生态评价与规划的基础便是地理信息系统数据库,在研究中地理信息系统数据库的结构的确定必须以生态评价与规划为目的,方能建立起适用的数据库系统。

5.3.2.2 基于复杂性原理的城市生态规划方法

由于城市生态规划的研究对象是城市社会、经济、生态复合系统,相关的基础

学科涉及城市生态学、城市社会学、城市经济学、可持续发展理论等,同时,又从城市规划学科继承了基本的研究方法,因此内容十分庞杂,尤其是各相关基础学科自身也在不断地发展,学科之间相互融合,使城市生态规划的研究更加困难。而复杂性理论在城市生态规划的研究中具有重要作用:一是,城市的复杂性主要来自于社会、经济与生态子系统的相互作用,而这是每个城市生态规划基础学科都面临的共同问题,从复杂性理论入手,容易从系统的高度找到不同学科的结合点,填补不同学科之间研究的空白,以及协调不同学科之间的矛盾;二是,"后现代"城市生态规划为弥补传统城市生态规划在规划理论与规划方法上的缺陷,因此强调在研究中加强对"规划的理论"的探索。"规划的理论"强调的是规划的过程,这个过程是复杂的,因此必须用复杂性方法来研究(焦胜,2004)。

一、复杂系统的一般特点

复杂系统是由大量相互作用或相互分离的子系统结合在一起,不同优先级的各种可变化的子任务要同时满足或依次满足性能指标的系统。所有表示系统环境的外部作用对系统的影响是本质的,这种系统具有非线性、混沌或事先不确定的动态行为(李士勇,2000)。复杂系统的本质特征在于它的复杂性:从定量上讲数学模型是高维的,具有多输入多输出,从定性上讲系统具有非线性、外部扰动、结构与参数的不确定性,有复杂和多重的控制目标和性能制据(Fradkov,1999)。

近年来,生态复杂性研究取得较大进展,特别是在生物进化、生态系统自组织与突变、能量流动、系统稳定性方面取得了一定成果。城市区域资源环境系统是一个规模庞大、结构复杂、变量众多的开放大系统。其复杂性主要表现为:构成要素的多元性,相互关联的动态性,系统内部及系统与环境之间动态存在的物质循环、能量流动、信息传递的不确定性等。这类复合系统良性运行的条件是其各时期各个组成子系统之间的协调发展与运行。

复杂性理论方法的研究对象包括社会、经济、地理、生物等系统,在研究过程中它们作为一种复杂的研究对象。复杂性研究的理论与方法主要有混沌理论、分形理论、耗散结构理论以及不确定性理论等。

二、城市生态规划的复杂性原理应用

(1)复杂性理论在城市土地利用生态适宜性评价中的应用

城市土地利用是城市生态系统规划和管理的核心内容之一,其困难在于定量描述和数理分析,而困难的根源在于研究对象的复杂性。土地利用变化过程的驱动和约束机制十分复杂,具有复杂性特征(何春阳等,2005)。研究证明,系统动力学模型能够从宏观上反映土地系统的复杂行为,是进行土地系统情景模拟的良好工具(Li 和 Simonovic,2002;张汉雄,1997)。其中,具有代表性的CLUE(the Conversion of Land Use and its Effect:CLUE)模型,虽然具有较强的模拟不同尺度的土地利用情景格局的能力,但由于其在局部土地利用格局的演化分配上主要以统计和经验模型为基础,也难以充分反映土地利用微观格局演化的复杂性特征(Veldkamp 和 Fresco,1996)。何春阳等(2003)建立的大都市区城市扩展 CEM (City Expansion Model in Metro-politan area:CEM)模型,虽然具有一定的反映土地利用微观格局演化复杂性特征的能力,但在土地利用宏观驱动因素复杂性的表现上仍然比较简单和薄弱。耗散结构理论分析方法为城市土地利用结构和形态的描述提供了整体性的思维框架(Aguilar,1999;Itziar, *et al*.,2008),其中分形几何学为城市形态分析和生态规划提供了有效的描述语言(Aguilar,1999)。最近,Wang 和 Zhang(2001)建立的动态景观模拟模型说明在芝加哥大都市区内人类活动导致的景观变化。此模型包含城市增长模拟子模型和土地覆盖模拟子模型,通过综合社会经济和人口统计数据模拟城市土地利用的扩张,预测作为城市扩展结果的景观变化。

(2)复杂性理论在城市绿地系统生态规划中的应用

城市绿地系统是城市景观的自然要素和社会经济可持续发展的生态基础。而城市绿地效应能否充分发挥,关键在于城市绿地系统规划的科学合理性。有关绿地系统规划、生态规划作为一种新的观点及方法,对其研究尚十分缺乏,但其学术思想背景却有较长的历史(杨馥,2008)。20 世纪 80 年代后,随着城市发展的生态化转向,城市生态系统的复杂性与合理规划布局日益受到重视,尤其是欧洲北美城市建设中非常强调绿地系统对生存空间和城市各类经济活动的生态经济价值(Odum,1996)问题。目前,生态绿地建设水平已成为一个城市文明程度和发展水平的衡量标准。城市生态规划思想有了很大的发展,远远超越了过去仅停留在分离城市功能、增加绿地面积的片面生态观念,而是向更全面、更综合、更系统的可持续发展方向演进,出现了专注于城市生态系统,全面建设城市生态环境的趋向。联合国人与生物圈计划中指出,生态规划就是要从自然生态和社会心理两方面去创造一种能充分融合技术和自然的人类活动的最优环境,诱发人的创造精神和生产力,提供较高的物质和文化生活水平(Rapport,*et al*.,1998)。

城市生态系统研究对象不仅是城市巨大的自然系统,同时还包括了以人为主体的社会经济系统。如果说人脑是客观世界中最复杂的一个巨系统,那么众多的人聚集一起的社会经济系统应当是更为复杂的。生态复杂性是生态学研究的重要内容。目前,国际上生态复杂性研究出现了一个新动向,其特点是利用复杂学的原理和方法来研究进化和生态学问题,研究内容涉及生态系统内不同层次上的结构和功能。鉴于其复杂性,近年来,一些学者开始利用自组织理论及有关的不确定性理论(随机理论、灰色系统理论等),来研究城市的资源环境系统,试图使建立的模型反映资源环境系统本身的物理意义,在整体上模拟系统的输入与输出,以便应用于指导系统的协调和可持续发展。王如松等（2001）认为，20世纪60年代，系统方法、理性决策和控制论开始被引入到城市规划中来，使对城市系统的量化成为可能，但由于其"方法论的本质还是还原论"——即采用简单的数学模型模拟城市复杂系统的方法，由于"传统数学规划的实质是把复杂的现实世界纳入数学家的模型框架内，把以人为中心的生态系统简化为以物为中心的物理系统，将多维的偏序空间映射为一维的全序空间，从而将一个基于众多假设的'最优规划'结果强加给决策者，这正是许多数学规划不能被决策者所接受的根本原因。"

（3）复杂性理论在城市生态系统模型中的应用

城市模型方法是在系统工程学的思想基础上，利用数学方法对城市做出抽象的模拟，并在此基础上对城市进行分析与研究，以期获得最优化的城市规划结果。通过城市模型来模拟城市生态的发展演变，能达到综合评价城市系统现状和面临的问题以及模拟、预测城市系统未来发展的目的。从实际应用来看，城市模型主要分三个类别，即部分模型和总体模型，优化模型和非优化模型以及线性模型和非线性模型。城市模型的意义不仅是描述性的，更重要的意义在于预测性，即它不仅描述城市系统，而且可以对未来情况做出预测性的城市地区的具体规划过程。城市模型的另一个特点它是静态的或相对静态的等式模型。相对静态是指它可以对未来某一个时间地点的情况进行预测，但本质上还是静态的。由于复杂城市系统一直处于动态的、非平衡的状态之中，目前没有足够的理论来解释大量复杂的现象和动态的机制，因而不可能产生真正意义上的动态城市模型。此外，城市模型也是宏观整体模型。无论是空间型的还是变量型的，城市模型不能处理个体行为模式，它们只能处理一个地区或一个城市的问题，只能针对共性的和集体性的问题，例如，城市模型可用来进行交通规划、土地使用规划和管理，对一个地区中的工业发展、人口、就业在空间上的分布做出决策。例如，中国在城市能源消费结构分析（耿海青等，2004）、城市土地利用结构和形态的描述（陈彦光和刘继生，2001；王秀红等，2002）、城市人口密度演化分析（冯健，2002）、城市生态系统演化的量化模型方面都有相关研究（张妍等，2005），但对城市复合生态系统管理的复杂性、动力学机制、区域资源环境的生态整合和生态安全机制等方面的研究尚缺深入、系统的探索（张妍等，2005）。鉴于复杂性研究在城市生态系统中应用的定量计算的复杂性，新的算法是研究能否取得成功的支撑基础。相信为使研究成果的可操作性增强，诸如遗传算法、神经网络等方法在城市复杂性研究中的应用与发展也将成为一个重要的领域，此外，计算技术与信息技术的融入也是必然的趋势（杨馥，2008）。

三、城市生态规划的不确定性研究

与传统城市规划相比，城市生态规划的优势就在于更加综合、开放，更适合研究处在社会转型期中国城市这个动态开放的复合巨系统。近年来，生态规划的发展在理论上更多地吸取现代生态学的新成果,在理论方面,生态学原理、经济学原理、循环经济理论、环境科学原理、以及社会科学理论等;在方法方面,广泛应用计算机技术和地理信息系统,从定性向定量分析与模拟方向发展(冯向东,1997);在技术实现方面,生态工程、环境工程、系统工程以及 3S 技术等较多地用于城市生态规划中。而另一方面,在一个包括经济子系统、环境子系统和社会子系统的城市生态系统中,不确定性因素又广泛地存在着。尽管不确定性理论已在生态学、经济学、环境科学和社会科学中有着一定的应用,但是在城市生态规划中却未能给予足够的考虑(黄肇义和杨东援,2001;Groeneveld *et al.*,2002;Dustmann 和 Christian,1997;Salyer 和 Kevin.,1998;Dominique Guyonnet,1999;Melching,*et al.*.1996)。

不确定性可以大致分为如下两类,第一类是可以用较确切语言描述的不确定性,另一类不确定性则是由于人们认识能力的局限性。城市生态规划中的不确定性大致分为自然界固有的不确定性,人类活动引起的不确定性以及生态城市规划过程引起的不确定性等方面(焦胜,2004)。自然界固有的不确定性包括水文、地理、气温、降水量、日照辐射量等自然现象的不确定性,特别是一些自然灾害事件如暴雨、洪水等引起的不确定性。更具体地来说,1998 年长江特大洪水的发生,造成了国家的巨大损失,这也可以归结为不确定性因素的影响。由于这些不确定性因素的存在,导致在对城市进行生态规划之后,规划的预期目标难以实现,生态城市的建设受阻,规划保障体系的保障功能难发挥作用。人类活动引起的不确定性包括人口变迁、经济发展、社会进步等社会现象引起的不确定性,并且无数事实证明这种不确定性随着人类社会的进一步发展而加剧。生态城市规划过程引起不确定性又包含了现有资料获取过程中的不确定性,规划结果的不确定性以及决策分析中的不确定性问题。①现有资料获取过程中的不确定性。主要来源于现有数据不足造成的不确定性,缺乏经验或历史累积数据造成的不确定性,收集数据过程中产生的不确定性以及数据分析所造成的不确定性。对同样的数据,不同的人来分析会有不同的倾向性,采用的方法也可能不同,因而对最终结果的影响自然是不确定的。②规划结果的不确定性。由于规划时获得的资料、现状分析、指标体系均具有不确定性特征,因而在这些不确定性条件下得到的结果也是不确定的。现以城市生态化水平的综合评价结果为例进行说明,关于对城市生态化水平的综合评价,中外已有大量的研究和探讨。但是,从现有的评价方法来看,已经发展了权值分析法、模糊综合评价方法、灰色聚类分析方法、多元统计方法等多种方法。但是,由于这些方法都没有考虑到不确定性因素的影响,只是在确定性前提下得到的结果,因而对城市生态化水平的综合评价结果也是确定的。③决策分析中的不确定性问题。决策分析主要是为实现城市生态规划所制定的目标,从众多的可以互相替代的规划方案中选定一个理想的或满意的方案,并对这些规划方案可能产生的综合效益进行分析。由于在规划过程中存在的众多不确定性因素,要准确地比较并评估出哪种方案的综合效益最大是很难的。这样,不确定性决策的问题就产生了。另外,是方案实施后未来效益也存在不确定性。不管未来状态如何,决策者们最终需要选择一个较好的方案,在未来城市发展状态不确定的情况下,决策分析的不确定性成为城市生态规划过程中的另一不确定性问题。

不确定性分析方法能够为不确定性影响下的城市生态规划提供坚实的理论基础和可行的方法。

5.3.2.3　基于系统动力学的城市生态规划方法

现代城市是一个多元、多介质、多层次的人工复合生态系统,各层次、各子系统之间和各生态要素之间关系错综复杂。城市生态规划是一项综合性系统工程,涉及城市的方方面面(植被、大气、水体、矿产等),用传统的技术手段和规划方式,极易发生基础不清、反馈不灵、重复建设和不可持续等现象,极大地制约和影响城市生态建设工作的开展。随着计算机技术的发展,使集规划、管理、监测等为一体的智能化生态规划方法成为可能,城市生态规划可以借此实现设计规范化、管理现代化、监测信息化、决策科学化,以便充分有效和科学地利用各种资源条件,促进城市生态系统的良性循环,使社会、经济、环境持续稳定的发展(常玉光和王宏涛,2005)。

"智慧城市"概念是物联网技术在城市发展中的具体应用,在城市规划中迅速发展的物联网技术对于其科学化、合理化具有重要促进作用。系统动力学方法是一种计算机系统模拟方法,它以解决如社会系统等这类人工系统的模拟问题为特色,从原理上来说是一组变微分方程组在计算机上的模拟解,它不要求对事物的精确解,而且只要求在已知事物组成要素间相对变动关系的前提下求解事物的发展趋势。一般认为系统动力学很适合于城乡生态系统的研究,因为这可以解决组成元素繁杂、相互关系了解不甚明了的难题。

城市生态系统是一个十分复杂的系统,生态规划涉及面广,需要各方面的参与和综合,除了前面各章节所述的评价与分析方法外,目前较为流行的是智能化辅助系统。城市生态规划方法的智能化,实现了城市生态规划的科学、合理性,可实时、全面、系统、客观、准确地掌握生态建设工程的进展状况,检查验收各项生态建设工程的成果,实现生态建设的科学管理、辅助决策,实现数据共享,避免重复调查,节约大量的规划投资,同时可采用人工智能、专家系统及计算机虚拟现实技术,对各种规划方案进行模拟比较、综合分析,选择最优的科学规划方案。并对规划方案进行动态模拟,提供生态信息,以便及时修改规划方案(常玉光和王宏涛,2005)。

但是,生态规划方法和体系尚处于探索发展之中,目前发展的趋势是从定性的描述向定量化方向发展,从单项规划向综合规划方向发展。高度综合是生态规划的特色之一,它是由规划对象——城市(区域)生态系统特点所决定的,即系统大、结构复杂、功能综合、多目标、规模宏大、因子众多,同时也决定了生态规划必须向多目标、多层次、多约束的动态规划方法发展。城市生态规划本身就是面向应用的生态科学。其发展方向是在研究自然生态系统保育与修复的同时,通过人工生态设计等方法,来减少快速城市化所带来的气候变化和健康作用等风险。这其中包括资源的再生循环利用、可再生能源在城市中的应用、水集成系统、生态绿地景观等方面的研究及其可以深入到城市设计和工程规划深度的应用。另外,城市生态规划的理论体系本身尚在研究发展中,其在城市规划体系中的地位有待明确,作用尚待加强。相信在未来城市生态规划自身不断完善,与城市规划不断融合,在城乡建设空间不断发展的进程中,定会在维持生态安全、促进社会和谐发展、塑造良好人居环境等方面发挥作用。但在资源、环境承受重负的现实面前,我们依然任重而道远。

第6章 生态功能区规划方法

6.1 生态功能区规划概要

生态功能区规划就是在生态调查的基础上,把自然界地域分异规律和相似性作为生态区划的理论基础,分析区域生态特征与环境状况的空间分布规律,揭示自然界本身的地域分异规律,明确区域生态问题及环境特征、生态系统服务功能重要性与生态环境敏感性空间分异规律,确定区域生态功能分区。生态规划的核心是通过人为调控空间要素的合理配置,充分体现资源的内在价值,进一步完成对自然生态资源的科学规划、综合管理与合理利用,制定相应的生态法规、设置生态税、生态补偿及控制指标,实现生态效益、经济效益和社会效益的和谐统一。然而,针对不同尺度规划对象的多目标性,要实现生态效益、经济效益及社会效益的协调具有不同的途径,也具有诸多复杂性及其难度。由于区域自然环境条件和人类活动影响程度的不同,生态系统功能在空间上表现出较大的分异。在一定的尺度范围内,生态系统功能的重要性程度因区域的不同而不同;在某些地区,一种或者几种生态服务功能对人类活动具有极强的敏感性,而这种敏感性在另外的地区可能表现得极其微弱。开展生态建设与环境保护就必须正确认识生态系统功能的空间差异性,基于这一特点,生态规划中的生态功能分区显得尤为重要。与此同时,由于各生态单元通过内部各要素间相互作用和相互联系表现出统一性和整体性。即通过系统内一定的结构把系统联结为整体,使系统具有内在的规律性和有序性,成为完整的功能区;使区内表现出结构功能的完整性和一致性而对外部行使相应的功能。

根据区域复合生态系统结构及其功能,对于涉及范围较大而又存在明显空间异质性的区域,要进行生态功能分区,将区域划分为不同的功能单元,研究其结构、特点、环境承载力等,为功能区提供管理思路及策略。区划时要综合考虑生态现状及环境要素背景,充分认识其发展趋势及生态适宜度,提出合理的分区布局方案。

6.1.1 生态功能区规划的发展

生态功能分区是根据区域生态环境要素、生态环境敏感性与生态服务功能空间分异规律,将区域划分为不同生态功能区的过程。20世纪70年代后半叶,美国生态学家贝利首次提出生态区划概念并开展了美国生态区划;随后,许多学者开始在该领域进行探索,为区域资源的开发利用,生物多样性保护以及可持续发展战略的制订等提供科学的理论依据。目前,大尺度生态系统的区划主要采用气候的不同而进行划分(侯学煜,1988),而国际上多采用Koppen、Hodridge和Thornthwaite气候指标体系(Bailey,1976,1989)。

近年来,由于人口的不断增长及经济活动的加强,资源开发和环境保护的矛盾日益尖锐,一系列环境问题也不断出现。人们不得不逐渐关注人类活动在资源开发和环境保护中的地位和作用,并分析区域环境问题的形成机制和规律,提出区域生态保护与环境治理的方法与途径。在这种背景下,欧阳志云等(2005)开展了中国生态环境敏感性区域差异、中国水土流失敏感性分布规律及区划、中国生态环境胁迫区划等一系列研究工作,揭示了中国生态环境敏感特征及人类活动对生态环境的影响规律。自然环境是生态系统形成和分异的物质基础,虽然在特定区域内生态环境状况趋于一致,但由于自然因素的差别和人类活动影响,使区域内生态系统结构、过程和服务功能存在某些相似性和差异性。生态功能分区是根据区划指标的一致性与差异性进行分区的,但其一致性是相对的。不同等级的区划单位各有一致性标准。杨勤业等(2002)则进行了全中国生态地域划分和生态资产划分,明确了全中国生态地域的基本分区和生态资产的地域分布特征。傅伯杰等(2002)在此基础上进行了生态环境综合区划的研究,将全中国划分为3个生态大区,3个生态地区,54个生态区。该区划充分考虑了生态系统的服务功能和敏感性,人类活动对自然生态系统的影响和改造等因素,为重新正确认识中国生态环境特征提供了依据,也为各区域进一步深入开展区域生态功能区区划工作奠定了基础。

6.1.2 生态功能区规划的目的

生态功能分区是在分析生态环境、评价生态服务功能的基础上进行的,其目的在于构建区域未来发展的正确方向,提供区域可持续发展的科学依据,其研究方法、研究手段、研究依据应是先进的、科学的,提出的方法与措施也应是先进的、科学的,并具有前瞻性与创新性,这样区划才能具有指导意义。

生态功能区规划的目的是揭示生态环境结构与功能的变化规律,明确区域生态环境特征、生态系统服务重要性与生态环境敏感性空间分异规律,确定区域生态功能分区,为制定区域生态环境保护与建设规划、维护区域生态安全以及资源合理利用与工农业生产布局、保育区域生态环境提供科学依据,为环境管理和决策部门提供管理信息和管理手段。在生态功能区规划过程中,考虑到自然条件复杂多样,土地利用方式多样,应按照区域范围内地形、地貌、土壤、水文、生物等特征,根据各种生态系统类型的主要生态功能及其组合,同时,针对不同区域社会经济的主要发展方向和人类活动的影响强度,开展生态功能区规划工作。进行生态功能区规划,可以合理地把经济的发展和环境保护协调统一起来,同时,还可以因地制宜地进行产业结构的布局,在提高经济效益的同时提高生态效益,提升区域整体的环境质量。具体而言,生态规划须注重如下过程,即阐明生态系统类型的功能与空间分布,明确主要生态问题、成因及其空间分布,评价不同类型生态系统的生态服务功能及其在区域社会经济发展中的作用,明确生态环境敏感因子的分布特点与划分生态环境敏感区,为生态保护与社会、经济的协调发展决策提供理论依据(欧阳志云和王如松,2005)。在确定生态功能区的边界时,除了主要考虑生态系统的生态功能外,还要考虑生态系统结构和功能的完整性,兼顾当地经济、社会发展和居民生产、生活需要。实际上的生态边界,多为一条带状区域;如果这一条带状范围内,存在行政辖区的边界线,就要以政区的边界为生态区划边界,从而有利于合理利用和有效保护区域环境,满足高层次决策的需要,以及保障综合管理措施的实施。

生态功能区规划是中国继自然区划、农业区划之后,在生态建设、环境保护方面的重大基础性工作,开展该项工作的目的主要是为产业布局、生态建设、环境保护提供科学依据,同时,也为生态系统可持续管理提供决策依据。生态功能区规划是实施区域生态建设与环境保护分区管理的基础和前提。其核心是以正确认识区域环境特征、生态问题性质及产生的根源,以保护和改善区域环境为目的,依据区域生态系统服务功能的不同,生态敏感性的差异和人类活动影响程度,分别采取不同的对策。它是研究和编制区域环境保护规划的基础,可以为环境管理和决策部门提供管理信息和管理手段。

6.1.3 生态功能区规划的指导思想

生态功能区规划是以规划区域为范围,在对区域自然系统的生态学基础特征及对自然资源开发利用方式和强度进行详细调查的基础上,按照异质性的分异特点进行功能区划分(王家骥等,2004)。

当代生态问题的复杂性、综合性和动态性,已远远超越了单纯地利用自然规律的范畴,生态的含义也超越自然的界限,具有社会化、技术化和经济化等特点。因而,必须从人地关系的高度综合看待生态问题。在遵守"人与自然共生"等法则的基础上,了解各分区人类需求状况,各功能区生态完整性状况和敏感生态问题的现状,从而按功能区确定主要的生态问题、主要的保护目标并编制相应的对策方案。以全面、协调、可持续的科学发展观为指导,以改善生态状况、提升环境质量、维护生态安全和促进人居社区环境建设为目标,强调针对性和可操作性,在明确环境问题、分析生态系统服务功能的基础上,进行三级生态功能区规划,并提出生态功能区控制性措施,为规划对象的可持续发展提供科学依据。主要包含四方面内容:其一,明确主要生态环境问题、成因及其空间分布特征;其二,评价生态系统服务功能及其对区域社会经济发展的作用;其三,明确生态环境敏感性的分布特点与生态环境高敏感区;其四,明确各功能区的生态环境与社会经济功能,提出切实可行的管理措施及对策。

由于各个功能区都会有主导性的生态功能和辅助性的生态功能,因此,生态功能区划分是基于主导功能而开展的一项综合性工作。

6.1.4 生态功能区规划的原则与特点

6.1.4.1 生态功能区规划的原则

生态区划的原则和依据是由区划的尺度、目的及对象的特点所决定的;不同的区划,由于其尺度、目的和对象不尽相同,区划的依据也有所不同。生态区划主要着眼于合理地进行区域性自然资源的开发,协调开发利用和保护的关系,使自然资源得以永续利用,保障区域经济的可持续发展。而划分生态区域的理论基础,就是生态学相关学科领域的理念及规律。生态区划的任务就是揭示生态系统的形成以及结构和功能,充分认识生态区域的相似性和差异性,从而使生态区划更加完整。同时,由于作为主体的人类与生态环境是一个有机的整体,所以生态区划必须考虑人类活动在资源开发利用和生态环境保护中的作用和地位。因此,进行生态环境的综合区划,一般应遵循如下原则。

(1)地域分异原则

生态功能区规划就是基于对于区域自然地理背景、生态状况及社会经济的充分了解,把自然界地域分异规律和相似性作为生态区划的理论基础,分析区域生态环境的空间分布规律,揭示自然界本身的地域分异规律,明确区域生态环境特征、生态系统服务功能重要性与生态环境敏感性空间分异规律,确定区域生态功能分区。

自然地理环境是生态系统形成和分异的物质基础,虽然在一个区域内其总体的生态环境趋于一致,但是由于其他一些自然因素的差别,因此,使得区域内各生态系统的结构也存在着一定的差异,而识别这些自然体的单元,则主要依据其相似性与差异性,并加以概括。这一原则是划分生态区域的重要原则(刘国华和傅伯杰,1998)。

（2）主导功能原则

生态功能区规划的目的就是利用生态功能的地域分异进行类型划分和空间定位。由于生态系统结构和功能的形成受多种因素的影响，是各个因素综合作用的结果。因此，在进行各级生态区的划分时，必须要注重自然系统的主导功能特征，注意功能过程与格局相关性的地域差异，同时，也要兼顾对区域中具有辅助功能的生态系统、组分和因子的认识。真正做到在综合分析的基础上，抓住影响各生态区分异的主要因素进行区划。

（3）时空尺度原则

根据景观生态学的尺度效应，不同尺度的生态系统相互关联，生态规划应从地区、省，甚至国家等不同空间尺度上考虑问题，并本着区域相关性的原则开展生态功能区规划工作。在大尺度范围内，由于气候特征的不同而表现出与气候所联系的宏观生态系统的差异。因而，区域的分异原则是生态功能区区划的理论基础，也是生态区划的最基本原则，各级生态区就是区域分异的结果。而生态功能区区划的任务就在于客观而全面地反映各生态单元的区域分异，因此，在进行生态功能区区划时，必须对各生态系统的形成、结构和功能及其与气候等因素的关系进行全面调查和了解，并从时间及空间变化的角度把握要素与要素以及子系统与子系统之间的耦合关系，从而揭示其区域分异规律；然后依次确定区划的等级单位系统，进而拟定划分这些单位的依据和指标，真实地反映出生态系统的分异特征。

（4）可持续发展原则

生态功能区区划要实现生态效益与经济效益等的统一。生态效益是取得经济效益的物质基础，讲求生态效益是保证经济效益的重要条件。因此，生态功能区区划就必须把持续发展与环境保护有机地统一起来，在保护生态环境的基础上，合理开发自然资源，在保护中发展，在发展中保护，保护与发展并重，使自然资源得以充分合理的开发利用和保护，整个生态环境处于良性循环之中，从而保证资源的永续利用和经济的可持续发展。

环境是人类赖以生存的基础，生态功能区规划的根本目的就在于建设可持续发展的社会，实现生态、社会、经济及环境的全面协调发展，避免资源开发的无序性，增强区域资源开发的有效性与环境支撑能力的可持续性。但作为社会主体的人类，其一切经济活动都对生态环境产生一定的影响，因此，人类与生态环境是密不可分的。随着人口的快速增长和经济的高速发展，对生态环境造成巨大压力，同时，也使得在区域内人为地形成生态环境的差异，因而，在进行生态功能区的划分时，必须正确评估人类活动在生态环境中的作用和地位。

6.1.4.2　生态功能区规划的特点

我们已经认识到生态区划是运用生态学的原理和方法，结合多个学科的知识和人类活动的特点对生态环境进行的区域划分。生态区划的目的是为人们在经济活动中的行为提供科学的指导。因此,决定着生态区划不但要考虑自然要素的重要性,更应关注人类活动的必要性,充分考虑人类活动对生态环境的作用和影响以及生态服务功能,生态承载力,生态的敏感性和生态恢复能力等问题。使经济效益和生态效益有机地结合起来,经济发展和环境保护统一起来。因而生态区比单纯的自然条件或治理措施所进行的区划有很大的优越性。它不仅具有一般区划的共同特点,而且也有其自身的特点(刘国华和傅伯杰,1998)。

(1)功能分区的综合性

生态功能区划不是以某一生态环境要素去划定区域,而是根据全部要素综合体现出来的综合效应作为区划的标准,同时,还必须考虑到人类活动对生态环境的影响以及生态环境对人类活动的反馈作用、区域经济的组成和结构以及生态承载力和环境容量的阈值等因子,从而综合分析各个要素,研究和评价各个区域的自然资源和经济条件,找出各区域的生态特点、发展潜力和主导因子,进行分区。

(2)区划单元的多级性

生态功能区划的多级性是由生态系统的多级性和区域环境的复杂性所决定的。由于区域环境的不同以及自然历史演变的差异性,构成了不同的生态系统。即使在同一生态区域内,水、热条件的分配也因地形、地势等多种因素的影响而差异甚大,从而导致生态系统表现出相应的差异。所以,必须根据生态系统的差异,确定不同的发展方向、采取不同的措施、划分不同的等级。各级区划单位中所表现的相似性和差异性是相对的。

(3)经济结构的差异性

不同区域经济结构的差异性,决定了区域经济的发展方向以及对自然资源的依赖程度不同,从而也导致区域资源的开发利用和保护的不同。因此,在进行生态功能区的划分时,应充分考虑区域间经济结构的差异。

生态功能区划的上述特点决定了它有别于其他各种自然区划,也就明确了生态功能区划不是其他各种自然区划的简单组合,生态功能区划虽然与其他各种区划存在着不少差异,但是也不能绝然地分割开来,互不联系,生态功能区划是建立在各种自然要素区划的基础上,是综合各总体要素的集体效应。其他区划是否准确制约着主体区划的准确程度。

6.1.5 生态功能区规划的途径及方法

生态功能区规划是在区域环境调查的基础上,进行生态现状评价、生态敏感性评价和生态服务功能重要性评价,分析主要生态环境问题的现状和趋势,并且明确生态敏感性和生态服务功能重要性的区域分异规律。以此为基础,并根据生态敏感性与生态服务功能的相似性和差异性而进行地理空间分区,最后对各生态功能区命名和描述。生态功能区划流程如图 6.1 所示。

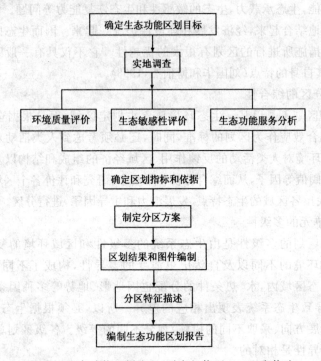

图 6.1 生态功能区划流程(引自赵伟丽,2008,有修改)

6.1.5.1 生态现状评价

现状评价是在区域环境调查的基础上,针对区域的环境特点,分析区域环境与空间分异规律,评价主要环境问题的现状与趋势。评价环境现状应综合考虑自然环境要素(地质、地貌、气候、水文、土壤、植被等)、社会经济条件(人口、经济发展、产业布局等)、人类活动及其影响(土地 利用、城镇分布、污染物排放、环境质量状况等)。现状评价的目的是明确区域主要环境问题及其成因,分析区域环境的历史变迁。评价内容主要包括以下几方面。

(1)水资源和水环境 水资源状况可通过分析地表水、地下水资源以及水资源总量与可用水资源量等,比较人均水资源量、单位土地面积水资源量及变化趋势。水环境状况评价参考《地面水环境质量标准》(GHZB 1－1999)中的有关方法与标准。

(2)土壤及土地利用状况 可以根据特定自然地理背景下,土地利用状况的时空变化对土壤理化性状的影响进行评价;分析不同土地利用类型与土壤质地、土壤养分、土壤水分、土壤盐分、土壤有机质、土壤重金属等指标的关系,综合评价土壤的相关特征以及与生态问题的关系。

(3)大气环境状况　大气环境状况比较复杂,根据当地社会经济发展及产业结构状况,评价可参考《环境空气质量标准》(GB 3095-1996)中的有关方法与标准。

(4)生物多样性　主要依据植被调查结果,分析重要植被类型,尤其当地天然植被的变化情况与演变趋势。分析不同时期植被资源的组成与变化趋势。同时,生态系统多样性可用评价范围内的生态系统类型、面积、分布范围及其代表性来评价。物种多样性可用评价范围内国家级与省级保护对象及其数量来评价。同时,还可对重要农作物的种质资源进行分析。

(5)灾害特征调查　主要包括与生态保护有关的自然灾害,如泥石流、沙尘暴、洪水等。应分析与评价泥石流、沙尘暴、洪水等自然灾害发生的特点、发生频率、发生面积、成灾面积、经济损失及人员伤亡情况等。分析灾害的发生、损失与生态环境退化的关系。

另外,针对土壤污染、农业面源污染和非工业点源污染等,可根据土壤污染、农业面源污染和非工业点源污染的特点,参照国家有关标准分析这些环境问题的发生情况、分布范围、污染程度、危害以及形成机制。根据评价区域是否存在土地荒漠化等危害环境质量的问题,还可以进行有针对性的分析与评价。

6.1.5.2　生态敏感性分析

生态敏感性是指生态系统对各种气候变异和人类活动干扰的敏感程度。即生态系统在遇到干扰时,生态失衡概率的大小。生态失调状况一般可通过生态系统的组成、结构变化和功能发挥等具体表现出来。而其发生的根源则是各种生态过程在时间、空间上的相互耦合关系。在自然状况下,各种生态过程维持着一种相对稳定的耦合关系,保证着生态系统的相对稳定,而当外界干扰超过一定限度时,这种耦合关系失去平衡,某些生态过程就表现出不稳定状态,导致生态问题的产生。因此,生态敏感性评价实质就是具体的生态过程在自然状况下潜在能力的大小,并用其来表征外界干扰可能造成的后果。

生态敏感性评价应明确区域可能发生的主要生态问题类型,并根据其形成机制分析生态敏感性的区域分异规律,进一步明确特定生态问题可能发生的地域范围与可能程度。评价中可以首先针对特定生态环境问题进行评价,然后对多种生态问题的敏感性进行综合分析,明确区域生态敏感性的分布特征。

生态敏感性评价的内容包括土壤侵蚀敏感性、沙漠化敏感性、盐渍化敏感性、生境敏感性、酸雨敏感性等。每个生态问题的敏感性往往由许多因子综合影响而成,对每个因子赋值,最后得出总值。根据量化值所在的范围而将敏感性分为不同级别进行对比分析与评价。

生态敏感性评价可以应用定性与定量相结合的方法进行,利用遥感数据、地理信息技术及空间模拟等方法与技术手段,编制区域生态敏感性空间分布图。分布图包括单个生态问题的敏感性分区图,也包括在各种生态敏感性分布的基础上,划分的区域生态敏感性综合分区图。

6.1.5.3　生态系统服务功能评价

生态服务功能重要性评价是针对区域典型生态系统,评价生态系统服务功能的综合特征。生态服务功能评价应根据评价区生态系统服务功能的重要性,按照一定的分区原则和指标,分析生态服务功能的区域分异规律,明确生态系统服务功能的重要区域,提出生态服务功能分区。

生态系统服务功能评价的目的是要明确区域各类生态系统的生态服务功能及其对区域可持续发展的作用与重要性,并依据其重要性分级,界定其空间分布。它包括生物多样性维持与保护、水源涵养和水文调蓄、土壤保持与沙漠化控制、土壤肥力维持与营养物质循环等。每一项生态服务功能重要性往往是多个因子的综合影响,对每个因子赋值,得出总值;与前面分析类似,根据量化值所在的范围而将重要性分为不同等级。再将各项生态服务功能分布进行综合,提出综合生态服务功能重要性分区。

6.1.5.4　生态功能分区

生态功能分区是依据区域生态敏感性、生态服务功能重要性以及生态特征的相似性和差异性而进行的地理空间分区。生态功能区规划分区一般分为 3 个等级。为了满足宏观指导与分级管理的需要,必须对自然区域开展分级区划。首先,是从宏观尺度进行的生态区划,即以自然气候、地理特点与生态系统特征划分自然生态区;其次,是生态亚区的区划,根据生态服务功能、生态敏感性评价划分生态亚区;再次,是在生态功能区划的基础上,明确关键及重要生态功能区(欧阳志云等,2002)。

(1)区划依据　生态功能区划的依据,即划分各级生态功能区规划单位的根据。不同层次的生态功能区规划单位,其划分依据应是不同的。生态服务功能区规划进行 3 级分区。一级区划分以气候和地貌特征进行区划,二级区划分以主要生态系统类型和生态服务功能类型为依据,三级区划分以生态服务功能的重要性、生态敏感性等指标为依据。

(2)分区方法　一般采用定性分区和定量分区相结合的方法进行分区划界。边界的确定应考虑利用山脉、河流等自然特征与行政边界。

一级区划界线时,应注意区内气候特征的相似性与地貌单元的完整性。二级区划界线时,应注意区内生态系统类型、生态过程的完整性以及生态服务功能类型的一致性。三级区划界线时,应注意生态服务功能的重要性、生态敏感性等的一致性。

(3)分区命名　依据 3 级分区分别命名,每一生态功能区的命名由 3 部分组成。

一级区命名要体现出分区的气候和地貌特征,由地名＋特征＋生态区构成。气候特征包括湿润、半湿润、干旱、半干旱、寒温带、温带、暖温带、亚热带、热带等,地貌特征包括平原、山地、丘陵、河谷等。命名中择其重要或典型者使用。二级区命名要体现出分区的生态系统与生态服务功能的典型类型,由地名＋类型＋生态亚区构成。生态系统类型包括森林、草地、湿地、农田等。命名中择其重要或典型者使用。三级区命名要体现出分区的生态服务功能重要性、生态环境敏感性的特点,由地名＋生态服务功能特点(或生态环境敏感性特征)＋生态功能区构成。生态功能特点包括荒漠化控制、生物多样性保护、水源涵养、水文调蓄、土壤保持等。生态环境敏感性特征包括土壤侵蚀、沙漠化、石漠化、盐渍化、酸雨敏感性等,命名中择其重要或典型者使用。

(4)生态功能分区描述　生态功能分区描述应包括对每个分区的区域特征描述,包括以下主要内容:自然地理条件和气候特征,典型的生态系统类型;存在的或潜在的主要生态问题,引起生态问题的驱动力和原因;功能区的生态敏感性;功能区的生态服务功能类型和重要性;功能区的生态保护目标及主要措施以及功能区的产业发展方向等(马元波,2008)。

(5)生态区划的指标体系　生态区划工作面对的客体是一个复杂系统,要素多种多样,区域影响程度不一,很多指标难以定量表述。因此,生态区划的指标体系是定量和定性相结合,避免生态区划的人为主观性,全面地揭示生态本质特征。区划指标的确定不仅直接关系到区域级别的划分,同时也决定区划单元的数量。但在进行具体生态区划时,由于区划等级单位的不同,在指标选取上也有差异。生态环境系统各要素大致可归纳为以下五大类(巩文,2002):

地理指标:包括地域条件(地貌类型及起伏度)、水域条件(地面水及地下水的自然状况)、气候条件(水、热、光条件)、植被条件(植被类型)、土壤条件等。

资源指标:包括资源种类及构成、资源蕴藏量、资源潜力、资源开发利用方式等。

环境指标:包括环境功能、排污类型及强度、环境质量、环境问题、环境对策等。

生态指标:包括生态系统类型、生态系统的稳定性、生态特征、生态系统调控对策。

经济指标:包括人口密度、经济结构、经济活动强度、可持续发展能力、交通条件等。

在生态区划中,应当根据具体的生态区划原则和方法,选取能反映该区域生态相似性和差异的指标体系;在不同层次生态区划中,由于具体区划原则和方法的差异,指标选取上也不同,必须视具体情况而定。图 6.2 是中国生态功能区划的整体特征(欧阳志云,2007)。

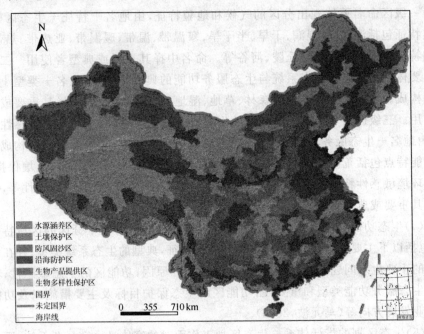

图 6.2　中国生态功能区划(欧阳志云,2007)

生态功能区规划不同于以往的综合自然区规划及各种专业和部门的区划,它是运用现代生态学的理论,在充分考虑区域生态过程,生态系统服务功能以及生态环境对人类活动强度敏感性关系的基础上的综合功能区划。按照区划的原则和方法,将区域划分为不同级别的功能单元,根据各单元的生态过程特点,生态环境的敏感性及所面临的生态环境问题,进行综合分析和评价,揭示其空间分布规律,为区域生态环境综合整治提供科学依据。通过生态功能区规划不仅可以合理地把经济发展和环境保护有机地结合起来,同时,还可以因地制宜地进行产业结构的布局,发挥区域优势,在提高经济效益的同时,也可提高生态效益,提高生态系统的服务功能。

6.2 城市生态功能区总体规划

生态功能区划是在分析研究区域生态特征与环境问题、生态敏感性和生态服务功能空间分异规律的基础上,根据生态特征、生态敏感性和生态服务功能在不同地域的差异性和相似性,通过归纳相似性和区分差异性,将区域空间划分为不同生态功能区的研究过程(刘茜等,2009)。生态规划的实质是运用生态学原理与生态经济学知识调控复合生态系统中各亚系统及其组分间的生态关系,协调资源开发及其他人类活动与自然环境、资源性能的关系,实现城市、农村及区域社会经济的持续发展(徐晓芳等,2007)。城市生态系统的结构及其特征决定了城市生态系统的基本功能。因而,改善城市生态系统功能需从其结构入手,在认识城市生态系统特征及其影响因素的基础上,进行合理的生态功能区划,并指明各功能区之间的关系,进而为区域可持续发展提供基础框架。

生态功能区划和生态特征区划是生态区划的两大组成部分。相比生态特征区划,生态功能区划反映了基于景观特征的主要生态模式,强调不同时空尺度的景观异质性(Thayer,2003;蔡佳亮等,2010)。生态功能区划是进行生态规划的基础,即根据生态系统结构特点及其功能、综合考虑生态要素的现状、发展潜能及生态敏感性、适宜度等,对用地划分为不同类型的单元,提出工业、生活居住、对外交通、公共建筑、园林绿化、休闲游乐等诸多功能区的综合划分以及大型生态工程布局的方案,充分发挥生态要素功能对城市功能分区的反馈调节作用,以能动地调控生态要素功能朝良性方向发展(李强,2004)

6.2.1 城市生态功能主要特点

生态功能是生态系统作用及效应的体现,在一定意义上也可以讲生态系统服务功能,主要是指生态系统及其生态过程所形成的有利于人类生存与发展的生态环境条件与效用,主要分为生物生产、环境服务、文化支持三大类。生态功能以人文因素为本,既是自然的也是伦理的,更多地强调人与自然的关系,不仅指生态系统结构,还与特定区域的社会经济、文化特征相联系(徐晓芳等,2007)。生态系统服务是指生态系统与生态过程所形成并维持的人类赖以生存的自然环境条件与效用。生态系统存在着物质生产、涵养水源、净化空气、防洪减灾、维持生物多样性等多种功能,这些功能一方面为人类提供了生活与生产所必需的食品、医药、木材及工农业生产的原材料,另一方面创造与维持了地球生命支持系统,形成了人类和其他生物生存所必需的环境条件(欧阳志云和王如松,2005)。

城市生态系统的功能即是城市生态系统在满足城市居民的生产、生活、交通活动中所发挥的作用。与自然生态系统类似,城市生态系统也具有物质循环、能量流动与信息传递等功能。由于城市生产包括经济生产和生物生产,经济生产囊括了城市的主要社会过程,因此,城市生态系统的基本功能要比自然生态系统复杂得多。对生态功能的保护是当今国际社会区域生态保护的共同选择,功能分区应合理规范、科学管理,要区别区域的具体功能和保护需求,按照国际通行的保护区分类体系进行科学的分类管理(Rigister,1987;冯效毅等,2006)。生态功能分区是进行城市生态规划的基础,是城市生态管理的具体操作措施(彭晓春等,2002)。在对城市生态进行综合分析评价的基础上,用生态学理论与方法进行生态敏感区、生态控制区、生态功能区等的用地规划(胡希军等,2005),该过程的实施有助于明确重要生态功能保护区的空间分布,自然资源开发利用的合理规模和产业布局的宏观方向。

影响城市功能分区的因素有很多,主要有历史因素、经济因素、社会因素以及行政因素等。城市的历史背景可能对城市功能分区产生重大影响,早期的土地利用对后来的土地功能分区的形成有着深远的影响。中国城市历史背景复杂,历史因素对城市地域功能分区的形成作用更加明显,城市的发展和更新改造需要考虑如何继承和保持城市特色。对于城市来说,土地资源有限,不同地域土地在市场经济条件下的经济活动及其效益是不同的,特别是空间位置与经济行为密切相关,经济行为制约着空间的拓展,也直接或间接地影响到了功能的发挥。城市人口是由不同职业、不同社会阶层、不同种族及不同文化的人组成,形成了不同的社会环境与价值取向,也影响到了城市功能的分区。在城市管理中,政府采取行政手段制定政策和城市规划,直接干预城市的社会经济发展,引导或划定不同的功能区。

要保证城市各项活动的正常进行,必须把各功能区空间定位与区域范围合理界定,既保持相互联系,又避免相互干扰。还应特别注意对城市周边地区环境问题和土地利用方式的转变机制,特别是工业用地、城市住宅用地和休闲绿地的平衡。城市生态规划应明确建成区及其周围的生态支持系统,遵循费用—效益最优原则,确定城市适宜扩展的方向与规模,并调控城市社会经济发展的速度、广度及限度(彭晓春等,2002)。

6.2.2 城市生态规划一般模式

城市生态规划的一般模式如图 6.3 所示。该模式简要地给出了规划的流程,在具体实施规划时,应根据情况对各框内容列出更详细的流程和操作细则,从而形成可行的流程模式。规划时要注意选择既有足够的数据支持,又有完整计算手段

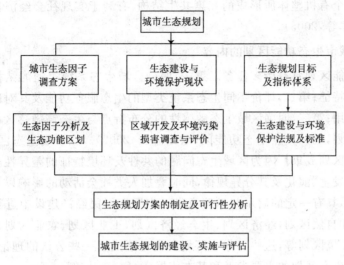

图 6.3　城市生态规划一般模式(引自巩文,2002,有修改)

的模型。城市生态规划是一个复杂的系统工程,它以环境质量的变化规律、环境污染对人体的影响、环境工程技术原理和环境经济学、生态经济学等为依据,综合运用系统论、控制论和信息论的理论,对环境问题进行系统分析,以求得城市生态规划整体效益最大化。

6.2.3　城市生态功能区划的内容与方法

　　城市化在促进城市快速增长的同时,也给地方以及全球城市的环境造成巨大的压力。近年来,全世界范围内城市化进程加快,尤其是中国城市化进入了快速发展的阶段,由于人口的大量聚集引发了一系列严重的生态问题,其中人与环境的矛盾给城市发展带来了严峻的挑战(李化,2006)。特别是在有限的城市容量内承载了过多的人口压力和活动强度,城市生态问题日益突出。自1992年联合国环境与发展大会以后,城市生态规划和可持续发展已成为21世纪世界城市发展的一个重要议题。如何构建绿色城市、园林城市、生态城市以及低碳城市,合理规划城市的现代化建设是中国社会可持续发展的需要。在科学发展观与构建和谐社会的背景下,如何改善生态环境,保障生态安全,实现城市可持续发展已成为城市规划的重要内容(张泉和叶兴平,2009)。

　　城市生态功能规划主要是指以城市生态功能的实现与保障为目标,对城市进行合理的规划分区,其核心是城市生态功能区的划分。生态城市是城市生态化发展的结果,是社会和谐、经济高效、生态良性循环的人类居住形式,是自然、城市与人融合为一个有机整体所形成的互惠共生结构,有利于实现社会经济自然的和谐发展(胡希军等,2005)。

6.2.3.1 城市生态功能区划的内容

生态功能区划具有诸多任务。第一,明确区域生态系统类型的结构与过程及其空间分布特征;第二,评价不同生态系统类型的生态服务功能及其对区域社会经济发展的作用;第三,明确区域生态敏感性的分布特点与生态高敏感区;第四,提出生态功能区划,明确重点生态功能区(欧阳志云,2007)。在开展生态区划时,应充分借鉴相关区划成果。因为区域生态问题的共性及环境特征的差异性来源于自然生态环境的发生、演化及其分异规律,同时叠加人类社会活动的影响以及社会经济本身的分异,具有一定的启示与借鉴意义。中国在国民经济建设中进行了大量的区划工作,如自然区划,经济区划、生态经济区划、工业区划、农业区划、林业区划、草原区划、环境区划等,这些工作在区划研究中形成了一些公认的理论和方法,它们可以作为生态区划的主要参考和基本依据。

城市生态功能区划不同于传统的环境要素的功能区划,对城市生态功能起决定作用的是城市的自然资源和环境特征。因此,城市生态功能区划首先要对城市区域生态环境进行认真调查,对城市生态系统、资源态势和城市社会、经济和自然复合生态系统进行综合分析评价,在此基础上,遵循城市生态学原理和城市生态功能与城市生态结构相匹配的原则,将城市划分为生态功能不同的区域(陈轶,2002),图 6.4 是城市生态功能区划的主要内容。

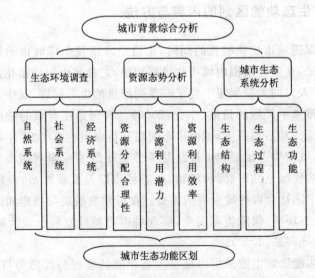

图 6.4　城市生态功能区划的主要内容

在实际生态区划过程中,应注意如下几方面的问题:

(1)区域相似性和差异性

自然生态环境是环境演变的基础,也是人类发展的重要条件,它制约着人类活动的方式和程度。自然生态环境的结构、特点不同,人类利用自然发展生产方向、方式和程度亦有明显的差异,人类活动对生态环境的影响方式和程度以及生态环境对人类活动的适应能力、对污染物的降解能力也随之不同。同时,现代科学技术的发展,人类能够在很大程度上能动地改造自然,改变原来自然生态环境的某些特征,形成新的环境,现代生态环境是在自然生态环境的基础上叠加社会环境的影响形成不同于自然生态环境的演化方向,因而必须综合研究现代生态环境的区域共性和区域差异,寻求现代生态环境的演化规律。

(2)功能主导性与综合性

生态环境中各要素相互作用、相互制约,但在不同区域、不同的时间上其作用是不相同的。必须从整体出发,抽象地反映生态环境的本质——生态环境中起支配作用的因素,即主导性因素。这样才能用少量的指标来反映复杂的生态环境的本质。

(3)行政协调性与完整性

生态区划是为生态环境管理服务的,进行生态区划时其区划界线应充分考虑到行政区的完整性。但是,由于生态环境管理中地方保护主义思想严重影响,生态环境管理已不再是一个行政区内能够完成或承担的,在区划时必须考虑行政区划界线,各行政区协同管理的办法。这样才能使行政区划成果应用于实际。

6.2.3.2 城市生态功能区划的方法

自然地域分异和等级性理论是生态区划的理论基础,生态功能区划是相对区域整体进行区域划分,其区划方法必然要借鉴其他自然区划方法。总体而言,生态功能区划方法大致可分为三大类:基于主导标志的顺序划分合并法,基于要素叠置的类型制图法和顺序划分与合并法(宋治清等,2004;徐晓芳等,2007)。

(1)基于主导标志的顺序划分合并法

基于主导标志的顺序划分合并法是生态区划中较普遍使用的一种方法。在进行生态功能区划时,首先根据对象区域的性质和特征,选取反映地域分异主导因素的某一指标,作为确定生态区界的主要依据,并强调在进行某一级分区时,必须按统一的指标来划分。选定主导指标后,按区域的相对一致性,在大的地域单位内从大到小逐级揭示其存在的差异性,并逐级进行划分;或根据地域单位的相对一致性,按区域的相似性,通过组合、聚类,把基层的生态区划单元合并为较高级单元的方法(徐晓芳等,2007)。

(2)基于要素叠置的类型制图法

由于环境是一个复杂的社会、经济、自然复合要素作用下的产物,自然要素叠加人类活动的深刻影响,单一的环境要素区划肯定不能反映其全貌。利用各种要素叠加的方法进行生态区划,才能反映其综合状况。根据各种专用地图和文献资料、统计资料以及生态系统及人类活动影响的专题图,利用它们组合的不同类型分布差异来进行生态功能区划的方法,或采用模糊数学的方法进行归类区划,如聚类分析、主成分分析、主坐标分析和逐步判别分析等。它与生态系统类型的同一性原则相对应。因而利用地理信息系统的多要素叠加功能,进行多种类型图的相互匹配校验,才能反映生态环境系统的综合状况(徐晓芳等,2007)。

(3)顺序划分与合并法

该方法即为自上而下和自下而上的两种区划方法。自上而下法是根据对生态环境区域分异因素的分析,按区域的相对一致性,在大的地域单位内从大到小逐级揭示其存在的差异性,并逐级进行划分的。自下而上的生态区划方法,是根据地域单位的相对一致性,按区域的相似性,通过组合,聚类把基层的较简单的生态区划区域单位合并为比较复杂的区域方法(巩文,2002)。

在自然地理背景及生态调查的基础上,利用遥感和地理信息系统技术进行生态现状、生态敏感性和生态服务功能重要性评价,明确生态敏感性和生态服务功能重要性的区域分异规律。根据生态特征的相似性和差异性进行地理空间分区,确定分区等级,命名生态功能区,对各功能区提出保护措施与发展方向(燕守广等,2008)。随着景观生态学的发展,很多学者提出将景观生态学中的景观等级、异质性原理与景观结构的镶嵌性和空间格局等应用于生态功能区划中(王治江等,2005)。由于景观空间格局不同,在研究的过程中可以将景观简单地分为几大类,便于不同区域之间的比较,而且有利于在制定生态保育措施中从景观等级、异质性原理角度制定措施,尤其是在生物保护措施中,考虑多大的斑块有利于生物的生存;如何设置廊道有利于生物物种信息流和能量流的交换。但目前这些大都还停留在理念上,与该理论相关的应用案例还很少(刘茜等,2009)。

6.2.4 主体功能区区划与生态功能区划

生态功能区划和主体功能区划二者紧密联系、相互影响但又存在明显差异。生态功能区划是主体功能区划的重要基础和依据,主体功能区划是保障生态功能区划落实的重要载体和途径,两项工作各有侧重不能替代(任洪源,2007)。主体功能区划是根据资源环境承载力、现有开发密度和发展潜力,统筹考虑未来中国人口分布、经济布局、国土利用和城镇化格局,将国土空间划分为优化开发、重点开发、限制开发和禁止开发四类主体功能区,按照主体功能定位完善区域政策和绩效评价,规范空间开发秩序,形成合理的空间开发结构。它是以调控和规范区域开发行为为主要功能导向的规划,除考虑区域自然属性外,还考虑区域的经济与社会文化属性,是具有战略性、基础性、约束性、综合性和整体性的空间规划。它不仅是维护自然生态系统的根本保障,而且还将通过明确区域主体功能定位和实施差别化区域政策,逐步实现区域之间协调发展、人与自然和谐发展,其作用范围更广且作用力更强。两区划相互联系并相互补充。生态功能区划中的生态环境现状评价、生态敏感性评价、生态服务功能重要性评价,可以为主体功能区划中区域资源环境承载力评价提供重要的基础资料和评价成果。因此,生态功能区划是主体功能区规划的重要基础和依据,而主体功能区划是保障生态功能区划落实的重要载体和途径(王瑞君等,2007)。

6.3 城市不同生态功能区的规划

在现代城市规划工作中,功能区通常是在评定、选择城市用地的基础上进行的。根据生态主要功能和建设的需求,生态功能分区可划分不同的类型。如根据生态主导功能原则可划分为重要的资源生产与资源保护区,应保护和保留的自然景观或自然生态系统,为防止污染和自然灾害、维护区域环境和经济社会稳定的人工或自然生态系统,为消除区域社会经济活动产生的废水、固体废物而设立的污水处理厂、纳污水域、垃圾填埋场等环境功能区(毛文永,1998;彭晓春等,2002)。按照自然分类规律和人类需求差异,将城市范围内的所有重要生态功能区分成15类(冯效毅等,2006)。也可在生态系统健康评价的基础上,根据建设需要、生态保育的轻缓及环境资源特点分为生态恢复区、生态建设区及生态调控区三类。科学合理的生态功能分区是生态规划的关键环节(彭晓春等,2002)。一般城市有以下主要功能区:居住区、工业区、仓库区、对外交通区等;有些城市还有行政区、商业区、文教区、休闲疗养区等。随着社会生产力的发展和科学技术的不断进步,城市功能分区的理论和实践在不断发展与完善之中。基于城市生态功能的生态规划流程如图 6.5 所示。

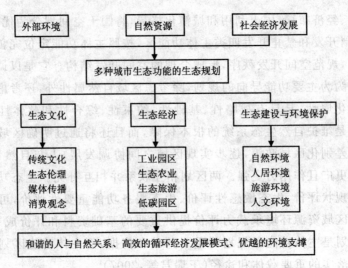

图 6.5 基于城市生态功能的生态规划流程

6.3.1 城市生态交通系统规划

　　20 世纪 90 年代以来,交通拥堵、能源危机、气候变暖等深层次问题致使城市交通成为社会各界关注的焦点。城市交通作为生态城市这个复杂系统的一个子系统,其发展必然是向生态化方向演化。因此,城市生态交通可以理解为以生态学为理论基础,考虑生态阈值限的约束和满足交通需求的前提下,在城市交通规划与建设中,最大程度地降低因交通系统正常运转所造成的环境污染和资源消耗,形成向生态化演化的城市交通系统,即生态化的城市交通系统(李晓燕和陈红,2006)。

　　目前,随着数字城市、智慧城市理念的发展及技术的应用,智能交通在城市发展中的作用得到了进一步的强化。如图 6.6 所示,生态交通规划以建设人性化、绿色化、多元化、现代化的高效可持续发展的城市生态交通为理念。从区域交通、市区交通、社区交通等多个层次出发,以交通基础设施生态化、交通工具生态

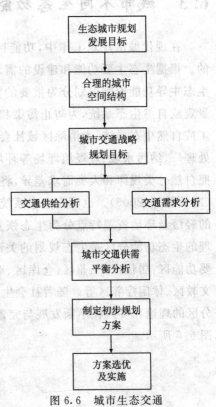

图 6.6 城市生态交通规划的模式框架

化、公共交通系统生态化等为切入点,制定生态交通建设规划,提出规划年限内目标、城市交通生态化建设的强度、时序和建设重点的策略与建议(张亚平和左玉辉,2006)。具体措施包括(刘苗和苏鹏海,2010;刘小波和尤尔金姆·阿克斯,2009):第一,构建覆盖全市的生态交通线网格局,解决综合交通各子系统的组织方式及规划方案;第二,发展生态交通工具,引导公众低碳出行,大力提倡和引导市民使用绿色等级高的交通方式,减少和限制使用绿色等级低的交通工具;第三,完善交通管理机制,完备的管理机制采用先进技术如全球定位系统、地理信息系统等进行管理(夏胜国等,2011)。

6.3.2　城市生态工业园区规划

生态工业园是以循环经济与工业生态学原理为基础的一种新型工业组织形式,是生态工业的聚类场所。它通过模拟自然生态系统生产者—消费者—分解者的循环途径对产业系统进行改造,以实现物质循环和多级利用;通过建立产业系统的"产业链"形成工业共生网络,以实现对物质和能量等资源的最优利用,并最终建立可持续的经济系统(张星等,2007;欧阳云生,2007)。

生态工业园区规划实质上是一种区域规划,作为一个开放的系统,对其规划要受到多种内外环境和多种因素的影响,必须充分考虑规划的综合性、战略性及动态性,使生态工业园区建设顺利进行,减少占用耕地比例高、功能布局单一、产业结构不合理等问题的发生(张志云,2008)。其基本规划步骤如下(欧阳云生,2007):第一,调查区域的社会、经济、资源和环境概况,阐明生态工业园区建设的目的、必要性、可行性和意义;第二,建立园区建设领导机构,组建规划方案设计工作组及专家顾问组;第三,分析进行生态工业建设的优势、不足和风险,确定园区建设的总体目标,并明确生态工业园区建设的指导思想和基本原则;第四,根据总体目标的要求,确定若干具体目标,列出完成总体建设目标可操作的具体任务;第五,分步骤、分区域地进行生态工业园建设具体任务规划,经过有关专家对初步方案评估后,形成规划文件;第六,确定规划任务顺利进行的保证内容;第七,园区建设的投资和效益分析;第八,制定项目后评价制度。生态工业园建设是一个长期的动态工程,其规划应采用动态规划的方法,要重视规划过程的反馈机制,保证规划有一定的弹性,并在实践的基础上对规划进行必要的修订和补充。

6.3.3　城市文化生态保护区规划

城市文化生态,即是城市文化与其背景环境所组成的相互依赖的系统。环境在一定程度上塑造着文化,文化在其环境背景中取得发展。正如自然万物与其环境所形成的生态系统一样,城市文化亦在其背景环境下形成特有的城市文化特色(黄莉芸和赵珂,2008)。当前中国许多城市文化生态的发展面临着民族风格和地方特色的缺失以及传统民居建筑的优良文化传统缺失的局面,因此,以人文生态为核心重新创造地域特色的城市生态已成为人们迫切关注的问题(海继平和吴昊,2011)。文化生态保护区具有历史和极高的文化艺术价值。目前,中国设立的闽南文化生态保护实验区、徽州文化生态保护实验区、羌族文化生态保护实验区(图6.7)等,在对城市历史和地方文化的保护上发挥着不容忽视的作用。

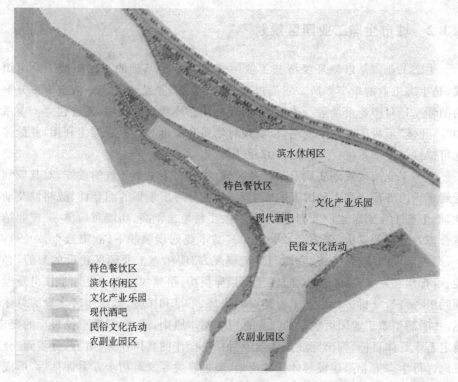

图 6.7　北川吉娜羌寨多元化产业功能分区示意图(陈科,2011)

　　历史文化传统是城市所特有的,是城市中最为持久的历史文化载体;传统文化中的精粹,是古城血脉相承的非物质文化遗产,也是最鲜活宝贵的旅游资源。因此,城市的规划设计应大力塑造地方特色。要通过全面地考察、掌握小城镇历史、地域、建筑、民族、产业等方面的特色,挖掘其深层次的文化内涵,强调历史文化的真实性和完整性(沈孝辉,2008)。挖掘历史文化积淀,延续历史文脉精髓、保护历史文化遗迹;发掘地域文化内涵,强化地域文化特色;再现传统建筑文化,探索地方建筑风格;弘扬少数民族文化,深化地方民族特色;塑造城镇产业文化,服务城镇经济建设(刘晓丽和王发曾,2004);上述途径对于历史文化的传承及提升地方文化品质具有重要的现实意义。

6.3.4 城市自然生态功能区规划

城市生态规划过程中,对城市特殊的自然景观生态区域或人工建立的模拟自然景观生态区域进行有意识地保留或建设,形成城市景观中特有的生态功能区,对于维护城市生态功能、提高居民生存环境质量、保护环境的美学、娱乐价值,促进城市持续发展等将起重要作用(崔凤军,1995)。因此,根据环境科学、生态科学、城市科学、经济学的理论和效益、公平原则,进行城市自然生态功能区的地址选择、面积、类型、形状、物种多样性等内容的确定,应当成为城市生态规划的重要组成部分。

生态功能区的生态功能包括如下诸多方面,如保护生态物基因库,保护珍稀或濒危物种及其生境,为迁徙动物提供落脚点,保持成熟稳定的顶极生态系统,在已然存在的生物地理区域内保持生态环境脆弱带或不同群落类型的代表性样本,允许生态演替不断进行,为那些需要在未干扰的自然环境中繁育的野生动物提供保障,保护具有比较完善的营养循环过程和正常能流的地区,保护环境的美学价值,重要的科研地区,自然资源和环境教育的室外课堂并为人们提供野外娱乐活动场所等(崔凤军,1995)。

6.3.5 城市生态居住区规划

生态住宅区环境规划要突出结合自然进行规划设计的基本原则,结合自然设计是指结合建设地的光、热、风、水、植物、地形等自然条件,在人类居住过程中与自然合作,充分利用自然提供的潜力。环境的保护与绿化是分不开的。生态小区的总体布局、单体空间组合、房屋构造、自然能源的利用、节能措施、绿化系统以及生活服务配套的设计,都必须以改善及提高人居环境、生活质量为出发点和目标。另外,要注重绿化布局的层次、风格与建筑物要相互辉映:注重不同植物各方面的相互补充融合,例如,除普通草本植物外,注重观赏花木、阔叶乔木、食用果树、药用植物和芳香植物等的种植;同时,注重发挥绿化在整个小区生态中其他更深层次的作用,如隔热、防风、防尘、防噪音等,甚至从视觉和心理上消除精神疲劳等作用。而在房屋的建造上,则要考虑自然生态和社会生态的需要,注重节省能源,倡导绿色建筑与低碳建筑。

　　生态住宅区与外部的交通联系依靠住宅区道路系统实现,同时,生态住宅区内部建筑单体也是通过道路交通系统而构成一个相互协调、有机联系的整体。因此,住宅区内部道路交通系统是生态住宅区发挥正常功效的基础。同时,生态住宅区内部道路也是区内给水、排水、供电、通讯等各类管线的主要通道,因此,道路设计不能仅考虑交通、容量、设计速度、通行能力、路面、结构、水平垂直定线等,要综合考虑上述要求(李保群,2010)。

6.4　自然保护区生态规划

6.4.1　自然保护区内涵与特点

　　一般而言,保护区是指在不同的自然地带和不同的自然地理区域内,划出一定的范围将自然资源和自然、文化历史遗产保护起来的场所,包括陆地、水域、海岸和海洋。1994 年,世界保护联盟下属的世界保护区委员会对保护区的定义为:"保护区主要致力于生物多样性及其他自然和文化资源的管护,并通过法律或其他有效的手段进行管理的陆地和海域(CNPPA/ IUCN,1994)"。自然保护区是指对有代表性的自然生态系统、珍稀濒危野生动植物物种的天然集中分布区、有特殊意义的自然遗迹等保护对象所在的陆地、陆地水体或者海域,依法划出并予以特殊保护和管理的区域。

　　自然保护区规划是自然保护区科学管理的基础,它从总体上反映区域自然保护区的布局和发展方向。中国自然保护区规划是以自然保护区区划为依据来编制的。自然保护区具有如下特点:第一,保护区是一个区域,具有明显的边界,其边界不是一般的行政区域,而是自然区域;第二,管理是保护区的主要任务,在具体操作中,不同的保护区有不同的管理目标,主要包括科学研究、野生动物保护、物种和基因多样性保护、环境服务功能的延续、特殊自然和文化特征的保护、旅游娱乐、教育、自然生态系统资源可持续利用、文化和传统的持续等。第三,保护区是通过法律或其他有效方式确定的,属于事业性实体机构,而不是一级行政区。自然保护区的功能主要体现在以下几个方面:为人类提供了解自然生态系统的天然本底;保护物种和遗传资源的动态基因库;进行科学研究的天然实验室;具有保护自然历史遗迹和人类文化遗产的重要作用;具有合理开发利用自然资源,发展物质生产,开展旅游活动,提高当地群众生活水平的作用;具有宣传、教育和普及自然科学知识与环境保护知识的作用;保护区是实施可持续发展的重要组成部分。

　　在自然保护区区划方面,国际上应用较多的是生物地理分区,而中国对生物地理分区研究不深,应用较多的是自然地理分区和农业地理分区(薛达元等,1994)。

中国有关部门在全国自然保护区区划方面做了一些有益的探索。中国自然区划工作开展较早,尤其是近些年来,无论在理论方面还是在方法方面都有较快的发展。总体上讲,在中国的自然保护区体系规划中普遍采用了自然区划分类法,在区划的基础上进行体系规划。自然区划分类法采用区域(最高一级分类单位)、气候带(次一级分类单位)、自然综合体及其生态系统(基本分类单位)三级分类法,将中国划分为三个区域、14个气候带和若干个自然综合体及其生态系统,并以此为基础进行自然保护区区划,设计中国的大自然保护网。

1984年,由林业部等八个部(委、办、局)共同参与编制的《全国自然保护区区划》,采用了自然地理分区和农业、生物地理分区相结合的方法,同时考虑了主要自然保护对象的分布特点,将中国分为8个区域,首次提出了自然保护区的规划方案。经过10多年自然保护区规划建设的实践,证明此区划是基本可行的,但尚有不足之处,到1987年初,中国自然保护区的建设已远远突破该规划方案的目标。1990年中国编制了"全国自然保护区与物种保护'八五'计划和十年规划",该规划提出了到2000年中国自然保护区占国土面积超过5%的发展目标,然而,20世纪90年代的自然保护区发展已远远超出规划预期的目标,使原规划目标远远落后于实际发展水平(薛达元等,1994)。为了进一步加强自然保护区工作,加快自然保护区事业的发展,中国于1997年印发了《中国自然保护区发展规划纲要(1996—2010年)》。

在自然保护区规划研究方面,无论在单个自然保护区规划或是自然保护区体系规划方面,中国不少学者做了很多探索。王献溥(1989)、牛文元(1990)和刘东来(1996)分别根据岛屿生物地理学理论对小区域内保护区面积、数量、形状、分布如何确定进行了探讨。许多学者对自然保护区的内部功能分区的规划设计进行了探讨(马建章,1992;刘东来等,1996;张更生等,1995;李文军,1997;徐海根,2000)。刘东来(1996)提出了单个自然保护区规划设计的方法,以及自然保护区选划的代表性、多样性、有效性、自然性等标准。代表性强调具有特点的各种生物群落。多样性强调生态系统、群落和有机体的特点,它们应具有最大代表性。有效性指保护面积的有效性,即保护区的大小应能满足区内彼此相互作用的物种的要求,使其多样性能长期而有效地保护下去。自然性强调未受或少受人为影响亟待恢复,又可能恢复。它们共同反映了自然保护区的不同特点。

在区划和体系规划方面,1985年,朱靖、王献溥曾提出了中国自然保护区规划方案建议,该方案具有一定的科学基础,但规划目标与自然保护区长远发展要求相距甚远。陈昌笃等(1992)根据综合性原则和生态系统性质相近原则进行自然保护区区划,将中国大陆部分划分为七个自然保护一级大区,海域为单独一个大区,为自然保护区的规划、建设和管理提供了一定理论基础。王礼嫱(1992)提出建立全国自然保护区网络系统,要按三个自然区域、14 个气候生物群落带依据,逐步建立全国自然保护区网络并与世界自然保护区网络配合。薛达元、蒋明康(1994)通过对中国自然保护区建设现状评价分析和自然资源分布状况与保护需求的对比分析,探讨自然保护区长远发展规划(1994—2050 年)。该规划在 1984 年林业部等编制的《全国自然保护区区划》的基础上,增加了一个"中国管辖海域区",即东北山地平原区、蒙新高原荒漠化区、华北平原、黄土高原区、青藏高原寒漠区、西南高山峡谷区、中南西部山地丘陵区、华东丘陵平原区、华南低山丘陵区和中国管辖海域区;然后根据各个自然区域自然资源的现状和分布特点,规划上述区域的自然保护区建设。徐海根(2002)根据异质种群理论、景观生态学理论和种群生存力分析理论提出专门针对生物资源类保护区的自然保护区生态安全设计方法,包括从区域层次研究自然保护区网络的优化设计,自然保护区的功能分区、面积、形状和廊道设计,并应用于丹顶鹤自然保护区网络设计。

　　总的来说,中国目前在自然保护区体系规划研究上,主要还是采用自然地理分区法,而且在该方法的具体应用上研究不深,依靠专家知识,进行定性分析较多。而各省、直辖市、自治区组织的省级规划在全国区划的基础土,更多地是依靠专家经验,主观地规划保护区网络,缺乏客观的科学依据。因而,不管是原林业部、原国家环保局组织的全国性规划中,或是各省、直辖市、自治区编制的规划,还有在有关专家提出的规划方案,都无法从生态安全和有效保护的角度出发,对区域的自然保护区体系建设科学地提出具体的保护范围。由于对保护效益重视不够,以及对自然保护区的规划设计未进行深入的研究,导致了中国近年来尽管保护区面积扩大不少,但保护效果并不见明显提高的现象。运用现代科学技术手段进行区域自然保护区的规划是提高中国自然保护区规划建设水平的基础。

6.4.2　自然保护区的建立条件与标准

6.4.2.1 自然保护区的建立条件

　　自然保护区建立必须符合一定的条件,选择一些具有典型性和代表性的有科学或实践意义的地段,并使保护区的建立和布局形成科学的体系。在选择和建立保护区时,可参考以下的条件。

　　不同的自然地带和大的自然地理区域内,天然生态系统保存较好的地区,应优先考虑;原生生态系统虽已破坏,但其次生类型通过保护仍能恢复为原来状态的区域,也可选为保护区。国家一、二级保护动物或有特殊保护价值的珍稀、受威胁动物的主要栖息繁殖地区。国家一、二级保护植物或有特殊保护价值的珍稀、受威胁植物的原产地或集中成片分布的地区。有特殊保护意义的天然或文化景观、洞穴、自然风景、革命圣地、岛屿、湿地、水域、海岸和海域等。有重要科学研究价值的地质剖面、化石和孢粉产地、历史和考古区域、冰川遗迹、火山口、陨石区等自然和文化历史遗迹产地。在维护生态稳定性方面具有特殊意义而需要保护的区域。在利用和保护方面具有成功经验的典型地区。在建立保护区时,要根据实际情况和建立保护区的目的与要求,可单独考虑,也可结合分析。

生态功能区划是基于对生态系统受胁迫过程与效应、生态系统敏感性和服务功能重要性评价的前提下形成的地域分区,为实现区域社会经济与生态环境的可持续协调发展提供了基础,为实施生态保护与生态建设的分区管理提供了依据。但由于城市生态系统的复杂性及多样性,以及生态规划理论和实践的局限性,使得科学地经营城市生态系统,实现人类自身的可持续发展更加复杂。因此,迫切需要充分认识城市生态规划和生态功能区划的联系,在研究城市生态系统功能的基础上,进行合理的分区并提出规划方案,为区域资源开发和利用、区域环境保护与发展提供决策依据,促进城市经济、社会、资源与生态环境的全面发展。

6.4.2.2 自然保护区的评价标准

为认识保护区的特点和价值,在建立保护区时,通常采用一系列指标对其进行综合评价,常用的标准包括典型性、稀有性、多样性、脆弱性、自然性、面积大小、生态价值、科学价值、社会经济价值、管理条件和科研基础等。以上标准在评价保护区时作用是不同的,可根据具体情况选择并赋予不同的分值,最终确定保护区的等级。

长期以来,保育自然和自然资源与发展经济的关系,总是被看作一个难以协调的矛盾问题。在可持续发展理论的不断发展完善和实践过程中,生态发展的概念正在逐步形成,并成为区域自然资源开发与保护的指导原则。其中重要的一个方面就是强调通过对保护区的建设,有效保护自然生态和自然资源,并探索可持续利用的途径(刘康和李团胜,2005)。

6.4.3 自然保护区的规划设计

自然保护区生态规划设计主要体现在生态功能分区等方面。对自然保护区进行生态功能分区,目的是通过区划明确保护的重点区域,避免人类活动对保护对象造成破坏,从而使保护区的自然资源能够具有持续性。自然保护区有两种划分方法,其一,是将自然保护区划分为核心区、试验区、缓冲区三部分;其二,是将自然保护区划分为核心区、游憩缓冲区、密集旅游区及服务社区。

不同的区域具有不同的特点及功能定位。核心区是严格受保护的区域,严禁各种资源开发活动,只为科学研究和核心区保护工作有关人员的科研和保护所用。

游憩缓冲区是少数游客游览的对象,只允许步行或独木舟一类的简单交通工具进入,区内限制永久性建筑进入。密集旅游区是游客集中活动的区域,要以控制污染性工业和美化工程为目标,并对各种旅游污染严格控制和清理。服务社区则是游客休息的集中场所,各类交通工具可以通达,但应位于保护区边缘或外部毗邻区。这种分区可以保护景观尺度上的自然栖息地和生物。同时,还要从景观结构和功能上对生态旅游区进行景观生态规划,主要包括对旅游产品市场的需求及特征分析,生态旅游区自然、社会要素等基础资料和相关资料的调查搜集,景观分类和对景观结构功能及诊断,然后通过不同类型的结构规划,构建不同的功能单元,从整体协调和优化利用出发,确定景观单元及组合方式,选择合理的利用方式。

6.4.4 自然保护区的规划方法

目前,世界上自然保护区体系的规划方法主要有生物地理分区法和网络选择算法等(欧阳志云等,2005)。

6.4.4.1 生物地理分区法

为了使自然保护区能够均匀地分布在全世界各个典型区域,使有代表性的物种及其生境都得到应有的保护,Udvardy 于 1975 年提出生物地理分区法来全面规划和指导自然保护区的建立(王献溥等,1989)。他根据生物区系地理分布规律为世界生物圈保护区的建立,编制了一个世界生物地理省(Biogeographical Province)分类,建议在每个省范围内都要选择适宜地段,建立生物圈保护区,使世界主要原生生态系统类型都得到必要的保护和发展。Udvardy 的世界生物地理省分类是联合国人与生物圈计划建立生物圈保护区的基础。它主要包括生物地理区及生物地理省等分类单位。

生物地理区是在地理环境生物区系方面具有共同性的大陆和亚大陆。分为古北极区、新北极区、非洲热带区、印度马来亚区、新热带区、澳大利亚区、海洋区和南极区等 8 个生物地理区。生物地理省是在生物地理区范围内根据生物群落类型及其复合体的一致性进行区域划分的单位。全世界划分出 192 个生物地理省,它的范围大致与中国划分的植被区相类似。每一个生物地理省都由若干个生物群落组成,其中 1~2 个占据主要地位。Udvardy 共划分 14 个生物群落类型,包括热带潮湿森林、亚热带和温带雨林或疏林、温带针叶林或疏林、热带干旱落叶林或疏林(包括季雨林)、温带阔叶林或疏林和亚极地落叶丛林、常绿硬叶森林、灌丛或疏林、暖荒漠和半荒漠、冬冷(大陆性)荒漠和半荒漠、冻原群落和北极裸露荒漠、热带草地和稀树草原、温带草原、具有复合垂直带的山地和高原混合系统、岛屿混合系统以及湖泊系统等。Udvardy 把地理区划单位与生物群落类型结合起来,作为建立保护区的理论依据,具有一定的参考价值。

《世界自然保护大纲》建议,自然保护区的建立可采用生物地理分类和由此演变出来较详细的国家(或地区)分类方法。生物地理分类法充分考虑到生物对自然地理环境的重要影响和指示作用,曾经是采用较广的一种方法,对于建立生物圈自然保护区尤为重要。

生物地理分类法为我们提供了一个规划自然保护区大框架的方法,但它对于在各个分区中哪些区域具有保护价值没法提供一个分析手段,因此,在自然保护区网络体系规划中,无法确定具体应予保护的区域。

6.4.4.2 网络选择算法

网络选择算法首先要把研究区域划分为若干个单元,单元可以是规划的栅格,或不规划的栅格如生境类型、土地利用类型;然后根据设定的指标或规则,通过计算选择保护区域。网络选择算法包括计分法、迭代法和整数规划法。这几种方法分别有如下特点(徐海根,2000)。

计分法根据一个或一组指标如多样性指标和稀有性指标,计算各单元的得分,把这些单元依得分大小排序,然后根据保护要求取前 n 位的单元,作为保护区网络的备选地点。因此,计分方法通过提出一个或一组指标,量化各单元保护价值的相对重要性,得分高的单元表明其保护价值也高。一般常用的指标包括物种多样性、分类多样性、稀有性或斑块面积等。影响计分法的因素包括指标类型、单元的大小和排列次序。不同的指标其有效性指标变化较大。一般稀有性指标比多样性指标和面积百分比稍好一些。但总体上计分法的有效性相当低。计分法没有考虑单元的特殊属性,在一些优先单元清单中某些属性会失去,代表性低。计分法中各单元的物种互补性较差,往往需要选取更多的单元才能达到网络设计目标。

迭代法也称启动式算法。它是逐步进行的,每一步往备选地点集添加的单元最大程度地补充备选地点集中单元的属性,即每次添加的单元对整个保护区网络的代表性贡献最大。迭代法的运算步骤与计分法相似。首先要确定自然保护区网络设计的目标,如以最少的单元数或总面积使所有物种至少出现一次;然后把研究区域分成若干单元,制定筛选单元的算法,如对湿地类自然保护区网络选择问题,可以设定保护目标为"以最少的湿地数使所有物种至少出现一次。"其迭代算法由下面一组规则组成:第一,选择所有物种只出现一次的湿地;第二,从未包括的最稀有物种开始(即数据矩阵中频率最低的物种),在有该物种出现的湿地数中选择未包括物种最多的湿地;第三,如果有两个以上的湿地其未包含物种数相同,选择拥有最低频率生物类群的湿地;第四,如果两个以上的湿地有相同数量的稀有种,选择第一个遇到的湿地。迭代法的规则集可以根据实际情况和保护要求做适当的修改。同样,也可以根据保护区的保护对象和管理目标确定代表性指标。不同算法(规则集)和不同代表性指标对网络设计的有效性影响较大。迭代法对初始条件非常敏感。如果有认同的具有很高保护价值的单元最初被选中,备选的空间格局可能会不同。如果一些单元已作为保护区,它将对网络的有效性产生影响。迭代法有效性受到降低的程度取决于这些单元中包含的属性。如果预先选取的单元多样性低,则网络的有效性会降低,当预先选取更多的这种单元时效率降得更多。此外,迭代法的一个明显缺点是其规则是有依赖的,在选择具有相同资格条件单元时,可制定更多的规则,使依赖的风险最小。

整数规划法也是此方面具有重要应用的方法。自然保护区网络的选择问题实际上可以表示为:以最少的保护区数包含所有的属性,或在给定的保护区数内使包含的属性数最大。这实际上是运筹学讨论的问题。第一个问题是集覆盖问题,第二个是最大覆盖问题。整数规划的一个优点是,如果解是存在的,它是满足约束条件的最优解,不受规划先后次序的影响。

尽管网络选择算法中的三种算法均在保护区网络规划的实践中得到应用,如计分法曾在澳大利亚保护区网络设计中应用(Pressey 和 Nicholls 1989);迭代法应用于新南威尔士南部 Eden 地区的保护区系统规划(Bedward et al.,1992);而整数规划则在挪威 60 个落叶林地的保护区规划(Saetersdal et al., 1993)和美国加利福尼亚西南部保护区网络的设计中(Church et al.,1996)得到应用。但是,网络选择算法存在着较大的局限性。计分法和迭代法所得结果均非最优解,而且对初始条件敏感、互补性差,有冗余;而整数规划法虽然是最优解,但存在着计算量可能很大,有时会无解,而且不能指明各备选地点的重要性等缺点。

6.4.5 自然保护区的评价标准

自然保护区的评价能为选择适宜的地点和确定保护区的类型和级别提供依据,能深刻认识和了解保护的重要作用与价值,为科学合理地进行保护区建设规划和管理提供依据。

6.4.5.1 生态评价

生态学是自然保护的基础,生态评价就是用生态学从不同的层次上进行的质量评价,包括种群、群落、生态系统及整个保护区等不同层次。内容既包括对自然的评价,也涉及人类活动影响的评价。生态评价包括生态系统脆弱性评价、生态系统健康评价、生态系统服务价值评估(张洪军,2007)。科学的生态系统健康评价是复合生态系统管理与调控的依据。根据生态系统所处的健康水平选择合适的生态保育对策,确定生态恢复、生态建设与生态调控区域。规划人员在对复合生态系统的生产力、生态系统的服务、生态系统的稳定性进行综合评价的基础上,针对复合生态系统生长机制与驱动力,诱导和调控各子系统及其组分的协调发展。在明确生态功能、生态资产及主要的生态问题的基础上,建立科学的评价指标体系、评价方法及适合的生态评价与预测模型,并提出相应的生态工程对策,科学合理地进行生态系统的管理(张洪军,2007)。

生态评价包括评价和预测两个过程,以及五个方面的内容(刘康和李团胜,2004)。系统辨识强调通过建立指标体系进行评价、辨识,目的是找出目标系统的差异,找出利导因子和限制因子,以及存在的反馈关系与调控途径,为决策者提供利用机会、避免风险、调整结构、改善功能的较为直观的决策依据。行为模拟强调利用数学模型进行模拟,根据模拟的结果评判所采取措施的好坏以及对外部干扰反映的强弱,常用系统动力学模型、灵敏度模型等进行。趋势性预测指对系统有关的单因子发展趋势进行预测,如人口增长、粮食生产、工业产值等,可采取多种模型。例如,趋势外推法、投入/产出分析、回归预测、类推灰色预测等。对策性预测指人为控制某些因素,分析其改变对系统状态变化趋势的影响。它属于强迫性的,用于检验分析对策可能带来的结果。管理的可操作性预测指生态规划的最终目的是让规划对象能够实现可持续发展,在生态环境建设与区域生态产业空间布局上协调发展。因此,要求生态评价的结果十分严格,可以说,评价的结果对复合生态系统的规划与调控起到至关重要的作用(张洪军,2007)。

生态评价具有诸多尺度,首先考虑的是物种层面的评价,同时还必须考虑群落及系统等层面的问题。保护物种,就必须保护好其赖以生存的群落和生境。对群落的生态评价要考虑从其物种组成的多样性,环境特点,群落的发展动态空间分布,在区域环境中的作用和地位,人类活动对其影响的性质、强度、方式、发展和退化趋势,以及区或群落组合的多样性、典型性、特有性等方面选取指标进行评价。而生态系统尺度上的生态评价更多地是一种综合性的评价,反映了保护区的整体生态学特征,对评价和判断是否适合建立保护区具有重要的参考和指导意义。在评价中,通常选择典型性、自然性、多样性、稀有性、敏感性、生态功能、保护区面积、保护价值、保护条件等标准,主要评价保护地理位置是否适合,交通方便程度以及是否有过经营开发等。

物种是生物分类最基本的现实存在单位,而种群是物种在自然界生存的基本形式,在了解一个区域有什么物种,编制了详细的物种名录基础上,就要把握该层次评价的主要内容,如种群数量的动态,空间分布范围和特点,生态学和生物学的特性,维持生存和繁殖的面积,对人类活动的敏感性,其在整个生态系统中的作用和地位,有何经济的或科学文化的价值等。最终就是评价其受威胁的情况,属于什么等级,需采取什么保护措施。

(1)物种濒危程度评价 物种受威胁的情况可以从个体生态、种群生态特点、群落生态、人为活动影响等方面进行评价。一般选用物种的分布频度、价值、利用程度、保护状况、生境安全状况、遗传价值损失等指标。

①物种分布频度 根据物种在国内、省内、地市、保护区内分布的频度进行评价,并分别赋值。

②物种分布的多度 根据保护区的调查资料,评价种群数量,对不同的生物根据其生物学和生态学特征来确定其种群数量的评价级别和赋值。

③价值评价 主要从其药用价值、观赏价值、食用价值、原材料价值等方面评价。其中,药用价值对其影响最大,也是导致物种濒危的主要原因,可单独进行评价。

④消耗强度 指对物种开发利用或其他因素引起的数量减少程度。可根据长期定位观测或不同时期资源调查资料进行评价。

⑤保护状况 按物种是否受保护及是否存在严重破坏情况来评价。

⑥生境安全 按物种栖息地与人类活动范围的距离来评价。如距居民区、交通道路、放牧点、旅游线路、采挖区较近,则生境安全受影响就大。

⑦遗传价值损失 指物种受威胁而消失后对生物多样性可能产生的遗传基因损失情况,是物种潜在的遗传价值的评价。选用种型情况、古老残遗情况、种质资源和遗传育种价值等分指标进行评价。

根据以上价结果,对物种的濒危系数和遗传损失系数赋不同的权重,即可得到物种的急切保护值,并参照《国际濒危物种等级新标准》,划分物种的濒危程度。一般分为消失种、极危种、濒危种、渐危种、敏感种、安全种、未评估种等七个等级。

(2)物种保护级别确定 由于物种的濒危系数和遗传价值并不完全是线性相关的,在确定物种的保护等级时必须综合考虑其在保护区内的分布数量、濒危系数、遗传价值和急切保护值来确定保护等级。

保护区的生态评价是一个综合评价过程,各项评价标准并不是孤立的,而 是相互交叉和相互影响的。同时,不同类型的保护区目的和要求不同,对有些指标要求高,而有些指标要求相对弱。因此,应将综合评价与单因子评价结合起来,并根据要求给不同因子赋予不同的权重。在进行综合评价时,如评价对象是有特殊目的的专门保护区,要求突出某些指标,则适宜采用加权求和法;如评价的是综合性保护区,要求各方面指标都应具备,则适宜采用加权乘积法。

6.4.5.2 经济评价

任何资源都是有价值的,包括直接价值和间接价值。建立保护区是一项社会性公益事业,虽然它也有一部分直接的经济价值,但其数量很小,受益面也较为有限。保护区的价值更多的是体现在间接价值方面，为了得到决策者的重视和承认，以及广大公众的支持，有必要遵循生态经济学、资源经济学及环境经济学的原理，对保护区进行经济学的评价。

一、保护区生态价值的分类

保护区的经济评价是对各种自然资源的计价过程，实质就是反映不同生态系统的服务功能价值。生态系统服务功能价值可做如下划分。

(1)直接价值　指生态系统服务功能中可直接计量的价值，是生态系统生产的生物资源的价值，如粮食、蔬菜、果品、饲料、鱼类以及薪材、木材、药材、野味、动物毛皮、食用菌等，这些产品可在市场上交易并在国家收入账户中得到反映，但也有相当多的产品被直接消费而未进行市场交易。除上述实物直接价值外，还有部分非实物直接价值如生态旅游、动植物园观赏、科学研究对象等。

(2)间接价值　指生态系统给人类提供的生命支持系统的价值。这种价值通常远高于其直接生产的产品资源价值，它们是作为一种生命支持系统而存在的，例如 CO_2 固定和释放 O_2、水土保持、涵养水源、气候调节、净化环境、生物多样性维护、营养物质循环、污染物的吸收与降解、生物传粉等。

(3)选择价值　指个人和社会为了将来能利用生态系统服务功能的支付意愿。选择价值的支付愿望可分为自己将来利用，为自己子孙后代将来利用(遗产价值)以及为别人将来利用(替代消费)等情况。

(4)遗产价值　指当代人将某种自然物品或服务保留给子孙后代而自愿支付的费用或价格。遗产价值还可以体现在当代人为他们的后代将来能受益于某种自然物品和服务的存在的知识而自愿支付的保(维)护费用。遗产价值可以归为选择价值的范畴，也可归属存在价值范畴。

(5)存在价值　是指人们为确保生态系统服务功能的继续存在而自愿支付的费用。存在价值是物种、生境等本身具有一种经济价值，是与人类的开发利用并无直接关系但与人类对其存在观念和关注相关的经济价值。对存在价值的估价常常不能用市场评估方法，只能应用一些非市场的方法(如支付意愿)，尤其是伦理学、心理感知、认识论及哲学等方法。

根据前面对价值构成系统的分析可以看到，生态系统服务功能的总价值是其各类价值的总和，即：

$$总价值＝使用价值＋非使用价值$$

其中，使用价值包括直接使用价值、间接使用价值和选择价值；非使用价值包括遗产价值和存在价值。

二、保护区经济评价的内容与方法

(1)保护区经济评价的内容　不同的保护区具有不同的生态系统组成与结构

特点,功能和作用也不相同,因而其经济评价的内容也有差别。Costanza 等将全球生态系统的功能划分为 17 类,并对其进行了价值的评估。在进行保护区经济评价时,可根据实际情况和目的要求,参照表 6.1 来选择评价的内容。

表 6.1 全球生态系统的功能(引自胥彦玲,2003,有修改)

序号	生态系统服务	生态系统功能	举例
1	气体调节	大气化学成分调节	CO_2/O_2 平衡、O_3 防护 UV-B 和 SO_2 水平
2	气候调节	全球温度、降水及其他气候过程的生物调节作用	温室气体调节以及影响云形成的 DMS 生成
3	干扰调节	对环境波动的生态系统容纳、延迟和整合能力	防止风暴、控制洪水、干旱恢复及其他植被控制生境对环境变化的反应能力
4	水调节	调节水文循环过程	农业、工业和交通的水分供给
5	水供给	水分的保持与储存	集水区、水库和含水层的水分供给
6	控制侵蚀和保持沉积物	生态系统内的土壤保持	风、径流和其他运移过程的土壤侵蚀和在湖泊、湿地的累积
7	土壤形成	成土过程	岩石风化和有机物质的积累
8	养分循环	养分获取、形成、内部循环和存储	固 N 和 N、P、K 等元素的养分循环
9	废物处理	流失养分的恢复和过剩养分、有毒物质的转移和分解	废物处理、污染控制和毒物降解
10	传粉	植物配子的移动	植物种群繁殖授粉者的提高
11	生物控制	对种群的营养级动态调节	关键捕食者对猎物种类的控制、顶级捕食者对食草动物的削减
12	庇护	为定居和临时种群提供栖息地	迁徙种的繁育和栖息地、本地种的栖息地或越冬场所
13	食物生产	总初级生产力中可提取的食物	鱼、猎物、作物、果实的捕获与采集,给养的农业和渔业生产
14	原材料	总初级生产力中可提取的原材料	木材、燃料和饲料的生产
15	遗传资源	特有的生物材料和产品来源	药物、抵抗植物病原和作物害虫的基因、装饰物种(宠物和园艺品种)
16	休闲	提供休闲娱乐	生态旅游、体育、钓鱼等户外休闲娱乐
17	文化	提供非商业用途	生态美学、艺术、教育、精神或科学价值

(2)经济评价方法

①市场价值法　其基本原理是将生态系统作为生产中的一个要素,生态系统的变化将导致生产率和生产成本的变化,进而影响价格和产出水平的变化,或者将导致产量或预期收益的损失(李金昌等,1999)因此,通过这种变化可以求出生态系统的价值。市场价值法适合于没有费用支出的、但有市场价格的生态系统产品和服务的价值评估,例如,没有市场交换而在当地直接消耗的林产品、森林中自然生长的野生动植物等,这些自然产品虽没有市场交换,但它们有市场价格,可以按市场价格来确定它们的经济价值。

②机会成本法　常用来衡量决策的后果。所谓机会成本,就是做出某一决策而不做出另一种决策时所放弃的利益(毛文永,1998)。任何一种自然资源的使用,都存在许多相互排斥的备选方案,为了做出最有效的选择,必须找出社会效益最大的方案。资源是有限的,且具有多种用途,选择了一种方案就意味着放弃了使用其他方案的机会,也就失去了获得相应效益的机会,把其他方案中最大经济效益,称为该资源选择方案的机会成本。机会成本法是费用—效益分析法的重要组成部分。它常被用于某些资源应用的社会净效益不能直接估算的场合,是一种非常实用的技术。它简单易懂,能为决策者和公众提供宝贵的、有价值的信息。由于生态系统服务功能的部分价值难以直接评估,因此,可利用机会成本法通过计算生态系统用于消费时的机会成本,来评估生态系统服务功能的价值,以便为决策者提供科学依据,更加合理地使用生态资源。

③替代成本法　人们常用市场价格来表达商品的经济价值,但生态系统给人类提供的产品或服务属于"环境商品"或"公共商品",没有市场交换和市场价格。经济学家用替代市场技术,先寻找"环境商品"的替代市场,再以市场上与其相同的产品价格来估算该"环境商品"的价值,这种相同产品的价格被称为"环境商品"的"影子价格"(欧阳志云,1997)。例如,评价森林提供氧气的经济价值时,先计算出森林每年提供氧气的总量并假设这些氧气可用于市场交换,再以氧气的市场价格作为"影子价格",计算出森林提供氧气的经济价值。又如,评价生态系统营养循环的经济价值时,先估算生态系统营养物质的量,再以各营养元素的市场价值作为"影子价格",计算出生态系统营养物质循环的价值。

④影子工程法　主要思路及方法是在生态系统遭受破坏后人工建造一个工程来代替原来的生态系统服务功能,用建造新工程的费用来估计环境污染或生态破坏所造成的经济损失的一种方法。当生态系统服务功能的价值难以直接估算时,可借助于能够提供类似功能的替代工程或影子工程的费用,来替代该环境的生态价值。如森林具有涵养水源的功能,这种生态系统服务功能很难直接进行价值量化。于是,可以寻找一个影子工程,如修建一座能储存与森林涵养水源量同样水量

的水库,则修建此水库的费用就是该森林涵养水源生态服务功能的价值。

⑤费用分析法 生态环境的变化最终会影响到费用的改变。这里所说的费用,一般是指环境保护费用。主要原因是,人类为了更好地生存,对生态环境的恶化不会不闻不问,而且还要采取必要的措施进行保护。而这些实际行动,都要花费一定的费用。所以,可以通过计算这些费用的变化,来间接地推测生态环境的价值。根据实际费用情况的不同,可以将费用分析法分为防护费用法及恢复费用法两类。

⑥人力资本法 它是通过市场价格和工资多少来确定个人对社会的潜在贡献,并以此来估算生态环境变化对人体健康影响的损益的。一个健康的人在正常情况下,参与社会生产、创造物质或精神财富,在对社会做出贡献的同时,他本人也获得一定的报酬。由于生态环境的破坏,他过早地死亡或者丧失劳动能力,那么他对社会的贡献就减少到零,甚至是负贡献。从社会角度来看,这就是一种损失。这种损失,通常可以用个人的劳动价值来等价估算。个人的劳动价值是每个人未来的工资收入(考虑年龄、性别、教育等因素)经贴现折算为现在的价值。

⑦旅行费用法 起源于如何评价消费者从其所利用的环境中得到的效益(李金昌等,1999;Chavas and Jean-Paul et al.,1989)。它是通过往返交通费和门票费、餐饮费、住宿费、设施运作费、摄影费、购买纪念品和土特产的费用、购买或租借设备费,以及停车费和电话费等旅行费用资料确定某环境服务的消费者剩余,并以此来估算该项环境服务的价值。环境服务同一般的商品不同,它没有明确的价格。消费者在进行环境服务消费时,往往是不需要花钱的,或者只支付少量的入场费,而仅凭入场费很难反映出环境服务的价值。后来,有些研究者发现,尽管环境服务接近于免费供应,但是在进行消费时仍然要付出代价。这主要表现在消费环境服务时,要花往返交通费、时间费用及其他有关费用。因此,可以通过综合考虑这些费用的方法,来确立环境服务的价值。

⑧支付意愿调查评估法 它是通过对消费者直接调查,了解消费者的支付意愿,或者他们对商品或服务数量选择的愿望来评价生态服务功能的价值(李金昌等,1999)。它的核心是直接调查咨询人们对生态系统服务的支付意愿,并以支付意愿和净支付意愿来体现生态系统服务的经济价值。

第 7 章　基于景观生态理念的生态规划

7.1　景观生态格局与生态规划

7.1.1　景观生态功能区划

景观生态学是一个庞大的学科体系,景观规划与管理作为景观生态学的一个应用分支,与景观生态学其他的研究领域,如景观异质性、景观功能、景观生态学研究方法、景观尺度、景观过程、景观结构等,都有着不可分割的联系。景观异质性决定着景观结构和功能,景观功能和结构是进行景观规划与管理的基础,也是其重要的指导原则,景观生态学研究方法为景观规划和管理提供了技术支持和方法保障。科学技术的快速发展,促进了一系列新概念和新理论、空间格局分析方法、动态模拟和景观生态学应用领域的发展,也为景观规划与管理提供了重要的理论支撑与方法指导。与此同时,人们对景观生态学的研究和认识也在不断深化。目前,景观异质性、景观功能及景观规划与管理在其理论研究,方法研究和实践应用方面都取得了显著的进展。在实践过程中,景观异质性如何影响景观结构和功能,如何将景观功能运用于景观规划与景观管理,有何新的手段和技术可以促进对景观规划与管理的研究等,均是目前景观规划与管理及其相关领域关注的重要问题。进一步凝练景观规划与管理、景观异质性、景观功能等领域的中外研究进展,并分析其相互作用关系,对景观规划与管理甚至景观生态学的发展都具有重要的理论价值和现实意义。

景观生态功能区划作为生态系统空间异质性的直观反映,往往是区域生态规划和可持续发展规划的前提和基础,并为资源利用、管理提供依据(Bastian Olaf,2000)。景观生态功能区划的意义在于通过对区域空间环境的合理组织,营造一个符合生态良性循环、与外部空间有机联系、内部布局合理、景观和谐的区域生态系统,以促进区域的可持续发展(肖笃宁等,2003)。在景观生态区划时要遵循生态原则、社会原则和美学原则,近年来,中国学者从不同的角度提出生态功能区划的理论和方法,并在各种区域进行了实证研究,表明生态功能区划在理论和实践上具有重要意义(刘存丽,2009)。

　　生态功能区划是基于对生态系统受胁迫过程与效应、生态系统敏感性和服务功能重要性评价的前提下形成的地域分区，为实现区域社会经济与生态环境的可持续协调发展提供了基础，为实施生态保护与生态建设的分区管理提供了依据。

　　景观格局、过程、尺度以及他们间的相互作用是景观生态学研究的核心内容，也自然成为景观规划必须考虑的重要内容。围绕景观格局、过程和尺度等问题，中外有一系列的新进展，不同程度地丰富了景观生态学的理论体系。事实上，从景观格局分析和格局优化等方面阐述景观格局的发展，强调过程研究中干扰、"源"、"汇"理论等的重要性，探讨尺度分析、选择和推绎的意义与作用，具有重要的理论价值。同时，凝练出景观格局、过程及尺度之间的内在联系，并对景观生态格局、过程及尺度研究热点及未来发展趋势进行分析，成为景观规划及景观管理的重要理论及技术支撑。

　　景观生态学强调空间格局、生态学过程、时空尺度以及他们之间的相互作用（邬建国，2000）。其中，空间格局广义地包括景观组成单元的类型、数目以及空间分布与配置。它既是景观异质性的体现，又是各种生态过程在不同尺度上作用的最终结果。与格局不同，过程强调的是事件或现象的发生、发展的动态特征。景观生态学常说的过程是生态学过程，是景观中生态系统内部和不同生态系统之间物质、能量、信息的流动和迁移转化过程的总称，包括自然与人文两个方面。尺度作为景观特征的衡量标准，指的是研究某一现象或过程时所采用的空间或时间单位，又可指其在空间和时间上所涉及的范围和发生的频率（邬建国，2000）。格局、过程及尺度相互联系，相互制约，尤其是格局与过程的关系以及他们对尺度的依赖性已经成为景观生态学研究的重点之一。

　　3S技术以及相应计算机模型等方法的兴起与发展，使得景观格局、过程以及尺度问题的研究得以进一步深入。中外对格局的研究主要集中在对景观格局的分析和量化，应用格局指数以及空间统计学等方法不断加深对景观格局的把握（宇振荣，2008）。通过对景观格局以及格局变化的分析，对格局进行一定的优化，则可以为生态规划设计提供一定的基础（韩文权等，2005）。过程的研究比较复杂而且涉及的内容十分广泛，近年来，干扰、生态水文过程（胡巍巍和王根绪，2007）等都已经成为其研究的热点。任何格局与过程的研究都包括了时间和空间尺度，而且格局与过程的相互联系也具有强烈的尺度依赖，因此，尺度问题已成为现代生态学、地理学及可持续发展等领域研究的核心之一。

　　目前，景观格局、过程及尺度的研究主要关注受人类干扰的和以人为主导的景观，以景观格局与生态过程的多尺度、多维度耦合研究为核心，区域综合与区内分异并重（傅伯杰等，2008）。与此同时，景观格局、过程和尺度等方面取得了诸多新进展，并与生态规划具有密切的联系。

7.1.2　生态规划中的格局问题

景观格局的研究是景观生态学研究的核心内容和热点问题之一,它包括景观组成单元的多样性和空间配置(邬建国,2000),空间斑块性是景观格局最普遍的形式。格局分析是景观生态学的基础研究内容。通过描述这些单元的组合结构特征,可对景观镶嵌格局进行分析和量化,进而与生态过程相联系,研究格局与过程的相互作用、相互影响及其机理(冷文芳等,2004)。

7.1.2.1　景观格局及其变化特征

由于景观具有异质性和等级性,因此,在研究景观格局及其动态变化前建立景观分类系统是有必要的,景观分类是景观格局分析的基础(冷文芳等,2004)。

在一定的空间尺度上,每一个景观类型是相对均质的,其内部组成和结构具有相对一致性。在景观分类过程中通常将具有显著异质性的部分确定为不同的景观或景观要素类型,而将相对均质的部分确定为相同的景观或景观要素(葛方龙等,2008)。但是随着尺度的变化,这些相对均质的部分可能会变为异质,所以在进行分类时需要选择合适的尺度。

研究景观格局是研究景观过程和尺度等问题的基础。利用格局指数和空间统计等方法可以计算出相应的格局指数及其他参数,如利用二维渗透网络模拟景观格局,可以研究火、病虫害和物种的传播,斑块的聚集性和空间结构(汪永华,2005)。当时空尺度发生改变时,景观格局以及格局的变化可能也会发生相应的变化。通过多尺度的景观格局以及尺度效应分析,可以获知空间格局、异质性和斑块性等对尺度有着强烈的依赖性。

景观格局变化分析则是以土地利用图、航片、高分辨率卫星影像为基本数据源,在地理信息系统和遥感软件的支持下,利用景观指数、空间统计学及景观动态模型进行研究(全泉等,2009;薛晓坡等,2009)。已有学者对马尔可夫转移矩阵和细胞自动机模型等几种模型在景观动态变化上的应用进行了比较,为以后的研究提供了一定的基础(Monica,1987)。其他的一些方法如多变量统计法、系统动力学方法以及借鉴土地利用/覆盖变化的一些数学模型在景观格局动态变化中也有应用(林皆敏,2007)。

7.1.2.2　景观格局及其优化分析

景观格局优化是在对景观格局、功能和过程综合理解的基础上,通过建立优化目标和标准,对各种景观类型在空间和数量上进行优化设计,使其产生最大景观生态效益和实现生态安全。景观格局优化研究需要建立在对不同景观类型、景观的空间格局与景观过程以及功能之间关系深入理解的基础上(韩文权等,2005)。通过案例分析发现,多种研究手段的结合,定量化研究和景观格局优化评价标准将是格局优化实现的研究方向。但景观格局优化的理论和方法的研究仍然是景观生态学研究的难点(刘艳红和郭晋平,2007)。

景观格局优化的理念及途径,正是生态规划中不断使用及强调的重要过程;在规划设计的不同阶段,特别是针对生态规划功能定位,应结合地理信息系统等相关技术的情景模拟手段,规划多种景观结构的方案,通过多目标的考量,选择优化方案。

7.1.3 景观过程与生态规划

了解景观过程是科学开展生态规划的重要环节。景观过程具有诸多特点,不同程度地影响着生态规划的开展。

景观过程具体表现多种多样,包括植物的生理生态、群落演替、动物种群和群落动态以及土壤质量演变和干扰等在特定景观中构成的物理、化学和生物过程以及人类活动对这些过程的影响(吕一河等,2007)。过程研究的基础是生态系统中各种要素结构的研究,如地貌特征对景观生态系统的自组织过程和结构格局有一定的控制作用(王仰麟,1997)。在生态系统结构和过程变化的动态描述中常以Odum(1996)的生态系统演变规则为理论框架,在此框架下生态系统应向热力学稳定态演化。但生态系统很少达到稳定态,也不一定呈现向稳定态演替的趋势(傅伯杰等,2006)。

景观格局对各种生物过程或非生物过程有直接或间接的影响(汪永华,2005),可以通过研究格局来理解生态学过程,景观指数法、空间统计方法以及景观格局模型方法等在反演生态过程研究方面具有重要潜力。但是,格局与过程的对应多为一种格局对应于多种过程现象,而且,格局指数描述的只是空间非连续性变量,在解释生态过程方面还存在一定的缺陷(胡巍巍等,2008);在许多情况下,特定的景观空间格局并不必然与某些特定的生态过程相关联,即便相关也未必是双向的互作,因此,建立格局—过程的关系比较复杂。而且,由于景观格局和生态过程均随着尺度的变化而变化,使得过程研究以及景观格局与生态过程关系的定量描述也更加复杂与困难。

黄秉维先生在20世纪50—60年代就提出了综合研究地表物理过程、化学过程与生物过程的学术思想(黄秉维,1960)。过程集成强调地球表层系统各个过程之间的相互关联,注重自然过程与人文过程的耦合研究,强调人类活动影响下过程的综合研究,突出自然地理过程与生态过程的耦合研究等。在过程集成中,基于过程模型的模拟与预测研究是过程集成方法研究的重要内容。早期的研究中,往往关注单一过程的研究,而对两两过程或多种过程的综合研究不够。然而,多种过程的耦合作用机理往往是识别系统动态演变的关键所在(傅伯杰等,2006)。

在景观过程方面,干扰可以看成一种基本过程,这一过程可以影响到许多其他过程,如物种运动、水分循环,从而引起景观格局等发生变化,并影响到人们对生态规划的定位。干扰对格局的影响不仅仅表现在干扰导致的景观格局的差异,还表现在干扰导致的物理环境变化与残留物质的不同,这些因素均会对后来的景观演变和新形成景观的类型和格局产生影响。景观格局也可以反作用于干扰过程,影响其传播等过程。

自然干扰与人类活动对景观变化的影响仍然是景观生态学研究的热点,其中以物种和种群的时空分析研究为多(肖笃宁,1999)。大多数学者认为,景观动态变化是自然因素和人为活动双重作用的结果。如今,人们把更多的注意力放在人为干扰对景观动态变化的影响研究方面(曾辉,2009)。人为干扰作用是景观动态变化的主要驱动因素,经济发展过程中任何较大的政策性改变均对景观动态变化过程形成影响显著(傅伯杰等,2002;Kurt *et al.*,2002)。

景观生态过程的具体体现就是各种形式的生态流,包括空气流和水流等,其应用主要体现在生态水文过程的研究中。该过程是生态规划中必须考虑的重要方面。中外已从水系统与水过程等方面对生态水文过程开展了大量研究。流域是水文响应的基本单元,也是水文水资源研究的基本单元,因而成为生态水文过程研究最理想的空间尺度,也是景观生态学研究的理想空间尺度(王根绪等,2001)。流域中的水文情势变化主要是土地利用的结果,土地利用及其管理的表现形式,通过加强或抑制土壤渗透过程,减少或增加河流流量产生过程,从而对流域水文情势产生重要影响(刘红玉和李兆富,2005)。流域生态格局—过程变化对水质的影响主要是从非点源污染的角度加以研究,分析一定景观格局下非点源污染物负荷量的变化,而尚未考虑对流域的生态水文过程特别是流域的生态过程的影响(严登华等,2005)。

7.1.4　景观尺度与生态规划

尺度是生态规划的重要基础,不同尺度上的生态规划与相应尺度上的要素选择、尺度分析、功能定位及方案优化等过程相联系。

景观生态学对象及内容的研究都是在一定的尺度上进行的,可以分为空间尺度和时间尺度。大多数生态学理论是基于单个生境中小尺度上发展起来的,目前研究的问题具有大尺度的性质,中小尺度上的研究成果并不能满足大规模综合治理与开发的需求。所以尺度问题已成为现代生态学研究的需求。尺度的研究主要是尺度分析、选择以及尺度推绎三个方面。

空间数据因聚合而改变其粒度或栅格像元大小时，分析结果也随之改变的现象被称为尺度效应（邬建国，2000）。由于格局与过程的相互联系具有强烈的尺度依赖性，任何格局与过程随着幅度和粒度的变化均有可能产生尺度效应。尺度效应来自于系统科学的等级理论，它是客观存在的，对系统结构和功能关系的限度效应（Monica，2005）。多尺度景观格局及过程研究是尺度效应分析的基础，它在研究生物类群的景观格局中有着重要的意义（张景华等，2008）。目前有关空间格局分析及尺度效应的研究多集中在探讨河流、森林与城市生态系统中景观格局指数的变化方面。景观指数随着幅度的变化而变化，其中存在着"临界阈"现象（申卫军等，2003）。不同指数的幅度效应不同，可以将景观指数因幅度变化行为可预测性把它们分为两类（杨丽等，2007）。根据景观指数随粒度增加表现出的不同趋势可以将其分为不同类型（赵文武等，2003），而且，随着比例尺的不同，景观指数的粒度效应也会有所变化（Liu and Weng，2009）。

由于景观结构和功能等均具有尺度效应，在理论上，需要把研究问题与生物、非生物与自然和人类干扰的最佳尺度相关联起来，但是尺度选择却经常按照认识和感知能力或技术、常规逻辑的限制来选择。不同景观格局的多尺度效应分析，为选择一定的研究尺度、不同遥感分辨率信息以及持续时间提供了依据（鲁学军等，2004）。从目前中外有关地理空间等级体系的研究现状来看，已经确立或建立了一些相互之间具有可比性的等级体系，其中有些等级序列能够反映地球表层在不同尺度上的空间结构组成以及它们之间的相互转换关系，以其为基础开展地理空间研究有利于发现不同生态现象的内在成因及其发生机理（Cédric Gaucherel，2007）。

由于研究尺度范围内的景观一般具有异质性，尺度反演具有一定的局限性。为了减少尺度反演的误差，有学者建议使用多尺度、异质的地图来推绎景观现象（朱明栋，2007）。中国对尺度反演的研究取得了诸多新进展，以农业生态系统为例，结合利用现有的尺度反演方法，尝试评价不同尺度间的相互影响及相互作用，对丰富尺度反演理论的研究起了很大的作用（张艳芳和任志远，2005）。在区域生态安全研究中，对尺度反演也有一定的探讨，但其主要侧重于区域尺度和景观尺度的相互转化（张弥等，2006）。另外，各国生态学家还利用尺度扩展的方法从单叶片尺度对植被冠层的生理生态过程进行模拟研究（陈利顶等，2006）。由于缺乏空间过程观测数据，而无法深入研究景观格局与生态过程的关系。目前更多的是利用小区的观测结果来推断大中尺度上景观格局对生态过程的影响。然而许多研究表明，小尺度上建立的模型往往不适合大中尺度上的模拟研究（傅伯杰等,2003;陈利顶等,2003)。

选择合适的尺度,通过合理的过程开展生态规划是决定最终结果合理性与科学性的重要基础。

7.1.5 格局及尺度的内在联系

景观格局与生态过程存在着紧密联系,这是景观生态学的基本前提,他们之间的关系是景观生态学中的重要范式。景观格局是景观区域内若干生物过程和非生物过程长期综合作用的产物,对各种生物过程或非生物过程有直接或间接的影响。任何过程的研究都包括了时间和空间尺度,景观格局就是生态过程在不同尺度上作用的结果,尺度对格局和过程的研究有着强烈的影响。格局和过程二者相互作用而表现出一定的景观生态功能,这种相互作用也受到尺度的制约。格局、过程及尺度的内在联系如图 7.1 所示。

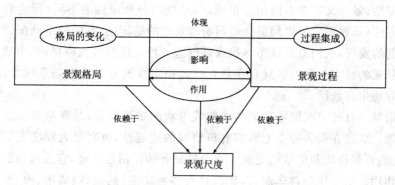

图 7.1 景观格局、过程与尺度的内在联系

然而,由于景观格局和生态过程的对应关系复杂,在许多情况下特定的景观空间格局并不必然与某些特定的生态过程相关联,即便相关也未必是双向的相互作用。另外,格局过程的关系可能随着尺度的变化而变化,加上生态过程监测数据无法直接获得,导致很难定量描述景观格局与生态过程的关系。因此,正确理解景观格局与生态过程的关系以及他们对尺度的依赖性是进一步深化景观生态学研究的关键。

认识格局、过程及尺度之间的内在联系,对于制定科学可行的生态规划具有不可替代的意义。

7.2 景观生态规划与生物多样性保护

　　景观生态规划是应用景观生态学原理及其他相关学科的知识,通过研究景观格局与生态过程,以及人类活动与景观的相互作用,在景观生态分析、综合及评价的基础上,提出景观最优利用方案和对策及建议。它注重景观的资源和环境特性,强调人是景观的一部分,及人类干扰对景观的作用(傅伯杰等,2001)。景观生态规划思想是在风景园林学、地理学和生态学等学科基础上孕育、发展起来的,和土地规划、资源环境管理、自然保护及旅游发展等实践活动密切联系,并深深扎根于景观生态学,属于景观生态学的应用。鉴于生物多样性的日益丧失,各国的景观生态学家结合本国的实际情况,纷纷提出了一系列生物多样性保护的景观规划途径。

　　由于受到人类活动的不断干扰和系统内部自身的进化与演替,景观无时无刻不在发生着变化。绝对的稳定是不存在的,景观稳定性只是相对于一定时段和空间的稳定性;景观又是由不同组分组成的,这些组分稳定性的不同,影响着景观整体的稳定性;景观要素的空间组合也影响着景观的稳定性,不同的空间配置影响着景观功能的发挥,人们总是试图寻找或是创造一种最优的景观格局,从中获益最大并保证景观的稳定和发展。只有在具有一定稳定性的景观或生态系统中,生物才可能良好地生存繁衍。

　　廊道是具有通道或屏障功能的线状或带状的景观要素,是联系斑块的重要桥梁和纽带。廊道在很大程度上影响着斑块间的连通性,也在很大程度上影响着斑块间物种、营养物质和能量的交流。廊道最显著的作用是运输,它还可以起到屏障与保护作用。对于生物群体而言,廊道具有多种功能:通道、隔离带、源、汇和栖息地(Forman and Gordon,1986)。廊道在生物多样性保护中具有重要作用,最常见的廊道如绿色廊道(即具有植被覆盖的廊道,如树篱、林荫道等),往往具有大尺度的动物迁移通道、休闲娱乐和环境保护管理等作用。绿色廊道途径主要基于景观中连续的线性特征,对关键性环境的功能,如物种分布和水文过程等的促进作用。绿色廊道的一个重要的特性,是它本质上是一个多功能的廊道,包括生态功能、娱乐功能、视觉欣赏功能、景观通道功能和污染缓冲功能等。这些功能对生物多样性的保护和景观效果的维持是非常重要的。绿色廊道的设计和应用可以调节景观结构,使之有利于物种在斑块间及斑块与基质间的流动,从而实现对生物多样性有效保护的目的。

　　上述景观生态规划途径,从不同的角度提出了生物多样性保护的规划方法,在实际应用中,每一途径都具有一定的优点和不足(表7.1)。因此,在进行生物多样性保护规划时,应当扬长避短,从而创造出一种更加完善的生物多样性保护方法,用以指导我们的实践工作。

表 7.1 三种生物多样性保护的景观生态规划的优缺点比较(引自傅伯杰等,2001,有修改)

途径	特征	构建地	优点	缺点
景观稳定性途径	基于景观的空间,通过确定和改善生态网络内的缺陷从而创造植被与自然状态(景观稳定性)之间的协调关系。	东欧,主要是捷克和斯洛伐克	可以在不同尺度上起作用,制定"嵌套性"的实施计划,从而构建功能完善的生态网络。	需要大量的数据。将生态目标放在首要地位,而将社会与经济目标放在次要的位置。
焦点物种途径(新景观的创造)	基于自然恢复的概念,为保护生物、农业、娱乐、环境等制定综合的土地利用计划。"过程"和"格局"的研究是其主要特征。	荷兰	将土地利用规划和土地利用现状结合起来考虑,对受干扰的景观进行设计。具有明确而详细的设计指南。	总体实施的假设遍及整个地区。需要利用先进的地理信息系统来收集和处理复杂的物种分布数据。
绿色廊道途径(特定景观要素的规划和管理)	强调廊道对景观的重要作用,并在更宽广的景观尺度上对它们的维持和建立进行规划。绿色廊道常常具有其他的用途,如休闲、木材生产、环保等。	美国	聚焦于景观要素的作用。多功能性可以吸引更多的方法付诸实施。典型的而非稀少的景观要素的维持。	在同样的景观中可能有损于其他的景观特征。多功能性可能有损于景观的生态功能。

7.3 基于景观格局的生态规划方法

7.3.1 景观生态规划一般方法

景观生态规划理念是生态规划领域的重要发展。广义的景观生态规划是指将生态学原理,包括生物生态学、系统生态学、景观生态学和人类生态学等各方面的生态学原理和方法及知识作为景观规划的基础(俞孔坚等,2003),它对应的表达应该是景观的生态模式规划,这里的景观表达是空间层次上的涵义,而狭义上的景观生态规划则是将景观生态学作为景观规划的基础,它相应的表达应该是景观生态模式的规划。根据景观结构规划的景观生态学原理,主要通过对景观三要素基质、廊道及斑块的规划设计来实现自然保护区的综合功能。斑块的规划设计方面,斑块的设计要与环境融为一体,人文景观与天然景观共生程度要高,真正做到人工建筑的斑块与天然的斑块相协调,体现各种景观的原有文化内涵和特色。廊道的规划设计方面,斑块内廊道的设计要以林间小路、河岸、滑雪道等为廊道并注意合理组合,互相交叉形成网络,强化多功能设计。连接各景区的廊道长短要适宜,在道路施工上应尽量利用接近自然的无污染的材质如卵石、沙子、竹木而排斥使用水泥、矿渣等对环境存在影响的材质。基质的规划设计方面,基质的作用在于以基质为背景,利用遥感技术和地理信息系统技术进行景观空间格局分析,构建异质性的景观格局,以体现多样性决定稳定性的生态原理和主题与环境相互作用的原理。景观生态规划的流程如图 7.2 所示。

确定规划范围与规划目标。规划前必须明确规划区域及必须解决的问题。一般而言,规划范围由政府决策部门确定,规划目标可分为以保护生物多样性而进行的自然保护区设计,为自然资源的合理开发而进行的设计,以及为当前不合理的景观格局而进行的景观结构调整。

景观资料的搜集。包括生物、非生物(地理、地质、气候、水文和土壤等)两个方面,景观的生态过程及与之相关联的生态现象(人口、文化及人的价值观等)和人类对景观影响程度等。收集资料的目的是了解规划区域的景观结构、自然过程及社会文化状况,为以后的景观生态分类与生态适宜性分析奠定基础。

景观生态分类和制图。根据现有资料,综合分析规划区的自然特征、人类需要和社会经济条件,根据规划目标和原则,选取影响景观格局、分布规律、演替的主导因子作为分类指标,进行景观生态类型制图,以此作为景观生态适宜性评价的基础。

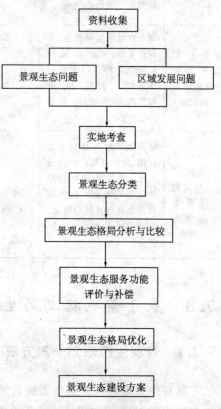

图 7.2　景观生态规划流程

景观生态适宜性分析。以景观生态类型为评价单元,根据区域景观资源与环境特征、发展需求与资源利用要求,选择有代表性的生态因子,分析某一景观类型内在的资源特征以及与相邻景观类型的关系,确定景观类型对某一用途的适宜性和限制性,划分景观类型的适宜性等级,同时进行不同景观利用类型的经济效益、生态效益和风险分析;以达到既维持生态稳定,又提高社会经济效益的目的。

景观生态规划与设计。根据景观生态适宜性的分析结果,以满足景观生态系统的环境服务、生物生产及文化支持三大基础功能为目的,依据景观生态规划的自然优先、持续性等原则构建合理的景观结构。

景观生态规划实施和调整。根据提出的景观空间结构,确定规划实施方案,制定详细措施,促使规划方案的全面实施。随着时间的推移,客观情况的改变,需要对原来的规划方案不断修正,以满足变化的情况,达到景观资源的最优管理和景观资源的可持续利用(王军,1999)。

7.3.2 景观格局优化规划方法

7.3.2.1 景观格局的生态优化

景观格局的生态优化是景观生态规划的核心,优化依赖于景观生态资料和景观同质空间单元。对于每一个具体的区域来说,空间单元是与发展需求相比较而言的。在评价了每一个空间单元对某一具体的人类活动或土地利用的适宜性后,就要根据景观生态学的标准来提出具体的人类活动的合适空间位置的建议。主要流程如图7.3所示。

评价过程应用景观空间单元被解译的功能特性和规划所选择的人类活动两个基本输入。首先,确定每一个功能特性对不同人类活动的重要性权重;其次,确定每种人类活动的单个功能特征适宜性等级;最后,得到人类活动与景观空间单元的总适宜性评级结果。另外,还需要针对景观规划及利用状况提出合理性建议。

景观生态规划经历了从单目标到多目标,从局部分析到整体优化,从传统美学到生态美学,从常规方法到现代化信息技术的发展过程,具有广阔的前景和巨大的发展潜力。首先,预测预报功能加强。景观始终处于动态过程中,这就要求城市景观生态规划具有动态性,把城市景观状态作为时间的函数,预测规划后景观变化的结果,并提出相应的管理对策,为未来决策者提供调整景观结构与功能的必要信息。其次,定性向定量模拟发展。随着景观生态学和相关学科的发展,人们对景观的自然过程及其

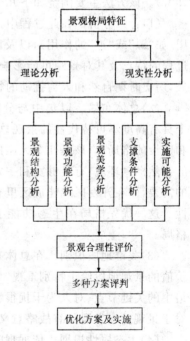

图7.3 景观格局优化的一般流程

与人类活动的关系认识的加深,以及遥感、地理信息系统和计算机技术在城市景观生态规划中的广泛应用,使得多属性、大范围的景观空间分析和规划、设计的景观变化模拟成为可能,将野外景观各种要素或生态系统的变化和长期观测结果做比较,以确定景观结构和利用的最优模式,从而推动定量分析与模拟在城市景观生态规划中的应用与发展。城市景观生态规划的意义在于通过城市空间要素的合理组织,营造一个符合生态良性循环、与外部空间有机联系、内部布局合理、景观和谐的城市生态系统,兼顾经济效益、社会效益和生态效益,以促进城市的可持续发展(张剑等,2006)。

在景观规划中,Forman(1995)的格局优化方法为把生态学理论落实到规划所要求的空间布局中提供了较为明确的理论依据和方法指导。

7.3.2.2 景观格局优化主要途径

Forman(1995)在他的《Land Mosaic:the Ecology of Landscape and Regions》一书中,针对景观格局的整体优化,系统地总结和归纳了景观格局的优化方法。其方法的核心是将生态学的原则和原理与不同的土地规划任务相结合,以发现景观利用中存在的生态问题和寻求解决这些问题的生态学途径(肖笃宁和李秀珍,1997)。该方法主要围绕如下几个核心问题展开:

(1)背景分析 在此过程中,景观的生态规划主要关注景观在区域中的生态作用(如"源"或"汇"的作用),以及区域中的景观空间配置。区域中自然过程和人文过程的特点及其对景观可能影响的分析也是区域背景分析应关注的主要方面。另外,历史时期自然和人为扰动的特点,如频率、强度及地点等,也是重要的内容。

(2)总体布局 以集中与分散相结合的原则为基础,Forman(1995)提出了一个具有高度不可替代性的景观总体布局模式办法。景观规划中必须优先考虑保护和建设的格局,应该是几个大型的自然植被斑块作为物种生存和水源涵养所必需的自然栖息环境,有足够宽和一定数目的廊道用以保护水系和满足物种空间运动的需要,而在开发区或建成区里有一些小的自然斑块和廊道,用以保证景观的异质性。这一优先格局在生态功能上具有不可替代性,是所有景观规划的一个基础格局。

(3)关键地段识别 在总体布局的基础上,应对那些具有关键生态作用或生态价值的景观地段给予特别重视,如具有较高物种多样性的生境类型或单元、生态网络中的关键节点、对人为干扰很敏感而对景观稳定性又影响较大的单元,以及那些对于景观健康发展具有战略意义的地段等。

(4)生态属性规划 依据现时景观利用的特点和存在的问题,以规划的总体目标和总体布局为基础,进一步明确景观生态优化和社会发展的具体要求,如维持重要物种数量的动态平衡、为需要多生境的大空间物种提供栖息条件、防止外来物种的扩散、保护肥沃土地以免被过度利用或被建筑、交通所占用等,这是格局优化法的一个重要步骤,根据这些目标或要求,调整现有景观利用的方式和格局,将决定景观未来的格局和功能。

(5)空间属性规划 将前述的生态和社会需求落实到景观规划设计的方案之中。即通过景观格局空间配置的调整实现上述目标,是景观规划设计的核心内容和最终目的。为此,需根据景观和区域生态学的基本原理和研究成果,以及基于此所形成的景观规划的生态学原则,针对前述生态和社会目标,调整景观单元的空间属性。通过对这些空间属性的确定,形成景观生态规划在特定时期的最后方案。

7.3.3　景观生态评价方法

生态规划是否合理,是否科学,是否可行等问题的回答,需要进行景观生态评价,而进行景观生态评价必须遵循相关原理。自 20 世纪 80 年代以来,景观生态学在保护生态学、景观规划、自然资源管理等方面的应用越来越广泛,是长远期发展规划影响评价的重要方法之一。景观生态学所侧重的研究途径是将人为干扰看作生物多样性丧失的主要因素,强调人为干扰下景观格局的改变对遗传多样性、物种多样性、生态系统多样性的影响,并据此制定相应的生物保护战略。因此,结合区域特色和开发规划重点建立合适的栖息地预测模型,能够有效地对规划所造成的生态影响进行评价,有助于生态保护和管理(王冉等,2009)。

景观生态评价指的是针对景观的结构、功能,以及动态变化,借助于生态科学、地理科学、环境科学、系统科学等学科的理论和技术方法,对评价对象系统的组成、结构与功能、过程与格局、系统稳定性与演化趋势等进行优劣势分析,评价系统发展的潜力与制约因素,为生态调控与决策提供理论与技术支持(张洪军,2007)。同时,也可以为规划人员在进行生态规划时全面认识社会、经济、环境的相互关系及其发展变化规律,科学合理开发资源,对重点建设项目进行合理空间布局,协调系统发展与资源环境保护的关系提供参考。它既要对历史和现状进行评价,找出差异原因;也要对规划结果评价,预测未来,进行对比,综合分析方案的目标、效益,选择适宜、可行的方案(刘康和李团胜,2004)。景观生态评价的意义:一是为景观规划方案的制定提供依据;二是通过景观生态评价,有助于从景观的角度,全面认识社会、经济、环境之间的相互关系及其发展变化规律,为科学合理开发资源,协调系统结构与功能提供依据(尹丹宁,2006)。

景观生态评价法的特点与优势在于它是对区域内某种指标生物的自然栖息地的变化情况进行研究,在此基础上评价规划对区域生态所造成的影响。避免了大量繁复的生态调查,在现有基础调查数据较为缺失的情况下,提出了一条新的评价思路和方法。

景观生态评价的基本途径,如图 7.4 所示。

(1)提出区域开发方案

针对不同的开发方式提出不同的区域开发方案,通过对不同方案的景观生态评价结果比较,分析出最有利于区域生态可持续发展的方案,并提出相应的缓解不利要素的措施。

(2)确定景观设计目标

为了评价不同的规划方案对生态系统的影响,必须将宏观的生态保护目标具体化为景观层次的表达,比如以大范围、连续的森林景观表征区域整体环境质量目标;以小范围、破碎的森林景观表征城市环境质量目标。

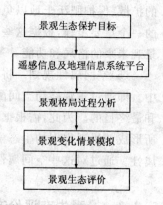

图 7.4 景观生态评价技术流程图(王冉等,2009)

(3)选取指示性生物种

根据景观目标的确立,选取相应的指示生物。指示生物的选取必须具有代表性,并且与景观目标及开发规划造成的影响相关联。

(4)预测生物生境损失

通过对区域内一系列环境现状数据,以及指示生物的习性、敏感度等资料的搜集,预测指示生物的栖息地损失范围。根据不同的区域开发方案对现状数据部分的调整情况,从而得到不同区域开发方案下的生物栖息地损失范围。

(5)实施景观生态评价

通过对现状与规划方案以及可能的替代方案进行模拟预测,基于生物栖息地分布图对生物栖息地损失结果进行比较,从而评价各个发展模式对于区域生态系统的影响,并通过对比,提出不同发展模式的改进措施(王冉等,2009)。

7.4 景观规划与景观管理

景观规划与管理是景观生态学应用研究的热点,是以景观异质性和景观功能的定量研究为基础,以 3S 和模型模拟方法为技术支撑的综合性应用领域,它是沟通景观生态学理论研究和实践运用的桥梁。景观规划与管理和景观结构、景观功能与景观动态以及景观尺度、景观过程及景观格局等具有密切的联系,上述方面的相关理论与方法,共同支撑着景观规划与管理的客观实践。景观异质性是景观规划与管理的重要理论基础,景观功能是景观规划与管理的现实目标,景观生态研究方法是景观规划与景观管理的技术保障。20 世纪 90 年代以来,随着学科的交叉与融合,景观规划与管理领域取得了一系列新进展,主要表现在理论、方法和应用方面的研究愈加广泛和深入,景观规划与管理方式也越来越智能化与人性化;景观规划管理的发展也在一定程度上推动了景观异质性、景观功能和景观研究方法的发展。目前,相关学科方法和技术的交叉融合成为研究景观规划与管理的重要趋势,3S和模型交叉融合促进景观规划与管理方法向着多元化、数字化和可视化发展。随着景观规划管理现实应用领域的拓展,景观异质性和景观功能在理论、方法、应用方面的研究进一步深化。

7.4.1　景观规划理念与景观管理的关系

7.4.1.1　景观规划与管理领域的理论问题

关于景观规划,由于地域差异和文化背景的差异性,目前有诸多表述方式。虽然人们对景观规划的表述有所不同,但其核心内容具有一定的相似性。一般认为景观规划是景观尺度上的一种实践活动,规划的目的在于从景观的结构与功能两方面入手,对景观进行优化利用,其目标是尽力维持景观的异质性(郭泺等,2008)。景观规划主要的研究内容涉及景观生态学基础研究、景观生态评价、景观生态规划与设计、景观管理等方面(余新晓等,2006)。随着科学技术的发展与学科的交叉与融合,景观规划和设计的科学基础日益受到重视,国际上开始倡导有效地构建基础研究与规划设计之间的桥梁(Opdam *et al.*,2002),使科学研究的成果能够更多地应用于实践,发挥其社会价值,同时,也使景观规划和设计中能够更多地考虑景观格局、生态过程和景观生态功能的关系,增强规划和设计成果的科学性(傅伯杰等,2008)。在这种背景下,景观生态评价也越来越重视人为因素和社会经济因素的作用。随着人们对规划问题的不断重视,人们在深刻认识景观的自然性与文化性的基础上提出了景观多重价值论,并发展了以景观多重价值为中心的景观规划理论(肖笃宁和李秀珍,2003)。在景观规划和管理中运用视觉景观的生态美学原则,突出景观宜人性分析,强调以人为本与人—地关系和谐的规划管理理念;生态美学、生态哲学、生态伦理、生态经济、生态工程等理念在景观规划与管理中亦不同程度地得到彰显与反映。景观管理更加注重人与自然的协调关系基础上的景观格局优化,以维持可持续性景观和景观系统的生产力。

景观异质性是指一个区域内,一个景观对一种或更高级生物组织的存在起决定性作用的资源在时空的变异程度和复杂性(汪永华,2005)。景观异质性通常分为空间异质性、时间异质性、时空耦合异质性和边缘效应异质性。针对具体的研究对象及研究目的,景观异质性是环境不确定性、组织不确定性和人类行为不确定性三种互相交叉的不确定性综合作用的结果(赵玉涛等,2002)。一个景观的时空异质性决定着这个景观的结构、功能与动态。景观生态学发展过程中,人们开始重视空间异质性的格局、起因和结果对生态系统功能的影响,通过测量和模拟生态系统过程速率来研究生态系统过程,而生态系统的时间动态与空间动态结合形成了时空耦合异质性(邱扬等,2000)。景观结构的异质性表现为空间镶嵌体,即景观是一个由异质的斑块-基质-廊道组成的镶嵌体;景观功能的异质性表现为景观流,景观动态的异质性表现为时空异质性,景观变化存在的异质性表现在总体趋势、波幅和韵律等方面,显然,异质性具有非常丰富的内涵。景观异质性和干扰是两个相互联系的因素,不同尺度上的干扰既对空间异质性做出响应,又可以产生新的空间异质性(Monica,2005)。同时,景观异质性对干扰的传播或者干扰的效应也具有明显的影响。

景观功能指景观作为生物生存环境,提供生物生存所需的物质、能量、空间需要的能力,景观功能通过物质循环、能量流动以及信息传递等过程来实现(刘茂松和张明娟,2004)。景观功能的表征要素有景观生物生产力、景观能值指标、景观水分与养分、景观经济密度和景观的信息流等(王根绪,2002)。景观功能之间的相互关系具有正效益与负效应,其中,正面的关系包括互利共生与合作,而负面的关系则表现在竞争等方面,并在空间上表现出不同的特征(李正国等,2006)。景观功能的维系与持续,是景观内部的结构和功能等及其所构建的景观功能网络特征所决定的(张小飞等,2005)。景观功能网络是基于景观格局连通度与景观功能联系程度相关的假设(张小飞等,2005),其核心是强调景观功能的联系,以及提高景观功能。多功能景观研究是目前景观功能研究的重要组成部分,多功能景观是被赋予了人类的价值评价标准的现实景观,它与土地利用形式密切相关,因此,土地利用与覆盖变化研究成为景观生态研究的重要内容。多功能景观研究和景观规划与管理联系紧密,是景观生态学研究的综合应用方向。根据不同的研究对象与研究目的,基于景观功能评价的原理,确定其功能的实现途径,建立正确的评价原则和评价体系,是进行规划与管理的重要依据。

7.4.1.2 景观规划与管理领域的方法与应用

随着方法和技术手段的不断更新,景观生态研究的定量化程度也在不断得以深化。目前,3S技术被广泛应用于景观生态学研究中(邢宇,2009)。遥感技术是采集景观时空数据的主要手段,地理信息技术是分析景观格局和计算各种景观指数的重要平台,而全球定位系统则更多地用于景观要素的监测和空间定位。3S技术为景观生态学研究提供了一系列数据获取、存储、处理和分析的工具。应用数学方法作为自然科学的重要工具,也成为景观生态学研究的重要工具。空间自相关分析、半方差分析、小波分析、间隙度分析、趋势面分析、波谱分析等多元统计和空间统计法,也广泛地被应用于景观尺度、景观格局、景观动态等研究领域(陈遐林和汤腾方,2003),成为把握景观规划空间合理性的重要途径。景观模型研究的深化,使人们能够对气候要素、地形要素、水分要素、土壤要素、植被要素以及人为活动要素的认识进一步深入,从而使人们能够应用定量化、数字化与可视化手段,全面系统地表达景观的驱动力与要素之间的耦合关系,虚拟现实技术的发展,应用计算机模拟与仿真技术,能够进行景观的情景模拟,使景观规划和管理科学化与现代化。目前,中外研究比较通用的模型有灰色系统模型、元胞自动机模型、空间概率模型、动态机制模型和渗透模型等,新的模型随着人们对于景观生态机制研究的深入,也在不断地研发之中。特别值得一提的是,众多的景观指数都是基于景观要素的数量、面积以及斑块周长等最为基本的信息构建与计算出来的,景观指数法成为对进行景观定量研究的常用方法与独特方法(Nancy 和 John,2000;Demetir and Leonardo,2007;Doug 和 Alex,2009;卢爱刚,2010;Janet 和 Thomas,1998;Julia *et al.*,2009),而景观格局指数和景观异质性指数则成为普遍应用的景观指数;同时,比较常用的指数还有分维数、连接度、密集度和丰富度等。在景观规划与管理实践中,任何一种技术方法的应用都不是孤立的,多种技术手段的融合和渗透,能够帮助人们全面地了解和认识景观规划与管理问题。

事实上,3S 技术和模型的结合在景观规划与管理领域得到了快速的发展,3S 技术与景观模型相结合是景观异质性研究的主要方法手段。LUCC 是全球变化和可持续发展研究的基础,也是景观规划与管理的重要内容。CA 模型是土地利用演变研究中的一种模型,中外许多学者利用 CA 模型对城市扩展进行了研究(Li Xia and Ye,2000),并获得了景观规划与管理的一系列新认识。詹云军等(2009)将人工神经网络和 CA 模型结合,拓展了城市扩展模型,实现了对城市扩展的反演和预测。建立于复杂性科学基础上的智能体模型也是土地利用动态模拟的重要方法(田光进和邬建国,2008)。智能体模型在元胞自动机基础上,加入了人为因素的智能体概念,从而更好地模拟土地动态。李爱民等(2009)设计了城市 CA 模型,并建立了一个与地理信息系统无缝集成的 2 维 CA 模拟系统。邓运员等(2009)将地理信息系统引入传统的聚落景观管理,并建立了聚落景观管理信息系统。模型间的结合是进行森林景观规划与管理的良好方法(Sirpa *et al.*,2005;邓南荣等,2009),包括数学模型和计算机模拟模型在内的模型模拟方法,正在广泛地应用于草地景观、湿地景观、荒漠景观等资源的管理中。郭程轩和徐颂军(2007)在 3S 获取数据的基础上,结合景观指数模型和动态模型分析湿地景观的分异特征、变化过程和驱动机制。张海龙等(2005)在地理信息系统空间分析渭河盆地多年间土地利用变化的时空特征的基础上,用马尔科夫模型对其景观格局进行了预测。邓文胜(2004)提出把 CA 软件模块直接集成到地理信息系统中,形成全新的考虑时间维的动态地理信息系统,用于分析景观动态变化过程。目前,分形方法研究日渐成为景观异质性研究中的一个热点(Monica,1987;Zhou,2000),分形研究将分维数作为一种指标来描述景观形状的复杂性程度;人们可以根据分维变量的自相似性选择最佳的观测尺度,并推断其在该尺度上的变化规律。

关于景观功能的应用研究主要集中在景观功能评价领域。其中,城市景观功能评价、乡村景观功能评价成为中外学者的研究热点,并形成了一系列指标体系与评价方法(Isabel *et al.*,2007;Eckart,2008)。3S和模型模拟方法也广泛应用于景观功能评价中。陈鹏(2007)在遥感技术和地理信息系统的基础上,获取了生态健康宏观生态指标,并建立了区域生态健康评价指标体系,对海湾城市新区进行综合评价。张娜等(2003)应用景观尺度过程模型方法模拟了净初级生产力的空间分布格局,对长白山的净初级生产力空间分布的影响因素进行了综合分析。吴良林等(2007)在地理信息系统定量分析的基础上,结合景观格局指数,建立土地资源规模化潜力评价标准,对喀斯特山区土地资源规模化潜力进行了分析。上述研究在一定程度上也成为拓展景观规划与管理的典型案例。

7.4.2 景观异质性与景观功能问题

围绕着景观规划与管理领域的相关问题,在城市生态规划、自然保护区规划、流域湿地规划、荒漠生态规划、森林生态规划、土地利用规划等方面,景观异质性、景观功能、景观研究方法等具有密切的联系,并对科学规划与管理具有重要的指导意义。

景观异质性与景观功能具有密切的联系,景观是一个由异质的斑块—廊道—基质组成的镶嵌体。景观的空间镶嵌结构,决定着物种、物质、能量、信息和干扰在景观中的流动(肖笃宁等,2003)。景观异质性的存在决定了景观的稳定性和多样性,而景观稳定性和多样性在一定程度上又影响着景观内部物质和能量的流动,反映了景观结构、功能与动态的特征及规律,因此,在一定程度上可以说,景观异质性制约着景观的功能;同时,景观功能也在一定程度上影响着景观异质性。景观连接度是对景观空间单元之间连续性及生态过程与功能的度量,它也反映了景观的功能特征;景观连接度控制着异质景观动态。一些学者利用数学模型方法模拟了不同斑块间廊道数量与生物生存的相互关系,验证了景观功能与景观异质性复杂而又密切的耦合关系。

明确景观功能是进行景观规划与景观管理的基础和前提。景观功能表现为景观中的各种生态流,人们所进行的景观规划与景观管理工作,就是在符合生态合理性、生态协调性、生态稳定性及生态可持续性的基础上,最大限度地利用景观生态的生态流。景观的功能与其结构特征的密切关系是景观规划与景观管理的基础,也是维护景观生态安全重要的依据。目前，人们关注景观规划与管理的主要依据是景观生态功能的科学性与可持续性；通过对景观要素进行规划和管理，实现对景观结构的优化和调整，是人们利用景观功能的理念实现对景观合理规划与科学管理的重要途径。景观功能研究过程中，斑块－廊道－基质模式的运用使得景观结构、功能、动态的表述也更为具体与形象，有利于把握景观功能与景观规划及管理的相互关系。例如，可以通过城市中绿色廊道和绿色斑块的规划布局，塑造城市形象（张娜等，2003）。自然廊道可限制城市无节制地发展，形成特定景观的时空格局。现实应用中，把各景观要素有机地联系起来，为景观规划与景观管理提供理论与实践依据。

7.4.3　景观生态规划方法与景观管理

景观生态学研究方法为景观规划与景观管理提供了重要的技术支撑，对景观生态学的应用与发展产生了积极的促进作用。在景观规划与管理过程中，最重要的就是用一定的技术方法将景观生态理念通过一定的表达模式贯穿到景观生态格局和景观生态功能之中。目前，主要的研究方法就是将 3S 技术和模型模拟方法结合起来运用到景观规划的过程中，各种方法技术的融合使景观规划与管理研究越来越人性化、智能化；与此同时，可视化、数字化手段的应用，使景观规划与管理空前发展。景观规划中比较常用的设计模型主要有 McHarg 方法、Odum 分室模型、德国的土地利用系统模型、城乡融合系统设计模型、集中与分散相结合规划模型等；同时，CAD、Matlab、Photoshop、3DMAX 等功能性软件平台，在景观规划与管理中也发挥着愈来愈大的作用。景观生态评价方法始终贯穿在景观规划与管理的过程之中，景观生态评价根据不同景观类型的特点建立其相应指标体系，从整体上对不同的景观类型进行综合分析与评价，使景观规划更科学、更合理、更具时代感、更有历史文化内涵。

应用数学领域的进展拓展了景观生态学的研究方法。一系列数学分析方法、模型模拟方法以及景观指数法等，都离不开应用数学的理论及方法；同时，3S 技术与模型模拟方法互相结合渗透，将进一步促进景观规划与管理向着多元化、数字化、可视化方向发展。景观规划与管理是目前生态建设、环境保护与社会经济发展的重要工作，也是节能减排、低碳经济、应对气候变化的重要途径，通过对景观规划与管理及相关问题的分析，进一步深化理论研究与拓展应用领域，具有重要的现实意义。

7.4.3.1　景观规划与景观管理意义重大

景观规划与管理在自然保护区建设、城市景观生态建设、生态旅游与区域开发等领域都得到了广泛的运用。目前，森林、草地、湿地一直是景观规划与管理领域应用研究的热点，从多功能景观的理论出发，兼顾景观要素的多样性和复杂性，仍是景观规划与管理面临的一个严重挑战。景观规划与管理正在产业发展、环境治理与人地关系协调发展中发挥着重要作用。

7.4.3.2 景观异质性维持与发展是核心

景观异质性相关的异质共生论、异质性－稳定性理论成为景观生态学的基本理论，景观异质性测度指数和测度方法也越来越具有代表性和可度量性。景观规划与管理就是要在传承历史与弘扬文化的基础上，把景观异质性的理念与现代文明有机地结合起来，实现区域历史文化与现代文明的融合，达到提升文化品位，凸显现代特色，促进区域发展的目的。

7.4.3.3 景观功能与景观结构密切相关

目前，景观生态学研究的关键问题有诸多方面，如景观结构、景观功能、景观动态、景观尺度、景观过程、景观格局等，对于景观功能的研究是通过景观结构来保障的，因此，围绕景观规划与管理问题，进一步深化景观结构与景观功能及动态的关系研究，成为科学规划与管理的重要基础。

第8章 基于低碳理念的生态规划

8.1 低碳生态规划概述

8.1.1 低碳生态规划的内涵

低碳经济的概念,最早于 2003 年由英国政府在《能源白皮书》中提出。此后"低碳城市"的概念也随之产生。目前,低碳城市在全球范围内广泛展开,伦敦、纽约等城市先后提出低碳城市建设目标并制定了相关规划或行动计划,现阶段国际上低碳城市的建设主要有纽约、哥本哈根、东京、伦敦、多伦多、芝加哥等城市,多数案例城市均制定了大幅度可量化的降低 CO_2 排放的指标。如伦敦提出到 2050 年基于 1990 年的 CO_2 排放量降低 60%,斯德哥尔摩提出到 2050 年,基于 1990 年的 CO_2 排放量降低 60% 至 80%,成为碳零排放的城市。但是发达国家的经济技术水平要远在发展中国家之上,在能源利用、环境保护方面已走在世界前列,所以在低碳城市的建设方面存在很大的优势。

因此,所谓低碳,即通过零碳和低碳技术研发及其在发展中的推广应用,节约和集约利用能源,有效地减少碳排放;生态是生态化发展的结果,即以自然系统和谐、人与自然和谐为基础的社会繁荣、经济高效、生态良性循环的状态。低碳生态规划就是要基于低碳理念通过生态辨识和系统规划,运用生态学原理、方法和系统科学手段去辨识、模拟、设计生态系统、人工复合生态系统内部各种生态关系,探讨改善系统生态功能,确定资源开发利用与保护的生态适宜度,促进人与环境持续协调发展的可行调控政策。其本质是一种系统认识和重新安排人与环境关系的复合生态系统规划。"低碳生态规划"作为一个复合概念,概念本身涵盖了低碳的特征,也具有生态规划的特征。具体而言,前者主要体现在以低污染、低排放、低能耗、高效能、高效率、高效益为特征的新型发展模式;后者则主要体现在资源节约、环境友好、居住适宜、运行安全、经济健康发展和民生持续改善等方面。同时,在内涵上,既体现了通过"低碳"手段来减少发展对自然生态环境的负面影响,又体现了创造人与自然和谐共生的关系。因此,无论从概念上还是内涵方面,低碳模式更符合当今时代发展的主题。

低碳生态规划按不同的层次分为全国性的、区域性的和局部地区的生态规划等；按不同的类型划分为城镇生态规划和农村生态规划等。制定低碳生态规划,应根据自然、经济、社会条件和污染等生态破坏状况,因地制宜地研究确定本地区的建设性指标,以确保资源的开发利用不超过该地区的资源潜力,不降低它的使用效率,保证经济发展和人类生存活动适应于生态平衡,使自然环境不发生剧烈的破坏性变动。

低碳生态规划的主要内容包括:生态现状分析,制定低碳生态规划和专项规划,建立低碳生态指标体系,为规划、建设、控制和评估生态提供重要手段和工具以及预测和评估等。有关法规规定的规划指标体系是规划编制的技术指南;基于中国现有相关的法律法规,遵循低碳生态区域发展思路,从区域规划、总体规划和居住区规划三个层次,研究提出规划指标体系,是发挥规划的公共政策效用,有效引导按照低碳生态发展思路发展的政策手段。面对低碳生态区域发展的要求,有必要尽快对目前所执行的规划指标体系重新进行审视和调整,以便有效指导规划编制工作。低碳生态规划与生态规划的区别及低碳生态规划基本特征分别见表 8.1 及表 8.2。

表 8.1　生态规划与低碳生态规划区别(引自顾朝林,2009,有修改)

分类	生态规划	低碳生态规划
哲学内涵	人与自然和谐共生	以低碳化和生态化结合实现人与自然和谐共生
功能内涵	开发与自然环境形成共生	通过低碳化、生态化,使开发区域接近自然生态
经济内涵	以循环经济为核心,强调经济过程中各要素循环利用	以循环经济为主要发展模式,实现经济的低碳化发展
社会内涵	以生态理念指导规划,协调人类活动与自然生态系统的关系	倡导生态文明,通过低碳排放的社会活动,实现社会系统与自然系统的融合
空间内涵	强调空间多样性、聚集性、共生性	综合了空间的多样性、聚集性、共生性及低碳要求的复合性

表 8.2　低碳生态规划基本特征(引自顾朝林,2009,有修改)

特征类型	特征	规划特征要义	解析
构成特征	复合性	既满足低碳要求又要满足生态规划要求。前者主要体现在低污染、低排放、低能耗、高效能、高效率、高效益;后者主要为资源节约、环境友好、生态安全、经济健康发展和民生持续改善方面	从构成要素角度反映低碳生态区域的特征
行为特征	操作性	为开发者改善城市环境质量的行为思路与模式,也相对更容易量化衡量,更容易把握实践	从实施和建设角度说明低碳生态区域特征

特征类型	特征	规划特征要义	解析
目标特征	多样性	以规划区域作为有机体,体现物种多样性,系统多样性,景观多样性	从构成因素丰富程度和发展目标角度说明了低碳生态区域特征
	高效性	区域能源系统高效率;转换系统高效益;城市流转系统高效率	从效率角度说明低碳生态区域的目标及追求
手段特征	循环性	包括系统循环、物质循环和要素循环3个层次,并追求良性循环	从实现区域规划的途径上反映低碳生态规划的基本特征
价值特征	共生性	通过多系统共生,实现生态环境、经济发展、能源消耗、人居生活可持续发展、提高区域各系统运营效率,减少内耗及对环境的破坏,最终达到人与自然的共生,实现人与自然、人与人的和谐	低碳生态规划的核心理念

8.1.2 低碳生态规划的现状

目前,中国部分城市也开始进行低碳生态规划建设的尝试。2007年4月,保定和上海被世界自然基金会选定为低碳生态规划的试点,率先开启了低碳生态规划的建设。同时,北京也开展相关的政策研究和普及工作,致力于推动城市发展模式的转型。2011年3月,中国发展与改革委员会发布了《关于开展低碳省区和低碳城市试点工作的通知》,明确将在广东、辽宁、湖北、陕西、云南五省和天津、重庆、深圳、厦门、杭州、南昌、贵阳、保定八市开展试点工作。目前,中国在低碳生态规划建设方面进行了多方面有益的实践,如研发可再生能源,构建绿色生态城市规划,发展循环经济,进行节能减排,推行低碳生活方式等(胡燕和朱天柱,2012)。

随着一系列低碳理念的发展,在实践中环境友好、生态优美以及经济发展的氛围得到了良好的营造,但中国低碳生态规划建设中也遇到了诸多问题,体现在如下几个方面:第一,中国的低碳生态规划仍缺少全方位的战略规划。绝大部分发达城市的工业化基础深厚,产业结构偏"高碳",一些地方政府往往着眼于新兴产业的建设,忽略了传统工业的节能降耗潜力。为了完成减排目标,部分地区对高耗能行业采取拉闸限电;将高污染高能耗企业外迁到其他地区,实质上属于污染转移,对社会整体低碳建设并无益处。第二,中国的城市化发展目前处于高耗能阶段。产业结构向以工业转变为主,人均耗能会快速增加(顾丽娟,2010)。中国的城市化水平2011年超过50%,整体上处于以第二产业为主的高能耗阶段。第三,中国城市能源消耗结构不合理,低碳可再生资源开发不充分。目前,中国城市中煤炭消费占能源总消费的59%,比世界平均水平高22%(陈群元和喻定权,2009)。以煤炭及煤炭所产生的电能、热能等为主的能源消费结构和粗放的经济增长方式,带来了许多环境和社会问题,成为低碳规划建设过程中的重要障碍。第四,中国建筑市场存在建筑能耗总量大、能效低、污染重等问题。统计显示,到2020年全中国城乡房屋建筑面积将新增约300亿 m²,建筑生产的能耗约为6.47亿 t 标准煤,占全中国总能耗的15%(张俊杰等,2003)。第五,中国居民低碳意识不强。中国居民处于生活质量不断改善、消费快速增长的阶段,生产力的发展使人们对物质消费的欲望得到了释放,而对资源节约的重要性和紧迫性认识不到位。公众崇尚节约、合理消费、绿色消费的理念薄弱,资源节约意识、低碳意识淡薄,不仅会带来资源浪费,还无益于促进企业采用低碳技术进行生产(胡燕和朱天柱,2012)。

8.1.3　低碳生态规划的思路

目前,区域发展转型伴随着工业化,中国的低碳生态区域发展正处于城镇化高潮期,传统文化中的原始生态文明理念有益于低碳生态区域建设。园林、山水、历史文化名城等现行发展形态为低碳生态区域奠定了良好基础。中国地形复杂、国土辽阔、气候类型多样,决定了中国低碳生态区域发展模式的多样性。中国低碳生态区域必须走城乡互补、协同发展的创新之路。

2012年,中国共产党第十八次全国代表大会报告中进一步倡导生态文明与建设"美丽中国"的宏伟战略,践行生态文明,必须从转变发展模式着手,探索低碳生态区域发展模式须遵循渐进性、多样性、节约性与可推广性等原则。发展低碳生态区域必须充分依靠"自下而上"的创新和参与以及"自上而下"的激励与引导。同时,发展低碳生态区域还须广泛深入地开展国际合作。低碳生态区划,是可持续发展思想在发展中的具体化,是低碳经济发展模式和生态化发展理念在发展中的具体落实。实施低碳生态区域发展战略,就是面向资源环境约束条件下的中国城镇化所面临的现实矛盾与未来挑战,通过明确发展的资源消耗和环境影响等目标要求,按照低碳生态区域的理念确定新型发展模式,选择一条符合中国城镇化与经济社会发展趋势需要,又能够在发展中有效地逐步降低资源消耗和减少碳排放、使发展最大限度地满足维系良好人居环境的可持续发展的要求。

中国低碳生态区域发展之路应是在科学发展观指导下,既与快速城镇化趋势要求相适应,又能最大限度地体现可持续发展要求的一种发展路径;是一条产业支撑力强、资源集约度高、就业容纳量大、公共事业均衡发展、全体居民共享生态文明成果的可持续城镇化道路。低碳生态规划的发展与低碳生态区域的发展相互依存。在国家战略层面,从生态环境基底条件和容量出发,确定主体功能区,分类制定区域的基本发展原则,进一步明确主体功能区规划下的发展导向;在社区和个体层面,应大力倡导生产和消费的可持续转型趋势,逐步开展低碳发展之路的试点与推广。以密集地区和大中城市为核心,系统推进基于低碳生态理念的规划、产业发展、交通系统、建筑节能等核心流域的技术经济政策制定与落实。图8.1是低碳城市规划的框架。

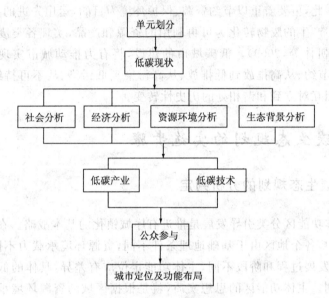

图 8.1　低碳城市规划框图

8.1.4　低碳生态规划的目标

低碳生态规划的战略目标应与中国新型城镇化模式的战略要求一致,即到2050年,中国城镇化水平达到 70%～75%,全国经济总量中经济的贡献率达到90%,单位能量消耗和资源消耗所创造价值在 2000 年基础上提高 15～20 倍,提早实现联合国提出的"四倍跃进"的目标,争取到 2040 年实现能源消耗的"零增长",争取到 2035 年实现温室气体排放的"零增长。"

从中国国情出发,针对经济社会发展和城镇化的趋势性要求与资源环境约束的现实矛盾及未来挑战,中国低碳发展的路径选择可分为近期、中期和远期 3 个阶段。近期(2007—2020 年):充分挖掘节能潜力,通过关、停、并、转,在发展中有效提高节能和减排效果,发展和推广节能技术,实现间接减排效果,提高综合能效。中期(2021—2035 年):以可再生能源等绿色替代能源为重点,合理调整能源结构,向无碳或低碳能源倾斜,优化中国能源结构,推进经济去碳化的配套政策。远期(2036—2050 年):通过不同规模、不同类型的低碳试点示范,在影响发展的关键领域实施和推广相关的战略、政策及技术,探索一条通向低碳的可持续发展模式,并在区域层面开展模式应用推广,逐步实现中国低碳发展之路的整体实现。

低碳生态规划发展是以低碳经济为基础的发展模式,它涉及城市建设规划模式、生产设计模式、生活消费模式和社会发展方式的变迁,是一场社会经济结构的重大变革。为此,更要着重以节约资源、保护环境为目的,运用先进的技术,将生产和消费过程中产生的废物转化为可再利用的资源和产品,实现各类废物的再利用和资源化(顾朝林等,2009)。低碳城市的建设,将有力推动城市实现从高耗到低耗、从浪费到节约、从高排放到低排放、从高污染到低污染、从不可持续到可持续、从人与自然相互对立到和谐相处的历史性转变。

8.2 低碳生态规划的实施步骤

8.2.1 低碳生态规划的分析判定

基于主体功能区分类引导发展是推进有序城镇化的基本战略。在推进低碳发展模式过程中,各个地区由于基础地理条件不同,资源环境承载力不同,经济基础不同,城镇化发展过程和阶段不同,主体功能定位应有差异,具体的低碳发展道路也应有所区别。主体功能区的思想实质,就是根据区域的资源环境承载能力确定区域的发展定位。要从不同类型主体功能区的生态环境基础、发展任务和功能要求出发,遵循低碳生态区域发展要求,合理定位发展方向。从主体功能区三类地区的基本特征、发展需求和限制因素出发,采用不同的发展策略,分类引导按照低碳生态理念发展。

8.2.2 低碳生态规划的政策引导

重点开发区域应该在优化结构、提高效益、降低消耗、保护环境的基础上推动经济较快发展,成为支撑未来全国经济持续增长的重要增长点。重点任务在于根据区域的资源环境承载能力,明确开发方式,确定经济和人口发展规模;提高公共基础设施的质量和水平,提高资源利用效率和环境保护水平;加大对传统产业的改造力度,优化产业结构,提高技术水平和工业化水平;发展循环经济,提高发展质量;调整能源结构,提高能源利用效率;利用后发优势,实现低碳经济发展。

优化开发区的低碳生态区域发展,要注重优化产业结构;集约化布局,提高集聚经济效应;合理安排产业组织,优化行业内资源配置;提升产业技术水平。要强化用地标准,注重土地挖潜,结合新增用地调控,鼓励高新技术产业、自主创新产业以及现代服务业发展,推动产业结构高级化。要确立资源节约与环境友好的总体发展方向;建立政府环保投资增长机制;要大力发展循环经济。限制开发区的功能主要包括:集聚人口,减轻周边区域的环境生态压力;为当地居民提供公共服务;承担区域枢纽功能;发展优势产业和特色产业。统筹考虑区域资源环境的承载能力、生态保护、人口规模和经济发展,按地区适时综合治理;要合理引导人口流动,促进少数城镇适度发展,引导人口向资源环境条件相对较好的地区适当集中。

贯彻生态规划理念是引导低碳发展的重要途径,生态规划是以"人与自然、人与社会的生态和谐"为发展目标,在多学科参与的基础上,强化生态学和生态规划的理论知识在规划中的应用,通过广泛的部门协商和公众参与,对空间布局和各项建设的综合部署等实现复合系统的良性运转。生态规划应坚持整体规划原则,综合平衡原则,区域协调原则,生态高效原则,因地制宜原则,参与管理原则,效益协调原则。

推行规划环境影响评价以保障可持续发展规划。环境评价是对规划发展对环境影响进行预评价,通过技术指标与规范性要求对规划方案进行干预,可以有效预防发展对环境造成的负面影响。规划环评旨在从规划环节强化未来发展对可持续思想的贯彻力度。通过生态规划的指标体系、标准、技术规范和环境评价的介入与干预,无疑可以有效引导与约束发展方向,是引导向低碳生态方向发展的有效策略。规划环评应突出在规划编制过程中对发展中环境问题的预警作用,并能够在为减缓发展建设的环境影响提出应对措施方面起到积极作用。

强化低碳生态区域理念,完善规划管理政策体系把适合现阶段中国规划发展需要、体现生态发展理念的技术策略,纳入规划管理体系,以公共政策的形式引导和保障低碳生态区域发展。明确产业布局规划的用地类型要求,限制高耗能高排放产业发展,进一步明确产业用地布局规划中各种工业类型用地面积和用地布局要求,严格限制高耗能、高排放产业用地,鼓励CDM(清洁发展机制)和循环经济工业企业的布局和发展。尽快修订规划指标体系,规划和引导生态发展要按照低碳生态区域理念的要求,修订完善现行规划指标体系。制定生态规划指标体系和指导性标准及技术规范,明确关键技术要求和引导方向。加强规划环境评价管理,完善规划环评的技术指标、技术规范和工作程序,加强规划环境影响的评价工作。把规划环境评价纳入规划管理的政策体系。强化对综合交通系统建设的规划管理将体现节能、高效运营要求的交通规划技术、交通运营方式及配套设施规划策略纳入规划管理的技术框架,强化促进节能、节地、高效运营的规划技术在规划管理决策中的职能作用。

8.2.3 低碳生态规划的技术支撑

低碳生态区域发展需要理念的更新,也需要技术的支持。世界各国经验表明,绿色建筑、CDM、科学的规划手段、高效的交通运营方式等先进的生产、规划技术和管理手段的运用,对于实现低碳发展方式具有良好的效果。目前,中国的侧重点在于新技术与新工艺的研发,引入和改进低碳发展的技术手段,对条件成熟的,提出积极推广运用低碳技术,为城镇化进程中低碳生态区域发展提供有力的技术支撑。

CDM 是企业提高能源和资源效率,减少污染排放的重要手段。清洁生产技术涉及多个方面、多个生产环节和多个学科领域。清洁生产包含的内容广泛,采用先进的节能技术、工艺及设备,并对高耗能行业进行节能技术改造,加强能源和资源的循环利用,减少排放和资源、能源的消费。一方面,要通过市场和企业的力量改造现有的工业体系,构建清洁、循环的生态工业体系;另一方面,为推动企业开展节能减排、清洁生产和循环经济,需要政府从多个角度制定合理的政策,并加以实施。

用科学技术提高资源利用效率。运用绿色科技,解决水资源综合利用和能源供给两项核心问题。通过再生水利用、海水利用、雨水利用、太阳能、风能和地热等一批现代基础设施建设,实现资源梯级利用形式,构建水循环体系。加速水务一体化建设,加强政府对水资源利用宏观控制和引导。建立污水资源化利用体系、海水开发利用体系、降水水文循环的修复体系及其他生态水系建设体系。

清洁能源利用与引导。推广使用环保汽车和燃料,同时制定控制机动车尾气污染和控制交通噪声污染的措施。采用主动式太阳能设计,优化建筑能源利用体系,建设绿色建筑,降低能源消耗。实现区域性部分自给的新型可再生能源利用。采用高效、安全的能源利用模式。实施废弃物绿色管理体系,转变固体废物管理思路。

大力发展绿色交通。中国交通耗能居高不下,并且无论是能耗总量还是在各类能耗总量中所占比重,都呈明显的上升趋势。这种态势除了与中国交通运输业发展迅猛,居民生活水平提高,进而小汽车拥有量迅猛增加有关,并与居民出行方式选择和基础设施规划建设都有关系。

强调自然生态环境修复、维护,建设高质量公园景观。生态景观建设带来自然生态效益的同时,也会带来良好社会文化效益。应结合农业生态学、景观生态学原理,借鉴中外在湿地修复的技术和成功经验,按照自然修复和人工修复相结合原则,融生物、生态及工程技术展开。注重原生生态保护,实现野生动物栖息地保护与美化的协调统一。

研究推广绿色建筑技术。目前,中国城镇建筑的运行能耗约为社会总能耗的20%~22%,如果建筑能耗降低一半,则社会总能耗可以降低10%。与发达国家比较,中国的单位面积采暖能耗为同气候条件下发达国家的2~3倍,具有较大的节能潜力。在中国城镇化过程中的建筑和建筑物使用环节,节能降耗和减少排放的潜力是很大的。绿色建筑是指在建筑的全寿命周期内,最大限度地节约资源(节能、节地、节水、节材)、保护环境和减少污染,为人们提供健康、适用和高效的使用空间,以及与自然和谐共生的建筑。另外,在中国发展绿色建筑要结合中国实际情况并借鉴国际科技成果,确定适用技术。

8.2.4 低碳生态规划的体制创新

低碳生态区域理念的贯彻、技术的推广、策略的实施,都需要纳入发展的政策体系才能有效实现并发挥作用。规划和发展是一个复杂的过程,某项技术手段的运用和办法的实施,往往需要配套政策来引导和约束。要在现有规划编制指标体系和规划管理体系政策框架的基础上,结合相关法律法规要求,把有助于促进低碳生态发展的发展理念、产业政策、技术规范、决策方式纳入规划发展和管理的政策框架之中,为低碳生态区域建立长效机制和体制保障。

现行的鼓励政府加快发展的一系列激励方式和考核制度有效地促进了中国的经济发展和建设,但面对低碳生态区域发展道路的要求,必须逐步建立制度化的鼓励可持续建设和低碳生态区域发展的激励机制。要尽快引入资源、能源节约和生态环境保护的指标,建立以绿色国民生产总值为核心的政绩考核指标体系。继续推行现在实行的节能减排任务分解和环境目标责任制,形成具有可操作性的制度措施。

构建多层次、多手段的权力制衡与监督机制,丰富中央政府的制约和监管手段,充分结合立法和财政手段实现对政府规划和管理的监管,充分发挥人大与政协的监督作用。应当通过人大和政协渠道的公众意见表达机制和同级政府的权利制衡机制,构建公众参与的保障机制,加强社会监管就是要逐步培育并充分发挥公众、企业和社会组织在发展中的监督和帮助作用,为此,需要从立法、司法上建立相应的保障机制。

8.3 低碳生态规划的指标体系

低碳生态指标是在了解中外典型生态城市建设指标、技术体系和低碳生态建设相关标准等基础上,对比分析中国当前现状、自然生态条件、人文环境、技术水平、政策条件等情况而制定的。指标的选取和制定遵循以下原则（孙大明等，2011）：第一，普遍性与针对性原则。一方面指标体系要尽可能采用中外普遍采用的综合指标，全面反映低碳生态城市建设涉及的各个领域，利于不同区域之间的相互比较和推广借鉴；另一方面也要兼顾区域条件特点，体现地方特色。第二，可获取与定量化原则。全面细化各项指标，相关指标应在现有条件下可以获得，并有利于进行科学量化。对于一些在目前认识水平下难以量化且意义重大的指标，采用专家评分、抽样调研等方法实现定量描述。第三，前瞻性与可操作性原则。指标要考虑社会的发展进步而具有一定的前瞻性，同时，也要考虑技术水平在规划期内是可实现的。

目前，中国在实践中广泛应用的评价指标体系，其一是利用 AHP 法把所选取的指标指数化，赋予权重后加总，以得分的高低排名，这种方法常见于目前较流行的各种排序。其二是给各指标设定不同的阈值，以是否达到阈值为考核标准，这种方法最典型的是国家环境保护部颁布的《生态县、生态市、生态省建设指标》。作为具有中国特色的低碳生态规划指标，它应包括了经济、技术、社会人文和制度环境等关联性因素。依据对低碳生态规划建设关联性因素的分析，选取了 7 个一级指标和 20 个二级指标，构建了低碳生态建设综合评价指标体系（表 8.3），主要包括经济增长，城市化率，产业结构，能源结构，能源利用效率，交通体系，消费模式，碳汇林业，制度环境等方面。

表 8.3 低碳生态区域建设综合评价指标体系（引自王爱兰，2011，有修改）

一级指标	二级指标	指标特点	指标理想值	指标权数
产业结构	第三产业比重	反映产业结构对碳排放水平的差异和环保产业对环境综合治理能力	60%以上	0.05
	环保产业占工业产值比重		10%以上	0.05
能源结构	非煤炭能源消费比重	反映不同区域城市能源资源禀赋、能源结构清洁化程度和不同技术水平导致的能源开发利用状况等	50%以上	0.05
	非化石能源消费比重		20%以上	0.08
	碳能源排放系数		全国大城市平均值	0.05
能源利用效率	单位国民生产总值的能耗	衡量低碳发展技术水平和潜力	全国大城市平均值	0.08
	单位工业增加值能耗		全国大城市平均值	0.10
	碳生产率		全国大城市平均值	0.10
	科技研发投资占国民生产总值的比重		3%以上	0.06

一级指标	二级指标	指标特点	指标理想值	指标权数
交通体系	公共交通客运量比重	反映城市基础设施和交通体系对低碳规划建设的影响	60%以上	0.05
	轨道交通客运量比重		30%以上	0.03
	每千人拥有公共汽车(辆)		0.2辆以上	0.02
消费模式	人均碳排放量	表明不同消费模式和住宅建筑设计结构对城市碳排放量的影响	全国大城市平均值	0.05
	人均能源消费量		全国大城市平均值	0.05
碳汇林业	森林覆盖率	反映城市碳汇林业发展对低碳建设的作用和潜能	全国大城市平均值	0.03
	绿地面积占总面积的比重		全国大城市平均值	0.02
	人均绿地面积		80 m² 以上	0.05
制度环境	低碳建设的相关标准	衡量城市低碳发展的软环境和保障制度发育完善程度	制定且执行率高于80%	0.02
	制定低碳发展法制政策		制定且执行	0.04
	制定低碳发展战略规划		制定且执行	0.02
合计				1.00

特别需要提及的是,制度创新在低碳经济中具有重要的地位。制度环境因素主要包括建立和完善法规政策体系、发展战略规划、建立资源和能源价格机制、建立排污权交易制度和市场、建立资源有偿使用制度、建立生态补偿和资源节约与高效利用长效机制等。制度的创新与完善,为低碳规划区域营造了良好的发展环境,二者之间呈正相关关系。

低碳生态规划涉及面广,具有系统性、复杂性和阶段性等特点,是理论、技术和政策等的集成,所面临的问题和挑战还有很多。随着城市的发展,新的问题层出不穷,应充分认识低碳生态区域建设的长期性,低碳规划也应与时俱进。建立集成化低碳生态规划方案,从指标体系到规划要素,再到规划方法和途径,从低碳生态规划的目标、内涵到规划技术和政策支撑,将低碳生态规划引入更深、更广的研究与探索之中(鄢涛等,2012)。

8.4 低碳城市建设的关键问题及模式

8.4.1 低碳城市建设的背景

随着资源环境与社会发展矛盾的日益严重,英国首次提出"低碳经济"这一全新的理念后,"低碳城市"的概念也随之应运而生。在这样的环境背景下,研究"中新天津生态城"(SSTEC)低碳城市建设的关键问题及模式具有重要的理论价值与重大的现实意义。在对 SSTEC 自然地理背景及生态状况调查的基础上,凝练出该区域开展低碳城市建设主要受到三个方面的困扰。其一是产业结构不合理,第二产业比重一直保持在 60% 以上,并排放了 70% 以上的碳,能源消耗量偏大;二是土壤状况不佳,土壤含盐量大于 1.0%,pH 值在 8.5 以上,碱性大,土壤的潜育化作用强烈,不利于绿化的实施;三是深层地下水全部为咸水,矿化度 20～50 g/L,水环境条件极其恶劣。针对这些实际问题,结合低碳城市建设理念及方法,从资源及能源配置、产业结构调整及生态环境保护等方面,综合性地构建 SSTEC 的低碳建设模式。

随着城市人口的不断增多和城市规模的日益扩大,城市作为经济发展的主要推动力的作用日趋明显。城市也因此成为能源消耗与温室气体排放的主要载体,所以低碳城市的建设就显得尤为迫切。何谓低碳城市?低碳城市是指以低碳经济为发展模式及方向,市民以低碳生活为理念和行为特征,城市管理以低碳社会为建设标本和蓝图的城市。

中国低碳城市的建设在近几年蓬勃发展,城市的资源禀赋、产业基础、地区的发展战略因地理位置的不同而有所差异,这就决定了不同的城市选择不同的低碳发展模式。目前中国进行了很多的低碳城市建设及探索工作。2008 年,中国国家发展与改革委员会和世界自然基金会共同确定上海和保定为两个试点城市。上海低碳生态城市建设的亮点集中在崇明岛东滩生态城和临港新城两个建设项目上。其中,东滩生态城定位为以"低生态足迹"理念建设的"生态新城镇",重要规划理念包括建设生态功能区、发展绿色交通、充分利用可再生能源、注重城市形态和生态功能的结合以及建筑环保节能技术的应用;临港新城则将建设重点放在构建低碳社区及低碳产业园区等局部区域以促进低碳技术的应用(顾朝林,2009)。保定市于 2008 年年底公布了《关于建设低碳城市的意见(试行)》,以"中国电谷"和"太阳能之城"计划为建设主体,其建设立足新能源和可再生能源产业发展、新能源综合应用以及节能减排。中国还有许多其他的城市也在积极地进行低碳城市建设的探索,诸如苏州、无锡、德州、贵阳、厦门等城市。中国的低碳建设模式大致分为两种:

其一是立足新能源和低碳产业为主导的产业园模式;其二是建设具有示范意义的新区模式。

8.4.2 低碳城市建设的关键问题

SSTEC 坐落在天津滨海新区,距离滨海新区核心区 15 km、距离天津中心城区 45 km、距离北京 150 km,规划面积约 30 km²。规划区域内 1/3 是废弃盐田,1/3 是盐碱荒地,1/3 是有污染的水面,土地盐渍化严重。在这样一个条件比较差的地区建设低碳城市,不同于常规的城市选址思路,应当是资源约束条件下,建设低碳城市的一次全新尝试(唐艳明,2009)。通过对生态城周边的社会环境以及自然条件的调查,结合数据分析,发现制约 SSTEC 低碳城市建设的主要问题表现在如下几个方面。

首先,产业结构不够合理。SSTEC 坐落在天津滨海新区,天津滨海新区一直以制造业基地著称,以外国工厂众多著名。天津滨海新区经过十几年的发展,第二产业的发展最为迅速,第二产业产值从 1997 年的 262.71 亿元上升到 2009 年的 2569.87 亿元,增长了 9.8 倍。与之相配套的第三产业发展势头也很迅猛,产值从 1997 年的 114.42 亿元上升到 2009 年的 1233.37 亿元,增长了 10.1 倍。这主要与天津市加大对固定资产的投资,包括城区的改造,加大相关服务业的发展等密不可分,从而为滨海新区今后的经济发展奠定了坚实的基础。虽然滨海新区第一、二、三产业的绝对值逐年增长,但是产业结构基本保持稳定,第一产业比例有所下降。1997—2009 年,第二产业比例远远高于其他产业,一直保持在 60% 以上;其次是第三产业,比例基本保持在 30% 左右;第一产业所占比重最小。这与滨海新区作为京津冀乃至环渤海地区重要的世界性加工制造基地和国际物流中心的功能定位一致。由此可见,工业处于滨海新区产业的主导地位,滨海新区的经济发展主要依靠电子信息、石化、冶金、装备制造业等产业带动。第三产业比重偏低,新兴服务业发展滞后。而据研究表明中国 70% 的碳排放压力主要来源于工业经济部门,居民碳排放量仅占 30%(张擎,2010)。产业结构和能源结构的不尽合理的问题就成了该地区转型的首要问题。

其次,是土地质量状况不佳。SSTEC 位于滨海新区退海成陆仅 500~700 a 的海积平原上,现大部分土地是盐田、苇地和盐碱荒地。部分已垦殖的农田,也因为开垦年代短(一般为 60~70 a,有的仅 40~50 a),土壤的盐碱化严重而影响园林植物的正常生长。由于地势低洼和季节性积水,土壤潜育化作用强烈。水分物理性状恶劣,湿时泞,干时硬,土温低,土性冷,通透性差,这些条件也都不利于园林植物的生长和发育。SSTEC 所在区域的土壤问题很严重,滨海盐土被视为"绿化禁区",围海造地形成的新陆地绿化更是公认的世界性难题,如果处理不好,会对这个地区的绿化造成很大的困扰,所以这个地区的改土问题也是一项很困难的任务。SSTEC 低碳建设的宗旨是:"生态、环保、自然、宜居、节能、和谐,"而实现其中的任何一项目标,都要以改土绿化为先。

第三,水质条件恶劣。SSTEC 所处地区为暖温带大陆性季风气候,春季干旱少雨。春季降雨量仅占全年降水量(572.7 mm)的 10%,而蒸发量却是降雨量的 10 倍。春旱不仅影响苗木成活和生长,而且引起土壤强烈返盐,危害园林植物。蓟运河是该区唯一的地上水灌溉水源,但由于处在最下游,加之干旱缺雨,故水量少且水质差(属劣五类)。本区深层地下水全部为咸水,咸水体厚度达 80～90 m,矿化度 20～50 g/L(毛建华等,2008)。SSTEC 位于汉沽与塘沽两区之间,这个范围内现状水系条件恶劣,区内及周边地表水水质较差,基本为劣五类或五类水体,不能作为城市集中供水水源。处于区域中心位置的汉沽污水库常年承接汉沽生活污水及周边化工等重污染工业的工业废水,水质及底质污染严重。区内散布大量的晒盐场、水产养殖场和挖河取土遗废的土坑,地表生态破坏严重。没有完善的供、排水系统,区内雨水多采用自然排水方式,少量污水基本与雨水合流排放(刘星和石炼,2008)。

低碳城市的建设是个复杂的系统工程,除了上述的主要问题外,目前仍存在一些其他问题,如交通系统规划不合理造成的高碳排放,建筑物耗能严重等问题,需要在低碳规划中充分考虑,并逐步解决。

8.4.3　低碳城市建设的模式

低碳城市建设的关键问题就在于降低碳的排放,根据这一低碳城市建设的理念,针对前面提出的 SSTEC 低碳建设存在的问题,再结合中外关于低碳城市建设的经验,总结出 SSTEC 低碳建设的一般模式。

具体而言,结合区域特点及制约低碳发展的关键问题,宜采取如下的途径及模式。首先通过发展绿色服务业体系,开发可再生能源(太阳能、地热能)等途径优化产业及能源结构;大力推进土壤改良技术应用及城市绿化措施,提升土壤固碳能力;通过污水的循环利用、海水的利用及雨水(城市绿地、花坛和园林雨水集蓄;城市道路、广场和停车场雨水集蓄;雨污分流,集中蓄水)的利用,节约水资源;积极实施绿色交通系统的规划及建筑的低碳化。

针对 SSTEC 低碳城市建设存在的关键问题,基于低碳城市建设理念,构建 SSTEC 低碳城市的一般模式(图 8.2)。

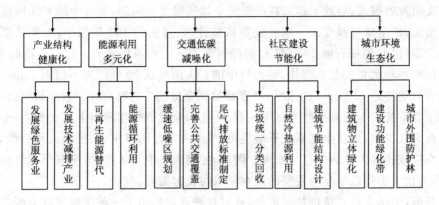

图 8.2　中新天津生态城(SSTEC)低碳建设模式图

SSTEC 面积不大,对区域环境改善的作用是有限的,但它的低碳建设所体现的示范意义十分明显,并在社会经济发展中发挥着重要的作用。

8.5　低碳产业园建立问题

8.5.1　低碳经济模式的提出

随着资源环境与经济发展矛盾的日益突出,全球大气 CO_2 含量持续上升,温室效应不断加剧,当务之急就是积极寻求一种减少碳排放的经济发展模式。低碳经济就是在这样的大环境背景下产生的。清洁能源的应用与节能技术的开发,以及碳核算系统的应用,无疑为相关省(区)从现有的产业园高能耗、高排放向着低碳产业园的转变提供了难得的机遇。

近两个世纪以来,人类加快了改造社会的进程,以牺牲环境为代价来获得经济上的发展,进而导致大气环境中的 CO_2 浓度一直处于不断上升的状态之中,伴随而来的自然灾害也在不断增加,这已引起了世界各国的高度重视,在这种背景下低碳经济便应运而生。如前所述,"低碳经济"最早见于政府文件是在 2003 年的英国能源白皮书《我们能源的未来:创建低碳经济》。白皮书着眼于降低对化石能源的依赖和控制温室气体排放,提出了英国到 2020 年, CO_2 排放量在 1990 年水平上减少20%,到 2050 年减少 60%,以建立低碳经济社会的目标。低碳经济的基本含义是通过技术和制度创新,从根本上改变人类对石化能源的依赖,减少以 CO_2 为表征的温室气体排放,走以低能耗、低排放、低污染为特征的可持续发展道路。其实质是能源效率和清洁能源结构问题,核心是能源技术创新和制度创新,目标是减缓气候变化和促进人类的可持续发展(庄贵阳,2005)。人类社会自进入工业革命依赖的工业文明发展模式,导致了越来越严重的全球气候变化问题,大气中的 CO_2 浓度不断地增加,使全球气候变暖。据有关资料统计,在过去的 100 年当中,人类共消耗煤炭 2650 亿 t,消耗石油 1420 亿 t,消耗钢铁 380 亿 t,消耗铝 7.6 亿 t,消耗铜 4.8 亿 t,同时排放大量的温室气体,使大气中的 CO_2 浓度从 20 世纪初不到 300 ppm[①],上升到目前接近 400 ppm 的水平,严重威胁到全球的生态稳定性。科学研究表明,地球生态系统 CO_2 的自净能力每年只有 30 亿 t,全世界每年约剩下 200 多亿 t CO_2 残留在大气层中,地球生态系统不堪重负,气象灾害范围将更大、更频繁和更严重,进而直接威胁着人类的生存与发展。因此,控制大气中 CO_2 浓度,缓解全球气候变暖,是现代人类得以生存与发展的内在要求与长远需要。

目前,中国人口总量仍持续增长,针对这种现状提出了一种缓解气候变暖的城市发展模式——低碳模式。事实上,是指通过采取各种环保措施或生态工程技术来抵消人类活动中排放的 CO_2、CH_4 等温室气体,使城市在总体上不增加大气中的温室气体含量(薛梅等,2009)。例如,有全国首个以太阳能、风能和人力动能为能源的"零碳小屋"坐落于北京丰台区东高地街道,这座小屋不但没有任何外接电源,而且还能自己"生"电,电量可满足一般家庭生活所需的做饭、取暖等生活用电。家庭若采取"零碳小屋"模式,每月可减排 CO_2 超过 100 kg。

针对现有的产业园的发展状况,可以适当地改进一些碳排放的环节,提高能源效率和清洁能源结构,达到减少温室气体排放的目的,建立起应对全球变暖的最佳经济模式。基于低碳经济理念,分析产业园发展现状,综合碳核算的发展应用,凝练低碳产业园的构建思路以及模式,具有重要的现实意义。为了满足经济发展对能源的需求,提高能源效率,减少温室气体的排放,倡导低碳经济的理念亦具有重要的现实意义。

8.5.2　低碳产业园建立模式

以江苏省为例分析低碳产业园建立的思路及模式。

8.5.2.1　建立低碳产业园的条件

对于江苏省而言,技术上的独特优势、资源禀赋和地理位置等,都决定其具备了建设低碳产业园示范区的有利条件。

碳汇资源丰富。根据江苏省统计年鉴,2007 年底,江苏省林地面积 2058.3 万亩[②],森林覆盖率 16.9%。林木总蓄积量 6030 万 m^3,年总生长量 1002 万 m^3,耕地

---

① 1 ppm＝10^{-6}
② 1 亩＝1/15 hm^2

面积为 $4730.48 \times 10^3 \text{ hm}^2$，水资源 498.38 亿 m^3，湿地资源 215.7 万 hm^2，占全省国土面积的 21.5%，是全国湿地资源最丰富的省份之一。沿海滩涂面积 65.3 万 hm^2，占全国滩涂面积的 25%。森林、耕地和湿地在吸收、固定 CO_2 中均有重要的作用。

清洁能源资源丰富。2006 年据江苏省国土资源厅初步查明，江苏省地热资源条件优越的地区面积达 3.9 万 km^2，占全省总面积的 38%，可采资源量折合标准煤达 56 亿 t，开发潜力巨大。江苏是全国第三个拥有核电的省份，中国单机容量最大的核电站田湾核电站作为中俄两国迄今最大的技术经济合作工程，一期工程两台机组已于 2007 年投入商业运营，二期工程也将于 2008 年 10 月动工。截至 2008 年 8 月 16 日零时，田湾核电站两台机组累计发电量 54.63 亿 $\text{kW} \cdot \text{h}$，累计上网电量 49.53 亿 $\text{kW} \cdot \text{h}$（毛建华等，2008）。江苏省地处江淮下游，黄海、东海之滨，位于中国风能资源较丰富区域，实际可开发量居全国第 7 位，拥有 954 km 海岸线，海岸线以外领海及毗连区约 4 万 km^2，其中大片浅海沙洲是最适合发展风能发电的区域。全省技术可开发量约为 2100 万 $\text{kW} \cdot \text{h}$，其中，陆地 300 万 $\text{kW} \cdot \text{h}$，近海 1800 万 $\text{kW} \cdot \text{h}$（刘星和石炼，2008）。同时，江苏的太阳能资源丰富，是最具开发潜力的可再生能源之一，开发利用太阳能的空间巨大。

节能减排和开发新能源领域具备良好的技术基础。江苏省在节能减排和开发新能源领域具有良好的技术基础。企业研究机构、大学等在先进技术的研发方面非常活跃，不少技术的发展及产业化非常迅速。

8.5.2.2 碳核算系统研发及运用

低碳经济已经越来越多地受到各国的重视，碳核算也越来越正规化，很多企业希望有评估企业碳排放的相关参照数据，为了充分利用现有的经验并开始进行强有力的严格核算，建立碳核算系统模式意义重大。这种模式是建立在《温室气体协议：企业核算和报告准则》（通称"GHG"协议）的基础之上，该协议由世界资源研究所（WRI）和世界可持续发展工商理事会（WBCSD）共同制定。GHG 协议是个中立的高水平的核算标准，被公认为是确定企业温室气体排放责任的国际最佳鉴定标准。这个系统的要求是，除科学的方法学之外，注册系统还要具有良好的商业模式（贾明迅，2009）。GHG 协议建立了一套温室气体核算语言，包括划定企业的报告范围和定义报告的内容，其依据是实体的经营控制、财务控制、排放源或每一排放源的股权情况。也许最为重要的是，GHG 协议处于核算摸底定义了不同的范围。当考虑一家实体的碳足迹时，可能存在三种情况。其一、直接排放生产产品的化学过程的排放等；其二、间接排放指实际控制之下的耗电量所产生的排放等；其三、其他排放涉及使用生产的产品、员工通勤、差旅所产生的碳排放等。中国也可以建立一整套完善的碳排放核算系统，而且这个系统的建立可以促使低碳产业园更好的发展,在中国建立一个可以通过可测量,一致和可验证的方式量化碳排放的注册系统,是朝着更大的气候变化解决方案迈出的必要的坚实的第一步,也是气候变化多边合作的重要前提条件。而且《英国碳核算标准》的出台,可以对产品和服务生命周期内温室气体排放的评价要求做出明确的规定(仇保兴,2009)。低碳真正意义并不是单纯意义的控制终端碳的排放,而是控制各个环节的碳排放,就这个层面上来说,只要技术和能源环境以及社会发展状况达到这个标准就具备了建立低碳产业园的条件。

工商业界可以通过加入注册系统获得准确数据,根据所得数据可以对管理成本做出相应的改进,对外界披露自己公司的数据获得与同类公司相比的竞争优势,与股东合作提供更为有利的数据支持(叶水泉,2010)。

8.5.2.3 建立低碳产业园的思路

对于传统园区的碳排放测算来说,往往考虑的是园区在生产或消费过程中能源消费直接产生的碳排放量。进一步的计算也只是把各种材料、设备、能源、人力的消费量乘以相应的碳排放因子,然后进行排放数量累加。由于不存在一个统一完整的基础碳排放因子数据库,目前计算依据的某种材料的碳排放因子实质上也只是该材料在生产过程中一系列末端排放的累加,也就是一个直接排放的含义。实际上,对于某种产品的生产,需要投入材料、设备、能源等各种产品作为中间投入,而这些中间投入产品的生产也会产生碳排放,伴随中间投入的碳排放的总和,称之为间接碳排放。真正的碳排放计算应该包括直接和间接的碳排放量的总和,即体现碳排放量。

江苏南钢集团、南京高新开发区等是在2000年以前建立的产业园,在当时背景下,其本身并没有反映低碳的特点,所以现在的目的就是将其碳核算系统的研究纳入其自身的考核范围,从而降低自身的碳排放的数量,降低自身的生产以及管理成本等费用。

低碳产业园区的建设是一个系统工程,它包括多层次多方面的内容,涉及园区规划设计、物流采购、营建施工、物业运营,甚至拆卸回收的全生命流程。针对这些现状,对江苏省现存的产业园转变成低碳产业园就是引进低碳产业,与原产业形成互补产业,力求达到产品的循环利用(刘晓旭,2009)。一方面,政府应当利用经济和行政手段,限制高碳产业的发展,如完善主要工业耗能设备、家用电器、照明器具、机动车能效标准和强制淘汰落后产能等;另一方面,运用适当的财政政策引导、鼓励和扶持低碳产业的发展和绿色产品的开发,如信息产业、生态旅游、生态农业、会展业、创意产业、新能源开发等产业。促进产业竞争力的提高,减轻传统产业的锁定效应。继续开展CDM能力建设,更深层次、更大范围地参与清洁发展机制合作。加强与发达国家的技术交流合作,引进消化先进的节能技术、提高能效的技术和可再生能源技术。加快提升江苏省的碳减排潜力,为此,需要以引进先进的节能减排技术为重点,发展清洁发展机制,从而不断增强江苏省碳减排的技术支撑能力,为今后全面、深入开展碳减排工作提供技术基础(梁朝晖,2009)。

8.5.2.4　低碳产业园的一般模式

低碳产业园的建立模式如图 8.3 所示。

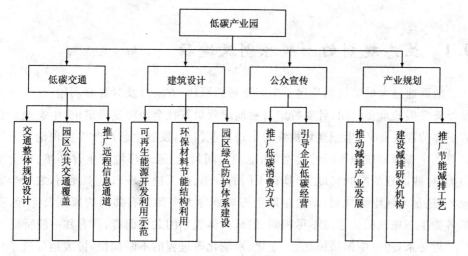

图 8.3　低碳产业园的建立模式

建立低碳产业园,实行低碳经济模式,是缓解经济增长与能源耗用矛盾的有效措施。然而江苏省区域碳排放影响因素除了经济因素外,还包括社会、政策等众多复杂因素,且随着全省人口的增多、经济的高速发展以及人民生活水平的提高,尽管能源利用效率不断提高,但一次性能源的需求总量仍将会有合理的增长,相应的 CO_2 排放量也会增大。鉴于这种复杂的实情,特别是在当今全球金融危机的大背景下,各有关部门更应该充分认识全省在发展低碳经济方面所面临的障碍,积极构建低碳产业园,把降低 CO_2 排放水平的目标纳入江苏省经济和社会发展规划,并且严格地执行。以最小的资源和环境成本,取得最大的经济、社会效益,从而保证经济增长的可持续性,避免重蹈发达国家、地区工业化过程中所走过的弯路。

第 9 章 生态规划的案例分析

9.1 生态规划的一般原则及途径

前面通过大量的篇幅论述了生态规划的原理、方法以及对资源利用、环境保护及经济发展的重要作用,针对特定自然地理背景下社会经济发展定位,生态规划具有重要的现实意义,生态规划最终为实现产业转型,发展生态产业提供理论与方法支撑。生态规划按照不同的类型(如地理空间尺度、地理环境和生存环境、社会学门类、行政区划的空间尺度等)具有不同的分类,但无论是城市生态规划,农村生态规划,还是流域生态规划,湖泊湿地生态规划等大多都具有共同的原则及途径,虽然各类生态规划的侧重点不尽相同,但从具体规划的共性而言,具有其一般特征。

近年来,随着中国城镇化、工业化、市场化等进程的不断加快,极大地促进了中国城市建设水平的提高,改变了中国城镇的整体面貌。虽然我们目前在城市建设方面取得了巨大成绩,但一些城市在发展过程中所表现出的盲目性、脱离现实性亦十分明显。生态规划的重点将是提高城镇化质量,包括推进目前严重滞后的城镇第三产业发展,建立大都市圈产业链分工模式,以及在中国中西部、东北地区构建一批新的增长极,以形成多元化区域竞争格局。新兴城市的生态规划要做到因地制宜,突出特色。

9.1.1 生态规划的一般目标

生态规划的主要目的是协调人—地关系,促进资源环境及社会经济的可持续发展,具体而言,生态规划要起到降低资源成本,优化生态结构,提升环境功能,促进经济发展的作用。通过公众参与达到和谐的生态秩序、健康的生产方式、先进的管理体制。

目前,生态规划编制的直接目的大致有三种:第一,在一定时期内,确定区域未来发展方向,引领未来发展;第二,调整区域用地结构及产业布局,加大未来经济收入;第三,确定局部生活空间的打造,让人们更有归属感。随着社会的不断发展,人们对精神层面的追求会不断提升,未来的生态规划或许也会迎来他固有的"产业结构调整",即未来的生态规划会更加注重对人们心里产生直接影响的"空间、尺度"等方面,而"休闲、游憩"等功能的体现会在生态规划过程中得以全面的诠释。人们对生活环境有一个全新的认识,也对生态规划有个全新的认识——生态规划将不仅仅是利用土地、协调城市空间及建设的设计行为,更是创造让人们身心愉悦的一种创新行为。

9.1.2　生态规划依据及原则

9.1.2.1　法律法规依据及原则

依据《中华人民共和国水土保持法》、《中华人民共和国环境保护法》、《中华人民共和国森林法》、《中华人民共和国土地管理法》、《中华人民共和国草原法》、《中华人民共和国水法》、《中华人民共和国野生动物保护法》、《中华人民共和国野生植物保护条例》、国务院《森林和野生动物类型自然保护区管理办法》、国务院《退耕还林条例》以及相关法律法规的规定,进行生态规划的原则制定。

9.1.2.2　相关指导性文献

依据国家及地方生态环境建设的重要文献,进行原则的细化。如《21世纪议程》、《全国水土保持规划纲要》、《全国生态建设计划水土保持专项规划》、《全国生态环境建设规划》以及地方各部门规划和专业规划等。

9.1.2.3　基本原则

遵循自然分异规律、生物多样性原理以及资源承载力原理与环境容量原理等,结合国家及地方对区域发展的定位,进行生态规划。具体而言,进行生态规划应遵循相关基本原则,主要包括生态规律与经济规律协调原则,生态保护与资源开发协调原则,生态效益、经济效益及社会效益协调原则,统筹规划、突出重点、量力而行、分步实施原则,提升环境质量、持续发展原则,生态建设法制化与工程设计、施工和管理科学化原则,生态建设与产业发展相结合原则,公众参与原则等。

9.1.3　生态规划的主要内容

不同地域、不同类型的生态规划具有不同的内涵,一般而言,针对生态这一核心问题,生态规划包括生态要素的辨识、生态过程评价、生态效应分析、生态产业规划、生态体制规划、生态监测与管理系统等诸多方面,它们不同程度地属于基础规划(生态资产动态、生态服务功能、生态代谢过程、生态调控机制等)及应用规划(生态产业与循环经济、低碳社区与绿色建筑、生态体制和能力建设等）的范畴（王如松，2004）。

9.1.4　生态规划的一般途径

围绕重点需要解决的生态问题，综合分析生态要素的特征以及时空表现规律，进一步全面地把握生态现象及生态过程，在此基础上进行生态景观、区域生态以及生态文化与生态产业的规划分析与设计，充分进行生态风险评价、能力评估、情景分析，最终通过生态监测、公众参与及信息管理等具体实施，如图 9.1 所示。

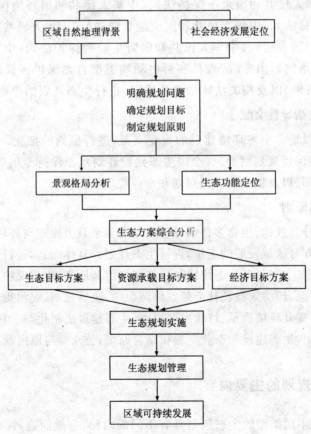

图 9.1　生态规划实施及管理的一般过程

9.1.4.1　明确规划问题

在特定的自然地理背景下,围绕资源环境及社会经济存在的若干问题,如何在生态规划中得以成功地体现,成为实现人与自然的和谐及促进区域发展的核心。只有抓住了规划的核心问题,才可能针对问题的具体表现方式,构建结构合理、布局科学、功能有效的方案。

9.1.4.2　确立规划目标

生态规划必须有明确的目标,针对现实存在的问题,如何解决问题并预期达到何种结果,成为衡量生态工程有效性的重要方面。明确的目标是建立在对问题的准确把握基础之上的,并且通过采取科学合理的方法及途径才能保障预期目标的实现。

9.1.4.3　制定规划原则

地域的差异性、生态的复杂性、社会经济发展的多目标性都为生态规划的制定提出了一系列客观要求,必须从社会经济发展目标,国家及地方行业性法律法规要求,土壤、植被的地带性分布规律,要素之间耦合关系,学科特点及方法途径等方面制定规划原则,作为解决客观问题及实现目标的依据。

9.1.4.4　景观格局分析

景观结构、功能与动态及尺度过程与格局是景观研究的重要内容,而景观异质性蕴含在景观生态研究的方方面面,上述内容均是生态规划必须考虑的重要内容,也自然成为规划工作不可或缺的重要方面。

9.1.4.5　生态功能定位

在景观分析的基础上,了解了景观要素的时空特征以及景观异质性的表现方式,结合区域资源承载力、环境承载力、社会经济发展指标以及人民群众对物质生活与精神生活的客观需求,规划特定空间的生态功能,具有重要的现实可行性。

9.1.4.6　规划方案优化

基于对多目标的不同认识,采用相关技术手段在制定具体方案时,往往有不同的选择,基于生态目标、资源承载目标、环境容量目标以及社会经济发展目标的方案是不同的,因此,必须综合考虑相关要素的相互作用及影响,采用综合分析、系统分析等方法,结合专家决策思想及方法,选择相对更为科学、更为合理以及更为经济有效的方案。

9.1.4.7　规划方案实施

方案实施是一个复杂的系统工程,必须有计划、有步骤地在公众参与下科学实施。保障方案实施的重要途径是要在政府部门及相关管理部门的认可及支持下,有序地开展生态规划各环节的工作,并逐一付诸于落实。

9.1.4.8　生态规划管理

生态规划的管理涉及政府部门、企业及科研与工程技术部门,需要多部门的协作。管理是动态化的,具有阶段性,在不同的阶段均要进行引导及协调,以保障生态规划的顺利实施及生态功能的有效发挥,最终保障区域资源环境及社会经济的可持续发展。

9.2　流域生态规划案例

9.2.1　典型流域宏观背景情况

选择中国最长的内陆河——塔里木河流域作为流域生态规划的典型案例。塔里木河是由发源于天山的阿克苏河、发源于喀喇昆仑山的叶尔羌河以及和田河汇流而成,最后流入尾闾台特玛湖。塔里木河是中国第一大内陆河,全长 2179 km(干流全长 1321 km),塔里木河流域涵盖了中国最大盆地——塔里木盆地的绝大部分,流域面积 102 万 km²,是保障塔里木盆地绿洲经济、自然生态和各族人民生活的生命线,被誉为"生命之河"、"母亲之河"、"历史之河"、"文化之河"、"民族之河"(王让会,2006),而今,随着区域资源环境的开发利用,塔里木河又将成为"文明之河"与"生态之河",探索塔里木河流域生态规划的途径及方法,对于流域生态补偿与生态管理具有重要的指导价值,同时,对于流域生态建设、环境保护与社会经济发展亦具有重要的现实意义。

9.2.2　流域生态规划方法

在充分了解自然地理特征,生态环境状况及社会经济发展的基础上,应用系统分析及综合分析的原理,规划流域生态结构,以满足功能的需求。

9.2.2.1　流域生态脆弱性评价

一、制定评价系统及其指标体系

(1)根据流域及其附近区域的自然地理状况及环境特点(包括地形地貌、植被状况、土壤性质、气候因素等),确定每个因子的脆弱性指标(表9.1)。

表9.1 塔里木河流域生态脆弱性评价指标体系

系统	敏感因子及其代码	定量或定性指标			
水资源系统	灌溉水资源保证率（I_1）	未减少	轻度减少	中度减少	重度减少
		0	$I_1 \leqslant 10\%$	$10\% < I_1 \leqslant 20\%$	$I_1 > 20\%$
		1	2	3	4
	灌溉水质恶化程度（I_2）	未恶化	轻度恶化	中度恶化	重度恶化
		$I_2 < 1.0$	$1.0 \leqslant I_2 \leqslant 3.0$	$3.0 < I_2 \leqslant 5.0$	$I_2 > 5.0$
		1	2	3	4
	地下水亏缺指数（I_3）	不亏缺	轻度亏缺	中度亏缺	严重亏缺
		0	$I_3 \leqslant 10\%$	$10\% < I_3 \leqslant 25\%$	$I_3 > 25\%$
		1	2	3	4
	主河长缩减率（I_4）	未缩减	稍微缩减	中等缩减	严重缩减
		0	$I_4 \leqslant 20\%$	$20\% < I_4 \leqslant 50\%$	$I_4 > 50\%$
		1	2	3	4
	湖泊水面缩减率（I_5）	未缩减	稍微缩减	中等缩减	严重缩减
		0	$I_5 \leqslant 30\%$	$30\% < I_5 \leqslant 60\%$	$60\% < I_5 \leqslant 100\%$
		1	2	3	4
土地资源系统	人工绿洲面积（II_1）	稳定绿洲	基本稳定绿洲	较稳定绿洲	不稳定绿洲
		$II_1 \geqslant 10$	$2 \leqslant II_1 < 10$	$0.5 \leqslant II_1 < 2$	$II_1 < 0.5$
		4	3	2	1
	盐渍化指数（II_2）	轻微盐渍化	轻度盐渍化	中度盐渍化	强度盐渍化
		$II_2 \leqslant 10\%$	$10\% < II_2 \leqslant 20\%$	$20\% < II_2 \leqslant 30\%$	$II_2 > 30\%$
		1	2	3	4
	盐渍化地区地下水矿化度（II_3）	未恶化	轻度恶化	中度恶化	强度恶化
		$II_3 \leqslant 3.0$	$3.0 < II_3 \leqslant 5.0$	$5.0 < II_3 \leqslant 10.0$	$II_3 > 10.0$
		1	2	3	4
	盐渍化地区土壤含盐量（II_4）	轻盐化	中等盐化	强烈盐化	盐土化
		$II_4 \leqslant 5.0$	$5.0 < II_4 \leqslant 10.0$	$10.0 < II_4 \leqslant 20.0$	$II_4 > 20.0$
		1	2	3	4
	耕地指数（II_5）	大	较大	较小	小
		$II_5 > 0.05$	$0.03 \leqslant II_5 < 0.05$	$0.01 \leqslant II_5 < 0.03$	$II_5 < 0.01$

系统	敏感因子及其代码	定量或定性指标			
		大	较大	较小	小
生物资源系统	人工植被指数（Ⅲ₁）	Ⅲ₁≥25%	15%≤Ⅲ₁<25%	10%≤Ⅲ₁<15%	Ⅲ₁<10%
		4	3	2	1
	天然林减少率（Ⅲ₂）	未减少	轻度减少	中度减少	强度减少
		0	Ⅲ₂≤10%	10%<Ⅲ₂≤30%	Ⅲ₂>30%
		1	2	3	4
	天然草场生产能力减少程度（Ⅲ₃）	未减少	轻度减少	中等减少	强度减少
		1	2	3	4
	天然草场面积退缩比（Ⅲ₄）	未退缩	一般退缩	中度退缩	严重退缩
		Ⅲ₄≥1	0.8≤Ⅲ₄<1	0.5≤Ⅲ₄<0.8	Ⅲ₄<0.5
		4	3	2	1
	珍稀濒危动物种类减少程度（Ⅲ₅）	未减少	轻度减少	中等减少	强度减少
		1	2	3	4
环境系统	沙化指数（Ⅳ₁）	小	较小	较大	大
		Ⅳ₁≤0.3	0.3<Ⅳ₁≤0.5	0.5<Ⅳ₁≤0.8	Ⅳ₁>0.8
		1	2	3	4
	沙化强度（Ⅳ₂）	轻度威胁	中度威胁	强度威胁	极度威胁
		1	2	3	4
	沙化面积扩大率（Ⅳ₃）	未扩大	轻微扩大	扩大	强烈扩大
		Ⅳ₃≤0.05	0.05<Ⅳ₃≤0.15	0.15<Ⅳ₃≤0.25	Ⅳ₃>0.25
		1	2	3	4
	沙化区地下水位埋深（Ⅳ₄）	浅	较浅	较深	深
		1<Ⅳ₄≤4	4<Ⅳ₄≤6	6<Ⅳ₄≤8	Ⅳ₄>8
		1	2	3	4
	大风和沙尘暴日数（Ⅳ₅）	较少	少	较多	多
		Ⅳ₅≤20	20<Ⅳ₅≤30	30<Ⅳ₅≤40	Ⅳ₅>40
		1	2	3	4

（2）确定敏感因子的重要程度及其阈值

塔里木河流域地域辽阔，生态环境因子在不同区段不尽相同，有时变化很大，而水资源系统在流域生态环境脆弱性评价中居于主导地位，在专家系统思想指导下，请不同专业领域的专家结合流域实际情况，对四大系统的重要性程度进行打分,水资源系统权重占到了 45,土地资源系统及植被资源系统与水资源系统密切相关,有些因子之间有交叉及重复,它们的权重分别占 18 及 19,沙漠化状况在生态环境中的权重占到 18。各因子阈值主要依据实际调查或经验分析以及相关的环境质量标准来确定,同时也考虑数据处理的方便程度,表 9.2 为塔里木河流域生态脆弱性评价的主要敏感因子及其重要程度和阈值范围。

表 9.2 塔里木河流域主要生态脆弱性敏感因子及其阈值

代码	权重 C_i	阈值(T_i)	
		最小值 T_i	最大值 T_i
I₁	13.7	100	40
I₂	7.75	0.5	2.5
I₃	7.15	1	4
I₄	9.25	1	4
I₅	7.15	0.1	100
小计	45		
II₁	3.62	25	0.5
II₂	3.96	20	80
II₃	3.64	1	4
II₄	3.82	5	20
II₅	2.96	0.1	0.01
小计	18		
III₁	3.6	35	5
III₂	4.71	10	90
III₃	3.91	1	4
III₄	4.12	1	0.5
III₅	2.66	1	4
小计	19		
IV₁	3.8	0.3	0.8
IV₂	3.46	1	4
IV₃	3.36	0.01	0.3
IV₄	3.62	1	4
IV₅	3.76	20	45
小计	18		

（3）数据处理及脆弱性指数计算

由于四个系统 20 个敏感因子的实际值之间变差很大，为了便于脆弱性指数的计算，对通过调查得来的实际定量数据及通过研究确定的模糊定量数据，在阈值的限定下，结合因子是属于正指标（即实际值愈大愈好的指标），还是属于逆指标（即实际值愈小愈好的指标）等特点，进行数据处理。从因子对脆弱性指数的贡献大小角度出发，超过阈值上限者，取值 I_i 为 1，表示胁迫作用最大；低于阈值下限者，取 I_i 为 0，表示胁迫作用最小；处于阈限区间的数据（$\min(T_i) < a_i < \max(T_i)$）按算术对数插值进行处理。$a_i$ 为实际值，T_i 为阈值。

通过上述数据的规范化与标准化处理，就可以得到处于 0~1 的各敏感因子的算术插值。则为同一地区各个敏感因子的综合得分值（其中 $i = 1, 2, \cdots, 20$），生态脆弱性指数可按下式计算：

$$EFI = \frac{\sum_{i=1}^{n} C_i I_i}{\sum_{i=1}^{n} C_i}$$

式中，EFI 为生态脆弱性指数，C_i 为敏感因子权重（$i = 1, 2, \cdots, 20$）。

可以得出，$EFI_1 = 0.08$，$EFI_2 = 0.23$，$EFI_3 = 0.32$，$EFI_4 = 0.25$，$EFI_5 = 0.53$，$EFI_6 = 0.87$，其中，EFI_1，EFI_2，EFI_3，EFI_4，EFI_5 及 EFI_6 分别代表阿克苏河流域、叶尔羌河流域、和田河流域、塔里木河上游、塔里木河中游及塔里木河下游段的生态脆弱性指数。

二、评价标准及评价结果

目前，对生态脆弱性的分级尚没有统一的标准，也没有普遍适用的评价依据。根据中外研究现状，结合塔里木河全流域自然地理状况及生态环境脆弱性表现特征及变化规律，把生态脆弱性程度分为四级，并用生态脆弱性指数与之相对应，其脆弱性分级标准如表 9.3 所示。

表 9.3　塔里木河流域生态脆弱性分级标准

生态脆弱性程度	EFI
严重脆弱	$EFI \geqslant 0.5$
中等脆弱	$0.3 \leqslant EFI < 0.5$
一般脆弱	$0.1 \leqslant EFI < 0.3$
轻微脆弱	$EFI < 0.1$

根据上述评价标准，塔里木河源流区及干流上、中、下游的生态脆弱性程度如表 9.4 所示。

表 9.4　塔里木河流域生态脆弱性评价结果

流域	阿克苏河流域	叶尔羌河流域	塔里木河上游	和田河流域	塔里木河中游	塔里木河下游
脆弱性	轻微脆弱	一般脆弱	一般脆弱	中等脆弱	中等脆弱	严重脆弱
生态区	绿色生态区			黄色生态区		红色生态区

9.2.2.2　流域生态风险性评价

生态风险评价(ERA)是生态科学研究的重要领域,与环境风险评价也密切相关。它是指受一个或多个胁迫因素影响后,对不利的生态后果出现的可能性所做的评估(薛英等,2008)。生态风险评价的内涵包括以下几个方面,生态风险评价可以是定性判别,也可以是定量概率;生态风险评价可以是对未来风险的预测,也可以回顾性地评价已经或正在发生的生态危害,它包括对风险的源头、压力和效应的评价;生态风险评价可以追溯单一压力或多重压力与影响等。生态风险评价是生态科学研究的重要创新领域,是环境风险评价的重要组成部分(薛英,2005;张建荣,1997)。它是指受一个或多个胁迫因素影响后,对不利的生态后果出现的可能性进行的评估(李国旗,1999)。生态风险评价是目前学术界研究的热点问题之一,多数研究主要集中在化学物质的生态风险评价上,目前,对于区域农业景观生态风险评价也进行了有效探索(张学林,2000)。区域生态风险评价是利用环境科学、生态科学、地理科学、生命科学等多学科的综合知识,采用数学、统计学等风险分析手段以及遥感、地理信息系统等空间分析技术来预测、分析和评价具有不确定性的灾害或事件对生态系统及其组分可能造成的损伤,其目的在于为区域风险管理提供理论和技术支持(付在毅和许学工,2001)。

(1)生态风险评价的特点

生态风险评价具有一系列特点,其中生态风险评价的不确定性、危害性、内在价值性、客观性等,是其最显著的几个特点。

生态系统具有哪种风险和造成这种风险的灾害(即风险源)是不确定的。人们事先难以准确预料危害性事件是否会发生以及发生的时间、地点、强度和范围,最多掌握这些事件先前发生的概率信息,从而根据这些信息去推断和预测生态系统所具有的风险类型和大小。不确定性还表示在灾害或事故发生之前对风险已经有一定的了解,而不是完全未知。如果某一种灾害以前从未被认知,评价者就无法对其进行分析,也就无法推断它将要给某一生态系统带来何种风险(付在毅和许学工,2001)。风险是随机性的,具有不确定性。生态风险评价所关注的事件是灾害性事件,危害性是指这些事发生后的作用效果对风险承受者具有的负面影响。这些影响将有可能导致生态系统结构和功能的损伤、生态系统内物种的病变、植被演替过程的中断或改变、生物多样性的减少等。虽然某些事件发生以后对生态系统或其组分可能具有有利的作用,如台风带来降水缓解了旱情等,但是,进行生态风险评价时将不考虑这些正面的影响(付在毅和许学工,2001)。

生态风险评价的目的是评价具有危害和不确定性事件对生态系统及其组分可能造成的影响,在分析和表征生态风险时应体现生态系统自身的价值和功能。生态系统更重要的价值在于其本身的健康、安全和完整,分析和表征生态风险一定要与生态系统自身的结构和功能相结合,以生态系统的内在价值为依据。

任何生态系统都不可能是封闭的和静止不变的,它必然会受诸多具有不确定性和危害性因素的影响,也就必然存在风险。区域开发建设等活动涉及影响生态系统结构和功能时,对生态风险要有充分的认识,在进行生态风险评价时要有科学严谨的态度。

(2)内容与步骤

生态风险评价主要是评价风险源可能给生态系统及其组分带来的损失概率。对生态系统具有危害作用且具有不确定性的因素不仅仅只是污染物,各种灾害,如洪水、干旱、地震、滑坡、火灾和核泄漏等,对人类生存和生态系统的结构、功能也都存在极大的威胁,一旦发生必然会对生态系统造成损害,从而危及生态系统及其内部组分的安全和健康,因而它们也是生态系统的风险源(张洪军,2007)。生态风险评价要利用生物学、毒理学、生态学、环境学、地理学等多学科的综合知识,采用数学、概率论等风险分析的技术手段来预测、评价具有不确定性的灾害或事故对生态系统及其组分可能造成的损伤。

在实际工作中,与生态风险评价具有一定联系的生态系统健康是指一个生态系统所具有的稳定性和可持续性,即在时间上具有维持其组织结构、自我调节和对胁迫的恢复能力。生态系统健康评价可以通过活力、组织结构和恢复力三个特征进行定义。活力表示生态系统的功能,可根据新陈代谢或初级生产力等来测度;组织结构是根据系统组分间相互作用的多样性及数量来评价;恢复力也称弹性力、抵抗力,是指系统在胁迫下维持其结构和功能的能力。生态系统健康评价的最佳途径是微观与宏观相结合的综合性研究。在生态规划过程中,对复合生态系统常用的指标方法有生态毒理学方法、经济学指标与生态指标相结合的方法等(马克明等,2001;张洪军,2007)。综合运用不同尺度的信息能够比较全面地对生态系统健康进行评价。

一般而言,生态风险评价包括危害评价、暴露评价、受体分析和风险表征(张洪军,2007)。殷浩文(1995)将生态风险评价过程分为源分析、受体评价、暴露评价、危害评价和风险表征。Barnthouse 等(1988)概述的生态风险评价的一般程序中主要包括选择重点、定性和定量描述风险源,鉴别和描述环境效应,采用适宜的环境迁移模型,评估暴露的时空模式,定量计算生物暴露水平与效应之间的相关性和综合以上步骤而得的最终风险评价。刘康和李团胜(2004)认为生态风险评价一般分为风险评价的规划、问题的形成、分析过程、生态风险表征、风险的报告。对复合系统生态风险评价主要针对环境污染(包括点源与面源污染)对生态系统的潜在危害,一般分为风险识别、暴露评价、剂量效应、风险表征、风险报告五个步骤(张洪军,2007)。

塔里木河干流地处欧亚大陆中部,由西向南横贯塔里木盆地北缘,是生态环境变化的敏感地区,也是中国 LUCC 研究的关键区域之一(王让会,2002)。近年来,在以水资源开发利用为核心的大强度人类社会、经济活动的作用下,塔里木河干流水环境和自然生态过程发生了显著的变化,以天然植被为主体的生态系统和生态过程因人为对自然水资源时空格局的改变而受到严重影响。由于上游大量引水用于农业开发,干流来水日益减少,干流两岸植被不断退化,土地沙漠化、土壤盐渍化等环境问题普遍发生,生态环境的安全隐患依然存在,塔里木河干流的生态风险明显。

在生态风险评价的基本理论框架和方法体系(Suterll,1993)基础上,对以塔里木河干流为代表的内陆河流域生态风险进行评价,对塔里木河干流的生态修复、环境保护以及风险管理具有重要的理论价值与现实意义。

(3)研究区的界定及评价方法

塔里木河干流始于肖夹克,归宿于台特玛湖,在行政区划上包括阿克苏地区的部分县市和巴音郭楞蒙古自治州。以 20 世纪 80 年代初期中国科学院在塔里木河工作时期的工作边界作为本研究区,此边界能够集中地反映塔里木河干流地区植被、水文等特征变化情况。

根据塔里木河干流生态风险评价指标的不确定性和模糊性的特点,采用模糊数学的方法建立生态风险评价模型,进而对其生态风险进行模糊综合评价。

模糊综合评价方法是以模糊数学为基础,应用模糊关系合成的原理,将一些边界不清,不易定量的因素定量化并进行综合评价的一种方法,即通过构造等级模糊子集把反映被评价事物的模糊指标进行量化(确定隶属度),然后利用模糊变换的原理对各指标综合(杜栋和庞庆华,2005)。模糊综合评价流程如图 9.2 所示。

(4)生态风险分析

生态风险的受体即风险承受者,在风险评价中指生态系统中可能受到来自风险源干扰的不利作用的组成部分(EPA),它应该能够及时准确地对环境因素的改变做出反应,同时受体的选择也应体现出一定的代表性和重要性。

以塔里木河干流土地利用类型为基础,结合塔里木河干流生态系统特征,可将塔里木河干流划分为农田生态系统、林地生态系统、草地生态系统、河流生态系统、

```
┌──────────────────┐   ┌──────────────────┐
│  确定综合评价指标集  │   │  建立综合评价等级集  │
└──────────────────┘   └──────────────────┘
            │                   │
            └─────────┬─────────┘
                      ▼
            ┌──────────────────┐
            │    计算判断矩阵    │
            └──────────────────┘
                      │
                      ▼
            ┌──────────────────┐
            │    确定权重系数    │
            └──────────────────┘
                      │
                      ▼
            ┌──────────────────┐
            │    评价模型构建    │
            └──────────────────┘
                      │
                      ▼
            ┌──────────────────┐
            │    模型综合评价    │
            └──────────────────┘
```

图 9.2 模糊综合评价的一般流程

湿地生态系统、荒漠生态系统六类生态系统。鉴于河流生态系统在塔里木河干流
各生态系统中的重要性以及关键地位,选取以河流生态系统为主的各类生态系统
作为塔里木河干流生态风险评价的受体。

塔里木河干流生态环境具有固有的脆弱性,随着人们对资源环境观念的变化,
其风险源也有一系列的特征。就成因而言,塔里木河干流面临的生态风险源可归纳
为自然和人为两大类。自然生态风险源包括干旱、沙尘天气等。人为风险源有人为
原因造成的土地沙化、水体污染以及干流沿程的水利工程建设造成的风险等,不同风
险源在时间与空间上具有不同的表现特征,共同造成了流域生态系统的不稳定性。

①水资源量减少

塔里木河上游四源流的年径流量多年变化平稳,没有显著的增多或减少趋势,
但塔里木河干流来水量呈逐年减少趋势,如图9.3所示,阿拉尔、新其满、英巴扎和
恰拉水文站的年径流量自1957年到2002年都有不同程度的下降。

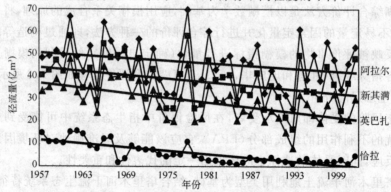

图 9.3 塔里木河干流各站年径流量及其变化趋势(薛英等,2008)

由于塔里木河干流在汛期的洪水漫溢以及分水等无序耗水,干流的年径流量沿程递减,特别是英巴扎水文站至恰拉水文站,多年平均径流量减少更为明显。水资源的沿程递减,致使塔里木河干流下游来水量不足以满足当地的生产、生活以及生态用水。下游的生态环境急剧恶化,植被衰退,土地沙化,环境质量降低。

②沙尘天气频发

塔里木河干流位于塔里木盆地的绿洲和荒漠交错带中,降水稀少、蒸发量大,属极端荒漠气候。由于气候干旱,塔里木河干流上中游段不同程度地受到大风和沙尘暴的影响,干流下游因受特殊地形和下垫面影响,沙尘、大风以及沙尘暴的日数明显大于上、中游。水资源的缺乏、多风沙的天气造成塔里木河干流下游沙漠化问题日益严重,从而导致塔里木河下游成为生态灾害最为严重的地区。

③水体污染严重

近年来,随着流域经济的发展和上游地区水资源缺乏总体规划的高强度开发,致使塔里木河干流中下游的来水量逐年减少,农田高矿化度水体向塔里木河干流排入量增加,造成塔里木河水污染日趋严重(马英杰等,1999),并对该地区农牧业生产和社会经济的健康发展造成严重影响。

由 1964—1998 年资料统计(图 9.4)可知(宋郁东等,2000),除洪水期干流河水矿化度小于 1.0 g/L 外,其余时间干流上、中、下游的河水矿化度均大于 1.0 g/L,最高甚至可以超过 5.0 g/L。塔里木河干流的水质受地理因素及农田排水的影响,已经发生了根本性的变化,水质的不断恶化,加剧了塔里木河干流的缺水危机。

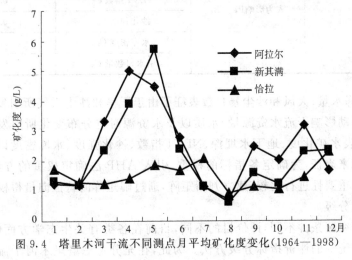

图 9.4　塔里木河干流不同测点月平均矿化度变化(1964—1998)

④干流水利工程

干流水利工程包括干流沿程的水库、防洪堤以及生态闸等工程建设。干流水利工程的建设一定程度上缓解了部分地区的用水危机,减轻了水资源因漫溢而造成的浪费,但从另一方面来看,干流水利工程的建设也带来了隐患。以干流的水库建设为例,目前塔里木河干流有 8 座蒸发大、渗漏大和效益低的平原水库。因年久失修,部分水库已失去其所具有的功能,而成为水资源浪费的一种渠道。此外,水库的修建还改变了水资源的时空分布格局,对部分区域造成了不可估量的损失,干流下游的下段地区就曾因为大西海子水库的修建而断流长达 30 余年,生态环境极度恶化。

(5)指标体系的建立及分级

①指标体系的建立

根据塔里木河干流自身的特殊性和 ERA 概念框架,并结合干流自然条件和人为干扰状况,针对塔里木河干流存在的各种生态风险,依据综合性因素和主导性因素相结合的原则,并考虑目前条件下数据的可获取性,选取最能反映干流生态风险的评价指标,建立塔里木河干流生态风险评价的层次结构模型(表 9.5)。

表 9.5　塔里木河干流生态风险评价指标体系

目标层 A	准则层 B	指标层 C	指标权重
生态风险评价指标体系	自然影响因子 B_1	降水量 C_1	0.08
		大风和沙尘暴日数 C_2	0.17
	人为影响因子 B_2	地表水矿化度 C_3	0.07
		地下水埋深 C_4	0.28
		$NDVI$ 指数 C_5	0.08
		沙化强度 C_6	0.14
		水库密度 C_7	0.09
		引水口数量 C_8	0.09

其中,降水量、大风和沙尘暴日数表征了由于干旱和沙尘天气所引发的生态风险。人为活动影响干流水资源量、水质以及水资源时空分布变化所引发的生态风险,则由地表水矿化度、地下水埋深、NDVI 指数、沙化强度、水库密度以及引水口数量等指标来表征,为确定各指标的权重,引入 AHP 法确定权重的方法,即通过两两成对的重要性进行比较,建立判断矩阵,通过解矩阵的特征向量得权重系数。

②指标分级

由于研究区条件不同,评价目的不同,目前在各类有关生态学方面的评价中,并没有一个统一的评价指标分级方法。为此,在充分考虑塔里木河干流的特殊地理与生态条件的基础上,参考了干旱区以及塔里木河干流的相关文献(宋郁东等,2000),提出了塔里木河干流生态风险评价分级标准,该标准分为较轻风险、轻度风险、中度风险、较重风险、重度风险 5 级(表 9.6)。

表 9.6　塔里木河干流生态风险评价指标因子分级表

指标	评价等级				
	较轻风险Ⅰ	轻度风险Ⅱ	中度风险Ⅲ	较重风险Ⅳ	重度风险Ⅴ
降水量(mm)	>1600	800～1600	400～800	200～400	<200
大风和沙尘暴日数(d)	<5	5～20	20～30	30～40	>40
地表水矿化度	<1	1～3	3～4	4～5	>5
地下水埋深(m)	1～2	2～4	4～6	6～8	>8
NDVI 指数	185～255	166～185	149～166	131～149	0～131
沙化强度	无威胁	轻度威胁	中度威胁	重度威胁	极度威胁
水库密度	50～60	40～50	30～40	20～30	>20
引水口数量	<5	5～20	20～30	30～40	>40

(6)评价模型的构建

因为梯形隶属函数具有形式简单,对数据信息要求低的优点,选取降半梯形函数,建立一元线性隶属函数,计算每个指标因子对塔里木河干流生态风险的隶属程度,并诱导出因子集的模糊判断矩阵 $\boldsymbol{R}$,再结合生态风险模糊评价方法和前面确定的指标权重,建立塔里木河干流生态风险评价模型:

$$\boldsymbol{AR} = \begin{bmatrix} \boldsymbol{a}_1 & \boldsymbol{a}_2 & \cdots & \boldsymbol{a}_m \end{bmatrix} \begin{bmatrix} \boldsymbol{r}_{11} & \boldsymbol{r}_{12} & \cdots & \boldsymbol{r}_{1n} \\ \boldsymbol{r}_{21} & \boldsymbol{r}_{22} & \cdots & \boldsymbol{r}_{2n} \\ \vdots & \vdots & & \vdots \\ \boldsymbol{r}_{m1} & \boldsymbol{r}_{m2} & \cdots & \boldsymbol{r}_{mn} \end{bmatrix}_{m\times n} = (b_1, b_2, \cdots b_n) = \boldsymbol{B}$$

其中,$\boldsymbol{A}$ 为指标权重向量,$\boldsymbol{R}$ 为风险隶属度矩阵,$\boldsymbol{B}$ 为评价结果。

(7)基于地理信息系统的评价实现

由于评价结果表现为一个模糊向量,不易对其进行比较和排序,因此需要对模糊评价向量作进一步处理。加权平均方法依照各因素在总评定因素中所起作用大小均衡兼顾,同时考虑了所有因素的影响。因此,选取加权平均法对模糊综合评价结果进行处理,得到最终评价结果。

利用空间分析软件(ARCGIS)中的统计分析工具对最终的评价结果进行空间插值后,得到塔里木河干流风险评价图(图 9.5)。

由图 9.5 可以看出,塔里木河干流生态风险的分布具有一定的规律性。总体上看,沿塔里木河干流自上游到下游,风险强度有逐渐增强的趋势。

塔里木河干流风险程度最高的地区(Ⅴ级,量化值为 3.30～3.89)出现在下游的阿拉干和台特玛湖区域。此区属于严重干旱地区,由于该区多年无径流汇入,地下水位较低,植被稀疏,沙漠化广布,故风险程度最大,为重度风险区。

风险程度为较重风险(Ⅳ级,量化值为 3.3～3.9)的区域主要分布在英苏附

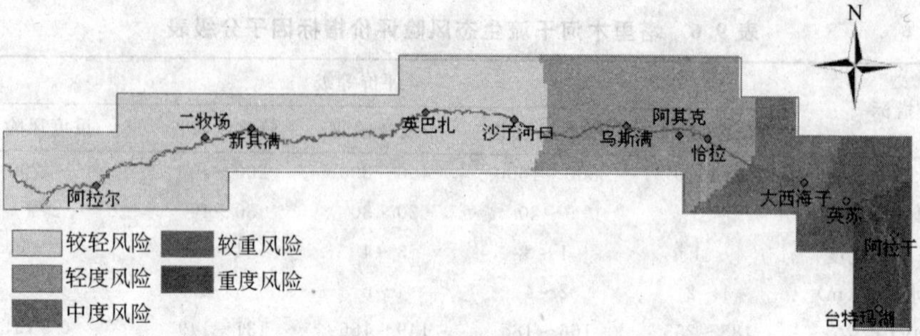

图 9.5　塔里木河干流生态风险分级(薛英等,2008)

近。这个区域处于绿洲外围,有少许植被,但因大西海子水库的建立多年无径流汇入,地下水位也较低,大风和沙尘暴日数相对较多,故风险较大。

大西海子附近为中度风险区(Ⅲ级,量化值为 2.80～3.29)。该地区由于有孔雀河河水的流入,地表水矿化度要低于上、中游,地下水位也较下游的其他地区有所升高,植被稀疏,因此处于中度风险。

干流上、中游地区处于较轻风险(Ⅰ级,量化值为 2.01～2.39)和轻度风险(Ⅱ级,量化值为 2.40～2.79)等级,这个区域虽然地表水矿化度较高,但地下水位相对较高,植被长势也相对较好,且大风和沙尘暴日数相对较少,因此风险不大。

9.2.3　综合分析与生态功能定位

根据对塔里木河流域生态脆弱性以及生态风险的评价,综合性地了解了不同区域生态环境的质量状况,为进一步进行生态功能的科学定位提供了重要基础(表 9.7)。

表 9.7　塔里木河流域生态规划分区

流域	阿克苏河流域	叶尔羌河流域	塔里木河上游	塔里木河中游	塔里木河下游	和田河流域
脆弱性	轻微脆弱	一般脆弱	一般脆弱	中等脆弱	严重脆弱	中等脆弱
人为生态功能调控	生态保育	生态修复	生态修复	生态干预	生态重建	生态干预
生态功能区	阿克苏河冲积平原绿洲农业生态功能区	叶尔羌河平原绿洲农业及荒漠河岸林保护生态功能区	塔里木河上中游乔灌草及胡杨林保护生态功能区		塔里木河下游绿洲农业及植被恢复生态功能区	和田河绿色走廊保护及沙漠化控制生态功能区
生态亚区	塔里木盆地西部、北部荒漠及绿洲农业生态亚区					塔里木盆地中部塔克拉玛干流动沙漠生态亚区
生态区	塔里木盆地暖温荒漠及绿洲农业生态区					

9.2.4 流域生态风险管理及对策

鉴于上述塔里木河干流生态风险分布特点及原因分析,提出流域管理对策。

9.2.4.1 调整水资源的供需方式

水资源的不合理利用直接影响干流水质的变化。塔里木河干流上、中游是重要农垦区,大面积开垦、灌溉和排水,导致了水盐平衡关系改变。为此。必须强化水资源的宏观管理,合理规划和利用干流水资源。配合国家西部大开发及塔里木河流域综合治理的有利时机,实施退耕还林、防沙治沙、天然林保护等生态建设工程,通过对流域水资源及相关资源的合理利用,促进全流域社会经济发展。同时,要通过合理配置生产用水、生活用水、生态用水之间的比例关系,强化生态用水的重要性,改变传统的用水模式;要在科学用水、依法用水的基础上,保证塔里木河干流的水资源量,维护水域生态系统的协调稳定,实现生态环境走上良性循环发展道路(王让会,2002)。

9.2.4.2 建立生态监测预警体系

采用遥感和地理信息系统等技术手段,形成动态监测系统和风险预警系统,即通过对涉及生态环境各方面的信息进行收集、整理和加工,从而对生态风险的可能性做出预测分析,再通过职能部门的管理系统进行管理调控,使各种风险对塔里木河干流的生态环境造成的破坏通过预警机制的缓冲作用,尽可能降到最小。

9.2.4.3 科学定位水利工程功能

由于塔里木河干流部分水利工程已不利于干流水资源的有效利用,加剧了干流下游水资源短缺的风险,故应根据塔里木河干流生态环境现状及治理目标,重新评估、合理定位干流水利工程功能,可考虑对部分平原水库进行巩固、改造或废弃。

9.2.4.4 构建流域生态补偿机制

生态补偿可看作是从保护环境、恢复生态、维持生态系统对社会经济系统的永续支持能力出发,通过一定的经济手段,将自然生态系统与社会经济系统有机地联系起来,为解决生态与自然环境在开发利用、建设以及保护过程中产生的外部性问题而建立起来的一种管理制度(康慕谊等,2005)。

塔里木河干流生态补偿以解决干流上、下游水质保护与受益分离为主要问题,可采用增加财政转移支付力度,制定有利于干流生态环境保护的政策与财税制度等方式实现生态补偿。

9.3 生态省（区、市）和城市建设特点与目标

生态省（区、市）和城市建设是指运用城市生态学的理论，按照城市生态规划的要求，通过城市生态系统的主体城市市民的生活劳动和物化劳动，促使系统向更有序的、稳定的高级方向发展。一般来说，城市生态系统包括城市生命系统和城市环境系统，城市环境系统包括城市的地理位置，流域或自然水体（地面水和地下水、海水和淡水），地球物理特征、矿藏、气候、自然景观以及人工创造的城市建筑物、城市基础设施、城市居民住宅、城市人工景观等。城市生态建设是一项涉及经济、社会、人口、科技、资源与环境等子系统组成的复杂、动态、开放的系统工程。因此，在生态省（区、市）和城市建设中，应该运用城市生态学理论，搞好生态建设规划，使城市经济发展、社会进步、资源环境支持和可持续发展能力之间达到一种理想的协调发展的优化组合状态（张海琴，2011）。

生态省市要求从生态学的角度去研究省市的结构、功能、协调度，使城市的社会、经济和环境实现生态良性循环，建立人与自然和谐共处的居住区。但随着人类社会的发展和进步，生态省市发展的模式应从"改变自然"转变为"回归自然"，它应该具有可持续性与和谐性的特点，这种和谐包括城市中人与自然，人与人的和谐。生态省（市）的建设是区域经济社会可持续发展的良性探索，而建设生态省（市）的第一步就是编制省（市）生态建设的合理规划。在中外众多专家学者及国际组织从不同角度对生态省（市）进行深入理论研究和探索的基础上，相继提出了建设生态城市的计划，并且中国许多省（市）都在进行生态城市建设规划的编制工作，但是这在中国目前尚属探索和研究阶段，需要进一步的完善。无论是生态建设或是生态建设规划，都需要建立一套比较完整的理论、方法、指标体系和实用生态工程技术，使之成为指导中国生态建设和生态建设规划的指南和工作规范。县级行政区作为中国行政区划和社会经济管理最基层、同时也是最重要的基本单元，有关其生态建设规划的研究也越来越受到重视。

生态省（市）建设是一个渐进、有序的不断完善的过程。各地在生态省（市）建设方面的做法虽然各有不同，但一般要经历如下阶段：即生态卫生、生态安全、生态整合、生态文明和生态文化等阶段。第一，生态卫生，采用生态导向，经济可行的生态工程方法，处理生活废物、污水和垃圾并加以回收，减少大气和噪音污染，为城镇居民提供一个清洁健康的环境。第二，生态安全，包括水安全、居住区安全、减灾、生命安全等，为居民提供安全的基本生活条件，如，清洁安全的饮水、食物、服务、住房等。第三，生态产业，强调产业的生产、消费、运输、调控环节存在系统耦合，工厂生产与周边农业生产和社会系统存在着区域耦合。第四，生态景观，强调通过景观

生态规划与建设来优化景观格局,保护好地方自然资源和人文资源,减轻城市热岛、温室效应、水环境恶化等环境影响。生态景观规划通过系统的设计,达到物理的、生态的、美学效果上的创新,它遵循整合性、和谐性、流通性、安全性、多样性和可持续性等科学原理。第五,生态文化是物质文明与精神文明在自然与社会生态关系上的具体表现,是生态建设的原动力,它具体表现在管理体制、价值观念、政策法规、生产方式及消费行为等方面的和谐性,其核心是通过影响人的价值取向、行为模式,倡导一种健康、文明的生产消费方式(焦民顺,2009)。

9.3.1   生态省(区、市)和城市建设的主要特点

生态省(市)建设与传统省(市)建设相比,侧重生态理念与环保策略的实施,主要通过和谐性、高效性、整体性、可持续性等特点体现出来(黄光宇,1999;张建频,2004;李子君,2002)。

和谐性强调具有良好的区域生态环境,土地得到充分的保护和合理利用,城乡结构布局合理,功能分区协调;保护野生动植物,促进生物多样性,保持人与自然、人与环境关系的协调共生。高效性强调大力发展绿色产业,保护资源;以可再生资源替代不可再生资源,低污染能源替代高污染能源,开发新能源新技术,提高资源的利用率,加强废旧资源的循环利用;各行业、各部门密切合作,共生关系得以协调发展。可持续性强调生态城市以可持续发展思想为指导,合理配置资源,既满足当代人的需要,又不损害后代人满足其需要的能力,保证其健康、持续、协调的发展。整体性强调不单纯追求经济的繁荣或环境的优美,而是兼顾社会、经济和环境三者的整体效益,不仅重视经济发展与生态环境的协调,更注重对人类生活质量的提高,是在整体协调的秩序下寻求发展。

9.3.2   生态省市建设的目标

生态规划的建设目标主要通过建设高质量的环保系统、高效能的运转系统、高水平的管理系统、完善的绿地生态系统以及高度生态文明意识等来体现。第一,高质量的环保系统,对城市的大气污染物、废水、废渣以及饮食业、屠宰业、农副市场、大众娱乐场所等系统排出的各种废弃物,都要按照各自的特点及时处理和处置,同时加强对噪声的管理,各项环境质量指标均应达到国家先进城市的最高标准,使城市生态环境洁净、舒适。第二,高效能的运转系统,包括通畅的道路交通系统,充足的能流、物流和客流运输系统,快速有序的信息传递系统,相应配套有保障的物资供应系统和城郊生态支持圈,完善的专业服务系统和污水废物的排放、处理系统

等。第三,高水平的管理系统,包括人口控制、资源利用、社会服务、医疗保险、劳动就业、治安消防、城市建设、环境整治等都应有高水平的管理,以保证水、土等资源的合理开发利用和适度的人口规模,促进人与自然,人与环境的和谐。第四,完善的绿地生态系统,不仅应有较高的绿地指标,如绿地覆盖率、人均绿地面积和人均公共绿地面积,而且还应合理布局,点、线、面有机结合,有较高的生物多样性,组成完善的复层绿地系统。第五,高度的生态文明意识,应具有较高的人口素质、优良的社会风气、井然有序的社会秩序、丰富多彩的精神生活和高度的生态环境意识,这是城市生态建设非常重要的基础和智力条件(王祥荣,2002)。

9.3.3 生态省(区、市)和城市建设案列

前已述及,中国自20世纪80年代开始生态建设的探索。江西省宜春市于1986年由市政府做出了建设生态市的决策,这是中国第一个生态市,经过8年实践和努力,完成了总体规划和剖析试点。到2002年,中国约有20多座城市(如广州、昆明、北京、上海、成都、深圳、大连等)都先后提出了建设生态城市的目标。2003年,国家环保总局发布了生态省(区、市)、市、县、村等评价指标体系,并且开始了试点,随后全国掀起了生态城市建设的浪潮(王立红,2005)。

9.3.3.1 西北地区生态省市建设案列

以陕西省为例,阐述生态省市规划建设的相关问题。

一、陕西生态省建设背景情况

陕西省位于黄土高原腹地,自然条件复杂,由于地跨长江、黄河两大流域,全省南北气候的差异和自然综合特征明显不同,形成了长城沿线风沙区、陕北黄土丘陵沟壑区、渭北旱塬区、关中平原区和陕南山区五个地理单元。这里既是气候变化敏感区域,又是生态脆弱带,还是沙尘暴和黄河泥沙的主要来源区。干旱、风沙、水土流失、洪涝、盐碱等自然现象普遍存在。陕西省开展生态省建设,不仅可以实现山川秀美,也有助于促进中国整体生态文明的发展。

近年来,陕西省围绕环境保护工作的重大问题,以"一山、两水、一基地"为重点,全面提升全省环境质量。"一山"即秦岭。针对秦岭北麓的环境污染现状,陕西省开展了历时4年的秦岭北麓生态建设与环境治理的专项工作,取得了阶段性成果:每年减少废水排放2000万t,废渣排放41万t,削减COD排放约6000t,初步遏制了秦岭北麓长期存在的环境污染问题。"两水"即渭河流域和汉丹江流域。作为南水北调工程中线主要水区,汉江和丹江流入丹江口水库的径流量占总入库水量的70%,水资源保护区的人为破坏活动强烈,水土流失严重;而渭河流域水资源极为短缺,水质污染严重。陕西省大力实施产业结构调整,关停并转400余家造纸

企业,减少 COD 排放 3 万多吨。"一基地"即陕北能源化工基地。陕北地区是中国
21 世纪能源的接续地,由于资源开发初期的保护措施滞后,使生态退化、环境污染
等问题凸显。为此,陕西省连续 3 a,共投入 6.8 亿元资金,对陕北能源化工基地存
在的污染问题进行了整治,关闭电石、铁合金、焦化行业污染企业 55 家,限期治理
410 家,遏制了能源开发区环境污染和生态退化的问题。

二、陕西省生态功能区划分区方案

根据国家生态省建设的原则及目标,2004 年 6 月陕西省人民政府审议通过了
《陕西省生态功能区划》方案(表 9.8)。

表 9.8　陕西省生态功能区划分区方案

一级区	二级区	三级区	范围
长城沿线风沙草原生态区	神榆横沙漠化控制生态功能区	榆神北部沙化控制区	榆阳区北部和神木县西北部
		横榆沙地防风固沙区	横山县北部,榆阳区西南部,靖边县东部
	定靖北部沙化、盐渍化控制生态功能区	定靖东北部防风固沙区	靖边县西北部及定边县东北部
		定靖西南风蚀、盐渍化控制区	定边县西北部和靖边县中部
	白于山河源水土保持生态功能区	白于山河源水土保持区	定边县和靖边县南部
黄土高原农牧生态区	黄土丘陵沟壑水土流失控制生态功能区	榆神府黄土梁水蚀风蚀控制区	神木县东部,府谷县,榆阳区和横山县南部
		黄土峁状丘陵沟壑水土流失敏感区	佳县大部分地区,米脂县,子洲县,绥德县,清涧县中西部,子长县东部,延川的西部
		黄土梁峁沟壑水土流失控制区	志丹县东部,安塞县,子长县中西部,宝塔区大部分地区,延长县西部,甘泉县东北部
		白于山南侧水土保持控制区	吴旗县,志丹县大部分地区,甘泉县大部分地区
		宜延黄土梁土壤侵蚀敏感区	延长县中部,延川县中部,宜川县东北部及宝塔区东南部
		黄河沿岸土壤侵蚀敏感区	佳县东部,吴堡县,清涧县东部,延长县、延川县、宜川县的东部
	黄土塬梁沟壑旱作农业生态功能区	子午岭水源涵养区	富县和黄陵县中西部,宜君县的西部,旬邑县东部
		洛川黄土塬农业区	富县和黄陵县东部,洛川县大部,宜君县东部
		黄龙山、崂山水源涵养区	富县和洛川县东部山区,黄龙县和宜川县大部分地区
		铜川塬梁土壤侵蚀控制区	铜川市,耀县大部分地区
		彬长黄土残塬农业区	长武县,淳化县,旬邑县中西部、彬县,永寿县大部分地区

一级区	二级区	三级区	范围
渭河谷地农业生态区	渭河两侧黄土台塬农业生态功能区	渭河两侧黄土台塬农业区	韩城市大部分地区、黄龙县南部、澄城县、白水县,合阳县中西部、蒲城县北部、富平县、三原县、礼泉县、乾县、永寿县、扶风县、歧山县、凤翔县、宝鸡金台区东南部、宝鸡县、眉县、周至、户县、长安县、蓝田、临潼等
		麟陇北山水源涵养与土壤保持区	陇县东部、宝鸡金台区西部、千阳县、凤翔县北部、麟游县南部、永寿县的局部
		关山水源涵养区	陇县西部、宝鸡市西部
	关中平原城乡一体化生态功能区	关中平原城镇及农业区	渭南市中南部、西安市、咸阳市、宝鸡市中部各县
		大荔沙苑风沙控制区	大荔县南部
		黄河湿地生物多样性保护与水文调控区	韩城市、合阳县、大荔县的东部、潼关县局部
秦巴山地落叶阔叶、常绿阔叶混交林生态区	秦岭山地水源涵养与生物多样性保育生态功能区	秦岭北坡东段土壤侵蚀控制区	潼关县、华县、华阴市南部、蓝田县南部
		秦岭北坡中西段水源涵养区	宝鸡、眉县、周至、户县、长安区、蓝田等山区
		凤县宽谷盆地土壤侵蚀控制区	凤县、留坝县西部、略阳县北部
		秦岭中高山生物多样性保护区	太白县、周至、眉县、留坝县北部,城固县、洋县、佛坪县的北部,宁陕县大部分地区、柞水县西部
		秦岭南坡东段水源涵养区	柞水县大部分地区、镇安县北部、山阳县北部、商州市西部、华县局部、洛南县北部
		商洛中低山水源涵养与土壤保持区	商洛市大部分地区
		镇柞灰岩中山水土流失敏感区	宁陕县南部、镇安县大部分地区、柞水县西南角、山阳县南部、商南县西南角
		秦岭南坡中西段中低山水源涵养与土壤保持区	宁强县西部和北部、略阳县大部分地区、勉县中部和西南部、留坝县大部分地区、汉中市北部、城固和洋县的北部、佛坪县中部、宁陕县西南部
	汉江两岸丘陵盆地农业生态功能区	汉江两岸低山丘陵土壤侵蚀控制区	勉县东部、汉中市中部、城固县、洋县的中部、佛坪县南部、石泉县、汉阴县、安康市、旬阳县的北部和南部,南郑县中部、城固县南部、西乡县东北部、紫阳县北部、平利县东北部、白河县大部分地区
		汉中盆地城镇及农业区	汉中市南部、勉县东南部、南郑县北部、城固县中部、洋县南部
		月河盆地城镇及农业区	汉阴县、安康市、旬阳县的中部、白河县北部
	米仓山、大巴山水源涵养生态功能区	大巴山水源涵养与生物多样性保护区	紫阳县中南部、平利县大部分地区,岚皋县、镇坪县全部
		米仓山水源涵养区	宁强县南部、南郑县南部、西乡县南部、镇巴县全部、紫阳县西部

陕西省在生态省、市建设方面,取得了一系列进展,图9.6为西安浐灞生态区产业功能空间布局(见:http://epaper.xiancn.com/xarb/html/2011-04/08/content_22841.htm)。

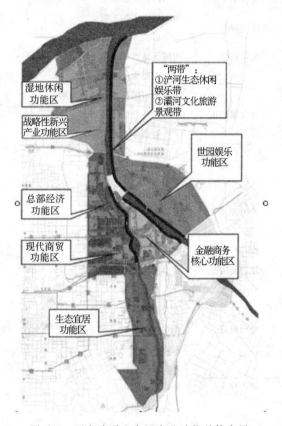

图9.6 西安浐灞生态区产业功能总体布局

三、陕西生态省、市建设指标

生态省市建设是实现山川秀美的重要途径,也是促进区域经济发展的重要保障。生态省建设指标体系是引导及规范生态省建设的重要依据,相关指标的选择应注意因子的综合性、代表性、层次性、合理性以及现实性。中国2003年颁布的《生态县、生态市、生态省建设指标(试行)》中明确了生态城市建设指标,具体规定了关于经济发展、环境保护和社会进步三大类指标。2007年颁布的《生态县、生态市、生态省建设指标(修订稿)》对生态市的建设指标进行了调整和修订(表9.9),陕西省依据该指标开展了一系列生态省建设的实践活动,产生了良好的社会、经济及生态效果。

表 9.9　生态城市建设指标体系

1级指标	2级指标	3级指标	单位
经济发展	经济水平	人均国民生产总值	元
		在岗职工人均工资	元
		城镇居民人均可支配收入	元
	生产效率	市域土地产出率	万元/km²
		单位国民生产总值能耗	吨标煤/万元
		净投资占国民生产总值份额	%
	经济发展速度	国民生产总值增长率	%
		工业劳动生产率	%
社会进步	人口	人口密度	人/km²
		人均期望寿命	岁
		自然增长率	%
	资源配置	人均生活用水	L/人
		人均生活用电	kW·h/人
		电话普及率	%
	社会文明	城市恩格尔系数	%
		万人藏书数量	册/万人
		万人拥有高学历人数	人
	基础设施	人均住房面积	m²
		人均道路面积	m²
		万人拥有病床数	张
环境保护	城市绿化	人均公共绿地	m²/人
		人均水资源量	t/人
		环保投入占国民生产总值的比	%
	物质还原	工业固废综合利用率	%
		工业废气处理净化率	%
		废水处理率	%
		城市无害化处理率	%
	环境质量	城市区域环境噪声平均值	dB
		汽车尾气达标率	%
		城市 SO_2 年日均值	mg/m³
		城市 NO_2 年日均值	mg/m³
	环境建设	建成区绿化覆盖率	%
		机动车环保定期检测率	%

四、陕西省生态省、市建设策略

(1)实施环境污染的综合治理

在水环境污染治理和保护方面,加大了流域的污染防治力度,通过生态工程的方法有效控制有机废弃物对水源河流的污染。同时,优化产业结构,按照"物耗少、能耗少、占地少、污染少、运量少、技术密集程度高及附加值高"的原则,限制发展能耗高、用水多、污染大的工业,积极促进第三产业的发展,着力建设资源节约型、环境友好型社会。在大气污染治理和保护方面,目前陕西省能源消耗主要以煤为主,在加强污染治理的同时,要改变能源结构,加快完成从煤到天然气的转换(王拓,2010)。同时,加强集中供热的强度、增加城市绿地面积,尤其是新建的工业区和住宅区,以利于污染物的自然净化和节约能源。在固体废弃物污染治理和保护方面,采用新技术和新工艺,逐步实现垃圾高效回收及资源化利用。

(2)发展绿色生态产业

在环境科学、生态科学、生态经济学等原理的指导下,大力发展绿色生态产业,有利于自然生态保护和恢复。以协调社会、经济发展和环境保护为主要目标,最终达到生态效益、经济效益和社会效益的统一。以宝鸡市为例,中心城区的市郊农业应发展高效、优质、安全的无公害绿色农业;而就西安市而言,工业是城市经济的支柱产业,重点应发展节能低耗、无污染,能带动市郊农产品深加工的绿色工业,同时,大力发展生态旅游业。总体而言,应进一步强化关中城市群的理念,针对西安、宝鸡、咸阳、渭南、杨陵、铜川、韩城、兴平作为一体化城镇发展带,整合现有资源优势,实现资源共享、环境共生、协调发展的目标。

(3)完善交通系统建设

目前,城市基础设施容量严重滞后于人口、经济、环境的发展,尤其是交通最为显著。未来应加大建设和完善环形网状立体快速通道网络,建设交通设施和现代化交通管理体系,使公共交通网络成为城市交通优先选择的系统。城市应大力开展智能交通体系建设,为市民提供更舒适、安全和便利的现代交通条件。

在城市生态建设规划过程中,通过研究城市生态现状,并根据城市经济、社会发展战略和生态环境建设目标科学地规划各项社会经济活动,合理确定城市功能、规模和布局,进而不断提高资源的转换率,各种设施的节能率,废弃物的无害化处理率,以及城市生态环境的自净能力,使城市经济发展同生态容量相适应。按照生态城市建设规划的要求,调整城市功能分区和土地利用结构,减少城市中的污染源,并加强对它的集中控制和防治。运用生态经济学原理开发建设生态型城镇和生态居住区,同时改造和养护旧城区,积极推进城市甚至基础设施的现代化。

9.3.3.2 东南沿海区生态省(区、市)和城市建设案列

(1)江苏省生态建设

2001年,江苏省人民代表大会常务委员会做出了《关于加强环境综合整治推进生态省建设的决定》,提出到2020年前后基本建成生态省。目前,江苏省大部分地区环境质量良好,太湖、淮河、长江流域水环境质量明显改善,城乡人居环境清洁优美,全省有部分省辖市达到国家生态市建设标准。在未来几年间江苏省将分别建成黄淮平原生态区、长江三角洲平原生态区和沿海滩涂与海洋生态区等三大一级区以及七个生态二级区;积极发展以循环经济为核心的生态型经济,大力发展生态农业,走新型工业化道路,发展生态产业,促进生态文明,构建美好江苏。表9.10为江苏省生态功能区划方案。

表9.10 江苏省生态功能区划方案(燕守广等,2008)

一级区	二级区	三级区	
Ⅰ黄淮平原农业生态区	Ⅰ1沂沭泗平原丘岗农林生态亚区	Ⅰ1~1	丰、沛黄泛平原林农生态功能区
		Ⅰ1~2	徐北丘陵岗地水土流失敏感区
		Ⅰ1~3	铜山低岗残丘水土保持生态功能区
		Ⅰ1~4	骆马湖平原农业生态功能区
		Ⅰ1~5	东海低山丘陵水源涵养生态功能区
		Ⅰ1~6	赣榆丘岗水土保持生态功能区
		Ⅰ1~7	沂、沭平原水旱敏感区
	Ⅰ2淮河下游平原农业与湿地生态亚区	Ⅰ2~1	洪泽湖水文调蓄与生物多样性保护生态功能区
		Ⅰ2~2	盱眙丘陵岗地水源涵养生态功能区
		Ⅰ2~3	总渠灌区农业生态功能区
		Ⅰ2~4	高宝湖泊湿生农业与南水北调东线通道水质保护功能区
		Ⅰ2~5	里下河低平原涝渍敏感区
		Ⅰ2~6	滨海平原农业生态功能区

一级区	二级区	三级区	
Ⅱ 长江三角洲城镇及城郊农业生态区	Ⅱ 1 沿江平原丘岗城市与农业生态亚区	Ⅱ 1~1	南京都市生态景观及生物多样性保护生态功能区
		Ⅱ 1~2	仪、六、扬岗丘水土保持生态功能区
		Ⅱ 1~3	南水北调东线水源保护生态功能区
		Ⅱ 1~4	通、扬、高、沙平原水土流失敏感区
		Ⅱ 1~5	长江水源及生物多样性保护生态功能区
		Ⅱ 1~6	苏南沿江平原城市化和区域开发生态敏感区
	Ⅱ 2 茅山宜、溧低山丘陵常绿与落叶阔叶混交林生态亚区	Ⅱ 2~1	茅山水源涵养生态功能区
		Ⅱ 2~2	石臼－固城湖调蓄洪与渔业资源保护生态功能区
		Ⅱ 2~3	宜、溧山地水源涵养及生物多样性保护生态功能区
	Ⅱ 3 太湖水网湿地与城市生态亚区	Ⅱ 3~1	长荡湖－滆湖湿地水源涵养与农业生态功能区
		Ⅱ 3~2	苏、锡、常都市群城市生态功能区
		Ⅱ 3~3	阳澄、淀泖湖群水乡古镇景观保护生态功能区
		Ⅱ 3~4	太湖水源保护与生态旅游功能区
Ⅲ 沿海滩涂与海洋生态区	Ⅲ 1 沿海滩涂生态亚区	Ⅲ 1~1	赣东沙质海岸生态旅游功能区
		Ⅲ 1~2	云台山生物多样性保护生态功能区
		Ⅲ 1~3	滨海盐田生态功能区
		Ⅲ 1~4	沿海滩涂生物多样性保护生态功能区
		Ⅲ 1~5	河口湿地生物多样性保护生态功能区
	Ⅲ 2 近海海域生态亚区	Ⅲ 2~1	海州湾海区渔业资源与生物多样性保护生态功能区
		Ⅲ 2~2	吕泗渔场海区渔业资源保护生态功能区

187

第 9 章　生态规划的案例分析

基于江苏省生态省市建设的宏伟战略,各地大力开展生态省市建设的实践。图9.7为江苏盐城沿海地区生态功能区划。

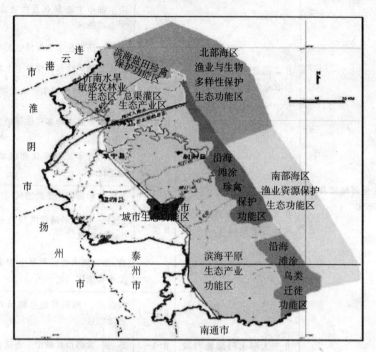

图 9.7　盐城沿海地区生态功能区划(赵洁,2008)

当前,要在科学发展观的指导下,更好地解决江苏发展中存在的不够全面、不够协调的问题,更加注重全面协调和可持续发展。科学发展观为江苏构建和谐社会提供了新的研究思路,即研究各地区人口、资源、环境的相互协调程度、可持续发展竞争力和制定实施可持续发展战略(图9.8)。生态省战略应在三个层面上实施:第一,宏观尺度,即经济国际化战略及长江三角洲一体化,把江苏建设成为区域生态系统的优势子系统;第二,中观尺度,即江苏全省协调发展,实现苏南、苏中和苏北整合化;第三,微观尺度,即建设生态社区和环境友好企业。积极促进生态城市向农村延伸,加强农村环境综合整治,全面实施"清洁田园、清洁水源、清洁家园"工程,加快建设社会主义新农村。具有江苏特色的基于科学发展观的生态省建设模式包括:新苏南(苏锡常+南京、镇江)沿江生态城市群建设模式、基于生态小城镇建设的苏中模式(扬州等)、苏东沿海自然生态保育模式(连云港、盐城等)。

江苏各地城市都积极进行了城市绿化工作,而对城市绿化的考核指标主要是绿化总面积、人均公共绿地面积。但是,总面积和人均公共绿地面积并不能完全正确地反映城市绿化的合理性。因为这样的规划建设指标没有考虑城市绿化分布格

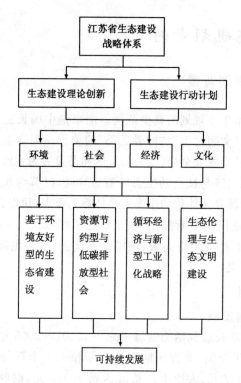

图 9.8　江苏生态省建设战略体系

局的合理性,不能保证城市居民所需求的绿色活动空间。因此,大多数城市的绿化虽然在总面积和人均面积上满足国家标准要求,但城市绿化地的分布极不合理,有许多居民区没有可供居民活动的绿化空间,更谈不上发挥城市绿化的生态效益。

　　根据对江苏省 13 个地级市生态环境质量现状问题的分析,江苏省各地级城市生态规划应主要从城市生态系统结构调整、重组和功能的优化方面进行重点研究,寻找拓展城市可持续发展能力的突破口。具体包括以下措施(王祥荣,2002):第一,控制人口数量和密度,提高人口素质。第二,控制高层建筑,疏解建筑密度。第三,调整用地结构,完善基础设施,提高城市建设水平。第四,加强绿化建设,保护生物多样性。第五,加强环境保护,提高环境质量。第六,实行城乡一体化规划,优化城乡空间。第七,加强城市公共服务设施建设,提高居民生活质量。第八,加强组织机构建设,提高生态文明意识。

9.4 城市生态规划案例

9.4.1 南京城市规划背景

选择南京作为城市生态规划的典型范例。南京是中国长三角地区的重要城市，南京具有"绿色之都"、"文明之都"、"博爱之都"的美誉。围绕生态城市规划建设，以科学发展观统领经济社会发展全局，以人与自然和谐发展为主线，以提高人民生活质量为根本，以促进传统经济与社会的生态转型为导向，以节约和集约利用资源，保护和改善生态环境，构建城乡一体化的生态安全体系为重点，建设具有国际影响的生态南京。随着城市生态建设的不断深化，国家制定了《生态县、生态市、生态省建设指标》，对于南京尽快走上经济生态高效、环境生态优美、社会生态文明的协调发展之路，具有重要的现实意义。

9.4.1.1 基础与条件[①]

(1)经济社会快速发展

南京是中国经济增长最具活力的城市之一，2001－2005年地区生产总值年均增长14.2％，分别高于全国、全省同期水平5.4和1.4个百分点。2005年全市地区生产总值达到2413亿元，人均生产总值达到40919元，财政总收入突破500亿元。产业结构进一步调整优化，形成第二、第三产业共同推进经济发展的格局，高新技术产业占工业经济的30％以上。社会事业全面发展。做好国家服务业综合改革试点工作，创建国家电子商务示范城市。启动了软件业"一谷两园"(一谷指中国南京软件谷，两园指南京软件园和江苏软件园)规划建设。

(2)水土资源匹配良好

南京地处长江下游，水资源丰富，江、河、湖、泊俱全，水域面积占总面积的14.4％，本地多年平均水资源总量达26.6亿 m^3；多年平均外来水资源总量在9000多亿 m^3。为南京经济、社会发展和人民生活提供了充足、稳定、可靠的水资源。

虽然南京的地形以丘陵岗地与低山为主，但适宜开发的平原土地仍占全市总面积的35％。丰富的外来水资源均集中于平原区，水土资源空间匹配良好，农业灌溉较为便利，工业与城市生活用水可靠。

(3)生物多样性类型丰富

南京地处北亚热带季风气候区，属于中国现代植物资源最丰富、植物种类最多的地区。具有落叶阔叶与常绿阔叶混交林的地带性植被，主要分布常绿阔叶树种

---

① 据《南京市生态市建设规划纲要》，有修改。

近 50 种,野生药用植物 40 种。共有维管束植物 1373 种。同时,又以山丘、河湖兼备,气候温和,而野生动物资源丰富繁多,其中脊椎动物达 335 种。良好的自然生态条件与古今文明共同构成丰富多样的自然与人文景观类型。

（4）环境保护备受重视

近年来,南京不断加大环境保护力度,城乡环境基础设施进一步完善,环境综合整治成果明显,环境质量得到较大改善。城市生活污水集中处理率已达 65.2%,城市主要内河基本消除劣 V 类水体,长江南京段水质达国家 Ⅱ 类标准;城市空气质量良好以上的天数突破 300 d;环境质量综合指数达 74.5;环保投入占国民生产总值的比重达 3%。南京相继获得国家园林城市、全国优秀旅游城市、国家卫生城市、国家环境保护模范城市等称号。高淳、溧水、浦口、江宁先后成功创建国家生态示范区,全市建成 20 个环境优美乡镇和 22 个生态村。循环经济全面启动,循环型工业和循环型农业试点工作正在逐步推进。

（5）生态文化特色鲜明

南京具有山、水、城、林的自然生态特色。南京是滨江城市,长江自西南向东北斜贯市区,在长江沿岸城市中最具大江气势;宁镇山脉自东而西逶迤于市区,形成了南京负山带江、山川形胜、虎踞龙蟠的景观特色。南京是绿色城市,历代营造的林木绿地使南京以绿而闻名,"绿色南京"工程的实施促进了绿化建设向纵深发展。2005 年,全市森林覆盖率为 21%,建城区绿化覆盖率达 45%,市区人均公共绿地面积达到 12 m²,呈现出城中林廊交织、城外森林环绕的绿色景象。南京是历史文化名城,具有 2400 余年建城史和 1700 余年建都史,历史文化源远流长、底蕴深厚。

（6）科技和教育优势明显

南京是国家重要的科研和教育基地,也是有名的人文荟萃、知识密集的科教城市,全市现有中国科学院、高等院校、自然科学研究和开发机构近 600 家,研究领域涉及自然科学和工程技术各大门类,科研设施先进,科研开发实力雄厚。

9.4.1.2　存在的问题①

（1）产业结构不尽合理

南京低山、丘陵环城分布,与长江形成三面环山一面临江的地貌特征,主城区地势呈向西北开口的簸箕状,不利于大气污染物的扩散,成为影响环境空气质量的客观制约因素。下游和上风向在方位上重叠,对现有工业和城市布局产生影响,增大了布局调整的难度。长江由西南向东北横穿主城区,城市处在长江南京段的中游,常年主导风向为东北风,有利于工业布点的长江南京段下游却位于城市主导风向的上风方,工业布局难以兼顾城市水环境和大气环境。

---

① 《南京市生态市建设规划纲要》,有修改。

南京以石化、冶金、电力、建材等为主导的重化工业在工业结构中一直占有很大比重。重化工业偏重,其能耗大、水耗大、污染物排放量大,主要污染物的排放强度居高不下。产业结构过重,给环境和生态造成了很大压力,加大了产业结构升级和生态化转型的难度。重化工业规模大,技术改造难度大,产业生态转型严重滞后,成为南京生态市建设的瓶颈制约因素之一。

(2)城乡二元结构特征明显

煤炭、石油等能源和工业生产所需的其他矿产资源绝大部分均须由外地调入。2005年全市石油实物消耗量达到1856万t。人均耕地面积较少,人均耕地面积仅为0.9亩[①],在长三角前六个城市中平原土地面积最少,人地矛盾较为突出。经济发展、城市扩张、基础设施建设等对土地资源占用需求剧增,生态用地遭受蚕食和挤占,自然水系、山体破坏较为严重。

南京是长三角地区前六个城市中城乡二元结构最明显的城市,城乡之间在经济发展、生活水平和环境基础设施建设等方面差距很大,统筹城乡发展的任务艰巨。乡镇工业、农业和生活污染未能得到有效控制,农村地区环境基础设施缺乏,农村生态建设与环境保护的任务艰巨。

(3)环境保护机制有待完善

水环境达标率较低,部分水体污染严重,水环境全面达标的任务艰巨;城市空气质量的进一步改善受到施工扬尘、机动车尾气污染、重化工业污染等的严重制约;受保护地区占国土面积比例偏低,建设土地增长过快,生态破坏区的修复进展缓慢;农业等面源污染、养殖业等集中污染还没有得到有效控制;主要污染物排放总量居高不下,项目建设与环境容量等的矛盾日益尖锐;环境保护投入不足,基础设施建设相对滞后,农村地区尤为突出。

环保与发展综合决策机制、生态环境保护统一协调的运作、推进机制有待进一步健全。重经济发展、轻环境保护现象不同程度地存在,干部环保实绩考核机制有待进一步完善。多元化环境保护投资机制尚未形成。环境执法不够有力,环境管理体制需要进一步加强和完善。全社会的环保意识需要进一步增强,人们生活消费方式需要进一步转变,公众参与生态建设的渠道需要进一步拓宽。

9.4.2 南京生态规划目标

城市生态规划建设的目标并不是高不可及,只要通过多学科的协作和全社会的共同努力,将生态科学、环境科学、社会学、经济学、行为学、心理学等学科知识融

---

① 1亩=1/15 hm²

入城市规划与管理领域，变单纯的建筑规划为社会、经济、自然综合规划，加强管理，就一定能将理想变为现实。创造出富有时代风貌特色，高效、和谐的生态城市（王祥荣，2000）。将南京建设成为经济生态高效、环境生态优良、社会生态文明，自然生态与人类文明高度和谐统一的现代化生态城市。建设生态城市，是建设资源节约型、环境友好型社会的有效途径，是构建和谐南京的重要载体。2004年，南京市做出了"实施绿色南京战略，建设生态市"的战略决策，也是引导南京城乡可持续发展的重大抉择（引自《南京市生态市建设规划纲要》，2006）。

南京城市总体目标为，通过15 a的努力，基本建成以循环高效为特征的生态产业体系，以节约、集约为基础的资源保障体系，以污染防治为重点的环境保护体系，以生态网架为支撑的生态安全体系，以人与自然和谐为基础的生态人居体系，以古今文化与生态文明融合为标志的生态文化体系，使南京成为经济生态高效、环境生态优美、社会生态文明，自然生态与人类文明高度和谐统一的现代化生态型城市。

依据建设基础、城市特色、发展阶段和发展机遇，南京生态市建设的战略定位是经济集约高效的现代城市，环境优良清洁的绿色城市，人与自然和谐的宜居城市，社会生态健康的文明城市。具体而言，通过生态城市建设，建立起以循环高效为特征的生态产业体系，以节约、集约为基础的资源保障体系，以污染防治为重点的优良环境体系，以生态网架为支撑的生态安全体系，以人与自然和谐为基础的生态人居体系以及建立起以古今文化与生态文明融合为标志的生态文化体系。

9.4.3 南京城市生态规划理论依据

基于对南京城市生态环境状况，文化历史传统，社会经济发展态势的认识，在进行生态规划时，依据景观生态学、生态足迹、复合生态系统理论等生态学原理，以及生态服务价值，循环经济等生态经济理念，结合土地适宜性评价，生态安全格局分析等方法，综合性地进行生态规划。将生态学理论、生态经济理论、可持续发展原理和城市规划原理相结合，从高效益的产业生态体系、高质量的人居生活体系、高水平的环保与生态建设体系和高吸引度的景观与生态旅游体系方面，建立较为完整的生态规划与设计方案，在研究方法上将环境监测评价、土地利用分析、物质循环和能量流动等生态系统分析方法、环境经济分析等方法相结合，实现南京城市功能的优化。

9.4.4 南京城市生态规划主要特点

根据南京市社会、经济和生态环境现状,针对南京市生态环境建设和保护中存在的问题,兼顾可操作性和实用性,通过一系列生态工程的实施,构建高质量的环保系统,高效能的运转系统,高水平的管理系统,完善的绿地生态系统以及高度的社会文明和生态环境意识,真正达到生态功能规划的目的。相关生态工程主要包括生态农业建设工程,绿色南京建设工程,生态工业建设工程,生态服务业建设工程,水环境综合整治工程,大气环境综合整治工程,噪声环境综合整治工程,固体废弃物处理处置工程,重要生态功能区保护工程,自然资源保护工程,人居环境建设工程,生态文化建设工程等。

9.4.4.1 生态功能分区

根据各地的自然条件、经济社会发展情况、生态系统类型、环境敏感性及生态环境问题,采用二级分区,将南京市划分为四大生态区和九个生态亚区。以此为基础,合理布局生产力,制定区域生态环境保护与建设规划,有效地保护和利用资源,维护区域生态安全。主要生态分区包括北部六合浦口岗地丘陵生态区,中部沿江低山丘陵生态区,中南部秦淮河流域低山丘陵生态区,以及南部石臼湖和固城湖平原与岗地生态区。通过规划建设,努力构筑"四横两纵"的生态网架,保护"一核六片"生态源区以及扩展生态人居用地。与此同时,在市域范围划分生态保育与禁止开发类型区、生态保护与限制开发类型区和生态维护与引导开发类型区三类生态功能和管制区。

9.4.4.2 生态产业体系

树立循环经济理念,探索发展循环经济的有效途径,大力推进产业结构调整,走新型工业化道路,积极发展生态农业、生态工业、生态服务业,推动由"资源—产品—废弃物"的传统增长模式向"资源—产品—废弃物—再生资源"的循环经济模式转变,降低资源消耗,减少环境污染,提高经济、社会和环境效益。

9.4.4.3 资源保障条件

实行保护为主、有限开发、有序开发、有偿开发,加强对各种自然资源的保护和管理。坚持节约优先的原则,强化节地、节能、节水、节材和资源综合利用,采取有效措施,大力推进全社会资源节约,提高资源利用效率,积极创建资源节约型城市。

9.4.4.4 和谐人居环境

有效地拓展发展空间,合理地布局人居空间,提升人居环境功能,建设城乡生态社区。落实城乡统筹和建设社会主义新农村的发展要求,推动城市空间结构的战略性调整,以建设现代化南京都市区为目标,建立起协调发展的空间功能分区和科学合理的空间开发秩序。通过树立正确的自然观和发展观,培养公民的生态意识,加强生态文化宣传教育,倡导生态文明。

通过建设总体形成"一带两廊三环六楔十四射"都市区绿地结构。一带:由长江及其洲岛、湿地和两侧带状绿地构成。两廊:由滁河、秦淮河及其两侧湿地和带状绿地构成。三环:由沿明城墙、绕城公路、公路二环两侧的环形绿地构成。六楔:城镇发展轴之间外围区域绿地向城镇内部楔入的楔形绿地。十四射:由沿主城向外辐射的高速公路两侧绿地构成。

9.4.5 南京市生态规划调控策略

生态城市应是结构合理、功能高效和关系协调的城市生态系统。结构合理主要是指适度的人口密度,合理的土地利用,良好的环境质量,充足的绿地系统,完善的基础设施,有效的自然保护;功能高效是指资源的优化配置,物力的经济投入,人力的充分发挥,物流的畅通有序,信息流的快速便捷;关系协调是指人和自然协调,社会关系协调,城乡协调,资源利用和资源更新协调,环境胁迫和环境承载力协调。生态城市的目标应该是环境洁净优美,生活健康舒适,人尽其才,物尽其用,地尽其利,人和自然协调发展,生态良性循环。

充分发挥山、水、城、林优势,城乡建设与自然生态有机结合,建成生态健康、环境优美、经济发达、社会和谐的宜居城市。实施文化南京战略,推进和谐南京建设,形成历史文化与现代文明共存的城市风貌;弘扬生态文化,倡导绿色生产和绿色消费方式;推进科技、教育、文化、卫生等社会事业的全面发展,形成古都风貌与现代文明交相辉映,生态文化特色鲜明的文明城市。

参考文献

艾努瓦儿. 2005. 新疆生态功能区划. 乌鲁木齐:新疆科学技术出版社.

安云娜. 2008. 福州市景观健康与景观美学质量研究. 福州:福建师范大学.

白洪. 2006. 城市土地生态规划研究. 天津:天津大学.

白彦壮,张保银. 2006. 基于复杂系统理论的循环经济研究. 中国农机化,(3):27-30.

白占雄. 2006. 基于生态风险评价的宁夏海原地区防灾减灾预案研究. 北京:北京林业大学.

蔡海生,陈美球,赵小敏. 2003. 脆弱生态环境脆弱度评价研究进展. 江西农业大学学报,25(2):
    270-275.

蔡佳亮,殷贺,黄艺. 2010. 生态功能区划理论研究进展. 生态学报,30(11):3018-3027.

曹梅英,王建化. 2003. 城市河流整治与生态环境保护. 山西水利,(1):13-14.

曹新向,丁圣彦,张明亮. 2002. 探析自然保护区旅游开发的景观生态调控. 生态经济,(12):
    57-60.

曹新向,瞿鸿模,韩志刚. 2003. 自然保护区旅游开发的景观生态规划与设计. 南阳师范学院学
    报(自然科学版),2(6):77-80.

常斌. 2007. 资源型城市生态环境保护与建设规划研究. 焦作:河南理工大学.

常玉光,王宏涛. 2005. 城市生态规划方法的智能化探讨. 山西建筑,31(19):24-25.

陈波,包志毅. 2003. 景观生态规划途径在生物多样性保护中的综合应用. 中国园林,(4):
    51-53.

陈波,包志毅. 2003. 生态规划:发展、模式、指导思想与目标. 中国园林,(1):48-51.

陈波,包志毅. 2004. 土地利用的优化格局——Forman 教授的景观规划思想. 规划师,20(7):
    66-67.

陈昌笃. 1991. 景观生态学的理论发展和实际应用,中国生态学发展战略研究(第一集). 北京:
    中国经济出版社.

陈芳. 2007. 城市工业区绿地生态服务功能的计量评价. 武汉:华中农业大学.

陈黎. 2008. 苏州水资源可持续利用研究. 南京:南京林业大学.

陈丽敏. 2009. 生态城市综合公园景观生态规划研究——以永安市龟山公园为例. 福州:福建农
    林大学.

陈利顶,傅伯杰,徐建英,等. 2003. 基于"源-汇"生态过程的景观格局识别方法. 生态学报,23
    (11):2406-2413.

陈利顶,傅伯杰,赵文武. 2006. "源""汇"景观理论及其生态学意义. 生态学报,26(5):
    1445-1449.

陈利顶,吕一河,傅伯杰,等. 2006. 基于模式识别的景观格局分析与尺度转换研究框架. 生态学
    报,3(26):663-670.

陈敏. 2005. 浅析城市园林设计中历史文化的挖掘与表达. 北京:北京林业大学.

陈鹏. 2007. 基于遥感和 GIS 的景观尺度的区域生态健康评价——以海湾城市新区为例,27

(10):1744-1752.

陈群元,喻定权. 2009. 我国建设低碳城市的规划构想. 现代城市研究,(12):17-19.

陈瑞剑. 2005. 曲阜市生态建设的研究. 济南:山东大学.

陈万年. 2007. 城市生态规划设计理论探讨. 山西建筑,33(6):68-70.

陈卫平. 2008. 贺兰山——银川盆地景观格局分析与景观规划. 北京:北京林业大学.

陈卫元. 2007. 我国城市生态园林建设浅议. 现代农业科技,(14):22-23.

陈遐林,汤腾方. 2003. 景观生态学应用与研究进展. 经济林研究. 21(2):54-57.

陈晓红. 2008. 东北地区城市化与生态环境协调发展研究. 长春:东北师范大学.

陈旭. 2006. 土地利用规划环境影响评价及其应用研究. 上海:同济大学.

陈亚振. 2008. 基于分区的公路路域系统评价研究. 西安:长安大学.

陈彦光,刘继生. 2001. 城市土地利用结构和形态的定量描述:从信息熵到分维数. 地理研究,20
(2):146-152.

陈燕飞. 2009. 城市生态规划相关概念辨析与理论方法介绍. 江苏城市规划,(1):44-47.

陈洋,李郇,许学强. 2007. 改革开放以来中国城市化的时空演变及其影响因素分析. 地理科学,
(2):142-148.

陈铁. 2002. 城市生态功能区划原则与方法. 福建环境,19(3):31-33.

陈展. 2006. SOM 神经网络模型在生态规划生态敏感性分析中的应用研究. 杭州:浙江大学.

陈忠. 2007. 广东省红树林生态系统净化功能及其价值评估. 广州:华南师范大学.

程颐. 2008. 饮用水源保护区生态补偿机制构建初探. 厦门:厦门大学.

仇保兴. 2009. 从绿色建筑到低碳生态城. 城市发展研究,(7):1-5.

褚福君. 2008. 浅谈城市生态环境规划. 科技资讯,(6):210-211.

崔凤军. 1995. 试论城市生态规划与自然生态功能区建设——以旅游文化名城泰安为例. 城市
规划汇刊,(3):41-45.

崔丽娟,李小文,王蓉,等. 2005. 中国的湿地保护和湿地公园建设探索. 湿地公园湿地保护与可
持续利用论坛交流文集,38-42.

崔向慧. 2009. 陆地生态系统服务功能及其价值评估. 北京:中国林业科学研究院.

崔秀丽. 2008. 保定市生态功能区划研究. 保定:华北电力大学(河北).

代丹,罗辑. 2008. 生态规划技术方法研究进展,安徽农业科学,36(20):8584-8586.

戴俊良. 2008. 基于 CR 的电力市场应用研究. 北京:华北电力大学.

戴瑞. 2009. 规划环评下生态环境质量的评价与研究. 厦门:厦门大学.

戴善伟. 2010. 城市建设的生态布局规划的探讨. 价值工程,(36):103-104.

邓楚雄. 2006. 武冈市土地资源生态安全评价研究. 长沙:湖南师范大学.

邓南荣,张金前,冯秋扬,等. 2009. 东南沿海经济发达地区农村居民点景观格局变化研究. 生态
环境学报,18(3):984-989.

邓文胜,王昌佐. 2004. 将 CA 模型嵌入 GIS 中用于景观生态变化的研究. 江汉大学学报(自然
科学版),32(1):88-93.

邓运员,申秀英,刘沛林. 2006. GIS 支持下的传统聚落景观管理模式. 经济地理,26(4):

693-697.

狄旸. 2007. 城市化水平的因子分析及评价——以江西省11个地级市为例. 发展改革,(5):
　　10-12.

董建华. 2007. 城市生态规划的理论与实践——以成都市非城市建设用地规划为例. 四川建筑,
　　27(2):4-6.

董骞. 2008. 镇域景观生态规划研究——以山东省宁阳县东庄为例. 济南:山东农业大学.

董舒. 2003. 生态城市建设的途径与措施. 今日科技,(6):39-41.

董云秀. 2010. 低碳经济下生态城市的建设举措探究. 中国集体经济,(27):21-22.

杜栋,庞庆华. 2005. 现代综合评价方法与案例精选. 北京:科学出版社.

杜丽杰. 2009. 白城地区洪水资源利用效益路径分析及定量计算. 大连:大连理工大学.

杜丽侠. 2009. 我国湿地类型自然保护区布局现状分析. 北京:北京林业大学.

段汉明,王晓辉. 2002. 城市与居住者. 重庆建筑大学学报,**24**(2):5-7.

范业正,陶伟,刘锋. 1998. 国外旅游规划研究进展及主要思想方法. 地理科学进展,**17**(3):
　　86-92.

方创琳. 1999. 新时期区域发展规划的重要地位与基本职能. 地理学与国土研究,**15**(3):38-42.

方虹. 2007. 国外发展绿色能源的做法及启示. 中国科技投资,(11):35-37.

冯存. 2008. 开封市生态功能区划研究. 开封:河南大学.

冯峰. 2009. 河流洪水资源利用效益识别与定量评估研究. 大连:大连理工大学.

冯刚. 2008. 新农村建设中经济与生态保护协调发展模式研究. 北京:北京林业大学.

冯健. 2002. 杭州市人口密度空间分布及其演化的模型研究. 地理研究,**21**(5):635-646.

冯晶艳. 2008. 居住区规划使用后评估方法研究. 上海:华东师范大学.

冯培荣. 2006. 宁波市江东区生态建设对策研究. 上海:同济大学.

冯向东. 1997. 论城市持续发展与绿色景观规划. 规划师,(2):50-53,64.

冯效毅,刘晓博,刘春阳. 2006. 重要生态功能区划方法研究——以南京市为例. 污染防治技术,
　　19(5):11-14.

冯亚刚. 2006. 美学原理在公路设计中的应用. 散装水泥,63-64.

冯韵. 2010. GG公司技术人员离职倾向诊断报告. 广州:华南理工大学.

付允,马永欢,刘怡君. 2008. 低碳经济的发展模式研究. 中国人口·资源与环境,**18**(3):14-19.

付允汪,云林,李丁. 2008. 低碳城市的发展路径研究. 科学对社会的影响,(2):5-10.

付在毅,许学工. 2001. 区域生态风险评价. 地球科学进展,**16**(2):267-271.

傅伯杰,陈立顶,马克明,等. 2001. 景观生态学原理及应用. 北京:科学出版社.

傅伯杰,陈利顶,邱扬. 2002. 黄土丘陵沟壑区土地利用结构与生态过程. 北京:商务印书馆.

傅伯杰,陈利顶,王军,等. 2003. 土地利用结构与生态过程. 第四纪研究,**23**(3):247-255.

傅伯杰,吕一河,陈利顶,等. 2008. 国际景观生态学研究新进展. 生态学报,**28**(2):788-804.

傅伯杰,赵文武,陈利顶. 2006. 地理—生态过程研究的进展与展望. 地理学报,**61**(11):
　　1123-1131.

甘晶. 2009. 生态足迹法在城市规划环境影响评价中的应用研究. 厦门:厦门大学.

高爱明. 1995. 浅论城市生态区划的原则、方法及应用. 环境科学研究,**8**(5):29-32.

高成康,王少平,陆雍森,李建华. 2006. 生态足迹的修正及其在城市生态规划中的应用——以上海市为例. 环境科学与技术,**29**(4):58-60.

高峰. 2007. 长沙市边缘区人居环境现状分析与调查研究. 长沙:湖南大学.

高启盛. 2010. 小城镇生态环境规划方法研究及实例分析. 广州:暨南大学.

高清竹,何立环,黄晓霞,等. 2002. 海河上游农牧交错地区生态系统服务价值的变化. 自然资源学报,**17**(6):706-712.

高琼. 2006. 沈阳市生态系统服务功能价值评估与生态功能区划. 重庆:西南大学.

高雪玲. 2004. 秦岭山地植被生态系统服务功能及其空间特征研究. 西安:西北大学.

邰国玉. 2010. 河南省生态功能区划研究. 郑州:河南农业大学.

葛方龙,李伟峰,陈求稳. 2008. 景观格局演变及其生态效应研究进展. 生态环境,**17**(6):2511-2519.

耿海青,谷树忠,国冬梅. 2004. 基于信息熵的城市居民家庭能源消费结构演变分析. 自然资源学报,**19**(2):257-262.

巩文. 2002. 略论生态区划与规划. 甘肃林业科技,**29**(3):28-32.

顾朝林,谭纵波,韩春强,等. 2009. 气候变化与低碳城市规划. 南京:东南大学出版社.

顾朝林,谭纵波,刘宛,等. 2009. 气候变化、碳排放与低碳城市规划研究进展. 城市规划学刊,(3):38-45.

顾朝林. 2005. 城市体系规划——理论、方法、实例. 北京:中国建筑工业出版社.

顾丽娟. 2010. 低碳城市:中国城市化发展的新思路. 未来与发展,(3):2-5.

关文彬,谢春华,马克明. 2003. 景观生态恢复与重建是区域生态安全格局构建的关键途径. 生态学报,**23**(1):64-73.

郭程轩,徐颂军. 2007. 基于3S与模型方法的湿地景观动态变化研究评述. 地理与地理信息科学,**23**(5):86-90.

郭军. 2009. "中新天津生态城"太阳能资源评估. 科学观察,(1):86-88.

郭泺,孙国瑜,费飞. 2008. 景观生态规划技术体系的研究. 中央民族大学学报(自然科学版),**17**(增刊):76-91.

郭朋恒. 2006. 小城镇生态环境规划中的生态适宜度分析. 武汉:华中科技大学.

郭秀锐,毛显强,冉圣宏. 2000. 国内环境承载力研究进展. 中国人口·资源与环境,**10**(3):28-30.

海继平,吴昊. 2011. 新农村规划建设中应注重传统生态文化的传承. 生态经济,(5):192-195.

韩冬梅. 2007. 临沂市生态用地规划布局研究. 石家庄:河北师范大学.

韩铭哲,段广德. 1995. 哈达门国家森林公园景观敏感度的评价. 内蒙古林学院学报,**17**(3):1-9.

韩茜. 2005. 新疆脆弱生态区评价及典型区研究. 乌鲁木齐:新疆大学.

韩文权,常禹,胡远满,等. 2005. 景观格局优化研究进展. 生态学杂志,**24**(12):1487-1492.

韩旭. 2008. 青岛市生态系统评价与生态功能分区研究. 上海:东华大学.

韩颖,汪炘. 2009. 南京市生态城市建设的现状、问题及对策. 污染防治技术,**22**(2):34-39.

韩颖,于玲,汪炘. 2009. 南京市生态城市建设实践思考. 现代城市研究,(7):86-90.

郝建华. 2010. 山东省安丘市生态建设的目标及影响因素研究. 北京:中国农业科学院.

郝晓军. 2009. 电厂建设项目综合后评价研究. 北京:华北电力大学(北京).

何春阳,陈晋,史培军,等. 2003. 大都市区城市扩展模型——以北京城市扩展模拟为例. 地理学报,**58**(2):294-304.

何春阳,史培军,陈晋,等. 2005. 基于系统动力学模型和元胞自动机模型的土地利用情景模型研究. 中国科学 D 辑:地球科学,**35**(5):464-473.

何建坤. 2009. 发展低碳经济,关键在于低碳技术创新. 绿叶,(1):46-50.

何永,刘欣. 2006. 城市生态规划的探索与实践. 北京规划建设,(3):59-61.

贺斌. 2005. 矿区复垦土壤相关生态服务功能价值评估. 太谷:山西农业大学.

侯波,焦琛. 2010. 浅析建立低碳城市规划体系的意义. 价值工程,(4):185.

侯学煜. 1988. 中国自然生态区划与大农业发展战略. 北京:科学出版社.

胡兵. 2010. 基于双主教学设计理论的企业培训课程开发与实践. 长沙:湖南大学.

胡启斌. 2005. 攀枝花市生态环境保护综合对策研究. 成都:四川大学.

胡巍巍,王根绪,邓伟. 2008. 景观格局与生态过程相互关系研究进展. 地理科学进展,**27**(1):19-24.

胡巍巍,王根绪. 2007. 湿地景观格局与生态过程研究进展. 地球科学进展,**9**(22):969-975.

胡希军,阳柏苏,马永俊. 2005. 城市生态规划与城市生态建设浅议. 怀化学院学报,**24**(2):79-82.

胡新艳,刘一明. 2003. 广东省 2001 年生态足迹的计算与分析. 广东地质,**18**(2):63-68.

胡艳艳. 2005. 基于 GIS 下宁波天童森林生态系统服务功能价值评估研究. 上海:华东师范大学.

胡燕,朱天柱. 2012. 国内外低碳城市建设探讨与对策研究. 资源开发与市场,**28**(08):737-739.

桓曼曼. 2001. 生态系统服务功能及其价值综述. 生态经济,(12):41-43.

黄秉维. 1960. 自然地理学一些最主要的趋势. 地理学报,**26**(3):149-154.

黄光宇,陈勇. 1999. 论城市生态化与生态城市. 城市环境与城市生态,**12**(6):28-31.

黄光宇,陈勇. 2004. 生态城市理论与规划设计方法. 北京:科学出版社.

黄俊装,黎惠秋. 2007. 关于生态城市建设的几点思考. 科技信息(学术研究),(11):62-63.

黄蕾. 2000. 城市河滨地区景观规划设计方法探讨. 规划师,(3):44-47.

黄莉芸,赵珂. 2008. 文化生态商业街的空间塑造——以成都市温江西大街整治更新规划为例. 福建工程学院学报,**6**(4):317-321.

黄敏. 2011. 如何实现城市的生态规划. 科技创新导报,(11):130.

黄宁. 2006. 基于持续发展的城市功能区划理论及方法研究,厦门:厦门大学.

黄天送. 2010. 城市居民用地适宜性评价. 南京:南京农业大学.

黄维友. 2007. 基于 GIS 技术的闽江流域生态脆弱性分析研究. 福州:福建农林大学.

黄焰城. 2009. 宁波市镇海区城市生态公益林生态服务价值研究. 上海华东师范大学.

黄勇,汪亚峰,肖飞,等. 2010. 公路景观生态规划研究综述. 19(2):161-164.

黄宇驰. 2004. 生态城市规划及其方法研究——以厦门为例. 北京:北京化工大学.

黄肇义,杨东援. 2001. 国内外生态城市理论研究综述. 城市规划,25(l):59-66.

霍海鹰,王芳,耿潇潇,等. 2009. 矿产资源型城市的生态化发展研究. 煤炭工程,(4):121-123.

姬晓娜,朱泮民. 2007. 生态旅游区的景观生态问题及其调控. 生态学杂志,26(11):1884-1889.

李永兴,何刚强. 2004. 城市河道整治与生态城市建设. 水土保持研究,11(3):245-247.

贾宝全,杨洁泉. 2006. 景观生态规划:概念、内容、原则与模型. 干旱区研究,17(2):70-77.

贾良清,欧阳志云,赵同谦,等. 2005. 安徽省生态功能区划研究. 生态学报,25(2):254-260.

贾明迅. 2009. 低碳城市建设"四重奏". 建筑时报,(6):1-2.

江林祥. 2009. 湖南山地新农村生态规划研究. 长沙:湖南农业大学.

姜曼. 2009. 大伙房水库上游地区生态补偿研究. 长春:吉林大学.

蒋鹏. 2008. 山区高速公路建设区域生态区划方法研究. 西安:长安大学.

蒋廷杰. 2007. 新化紫鹊界景区生态规划. 长沙:湖南农业大学.

焦民顺. 2009. 对生态城市规划和建设相关问题的思考. 山西建筑,35:11-12.

焦胜,曾光明,曹麻茹,等. 2006. 城市生态规划概论. 北京:化学工业出版社.

焦胜,曾光明,何理,等. 2003. 小城镇生态规划的不确定性分析. 城市环境与城市生态,16(S1):43-45.

焦胜. 2004. 基于复杂性理论的城市生态规划研究的理论与方法. 长沙:湖南大学.

金岚. 1992. 环境生态学. 北京:高等教育出版社.

金涌,王垚,胡山鹰. 2008. 低碳经济:理念实践与创新. 中国工程科学,12(1):4-11.

靳慧芳. 2008. 榆林地区生态足迹与生态风险分析与评价. 西安:长安大学.

康慕谊,董世魁,秦艳红. 2005. 西部生态建设与生态补偿——目标、行动、问题、对策. 北京:中国环境科学出版社.

柯燕珍. 2010. 生态环境状况评价研究进展. 广东化工,37(7):224-226.

孔繁德. 2002. 生态保护概论. 北京:中国环境科学出版社.

孔红梅,赵景柱,吴钢,等. 2002. 生态系统健康与环境管理. 环境科学,23(1):1-5.

寇刘秀,包存宽,蒋大和. 2008. 生态足迹在城市规划环境评价中的应用——以苏州市域城镇体系规划为例. 长江流域资源与环境,17(1):119-123.

赖日文. 2009. 生态住宅区规划设计的初步研究——以福州市为例. 福建建筑,(2):57-60.

冷文芳,肖笃宁,李月辉,等. 2004. 通过 *Landscape Ecology* 杂志看国际景观生态学研究动向. 生态学杂志,23(5):140-144.

黎雪林. 2007. 我国循环经济的系统分析、评价与管理研究. 广州:暨南大学.

李爱民,吕安民,隋春玲. 2009. 集成 GIS 的元胞自动机在城市扩展模拟中的应用. 测绘科学技术学报,26(3):165-169.

李宝玉,刘涛. 2008. 如何加强我国城市生态保护之我见. 科技信息,(35):763.

李保群. 2010. 浅谈城市生态居住区规划设计. 科技促进发展(应用版),(6):99-100.

李蓓. 2009. 浅谈城市生态居住区规划设计. 四川建材,35(3):118-119.

李博. 2000. 生态学. 北京:高等教育出版社.

李春越. 2005. 城郊农村土地生态经济适宜性评价及优化配置研究. 杨凌:西北农林科技大学.

李大鹏,沈守云,陈燕. 2008. 城市综合性公园改造与更新规划设计初探. 山西建筑,**34**(12):
11-12.

李迪强,宋延龄. 2000. 热点地区与GAP分析研究进展. 生物多样性,**8**(2):208-214.

李国旗,安树青,陈兴龙等. 1999. 生态风险研究述评. 生态学杂志,**18**(4):57-64.

李果. 2007. 区域生态修复的空间规划方法研究. 北京:北京林业大学.

李海峰,李江华. 2003. 日本在循环社会和生态城市建设上的实践. 自然资源学报,**18**(2):
252-256.

李海舰. 2008. 遗传神经网络在混沌时间序列预测中的应用. 太原:中北大学.

李红颖. 2011. 新一轮土地利用总体规划中土地生态规划研究——以重庆市黔江区为例. 重庆:
西南大学.

李化. 2006. 基于自然—经济—社会复合系统的城市生态规划——以长沙市为例. 成都:四川大
学.

李辉. 2010. 基于SLEUTH模型的银川平原城市扩展研究. 兰州:兰州大学.

李佳. 2007. 绿洲生态系统服务功能价值评估. 兰州:兰州大学.

李娟娟. 2004. 现代园林生态设计方法研究. 南京:南京林业大学.

李雷. 2008. 基于生态经济发展下的乡村景观规划研究——以湖南永州市江华瑶族自治县大路
铺镇椰下村为例. 长沙:中南林业科技大学.

李磊. 2008. 基于旅游者需求与行为的海淀大西山旅游区发展思路研究. 北京:北京林业大学.

李磊. 2008. 生态城市悄悄走来. 中国房地信息,(9):33-35.

李丽娟,张勃,李山勇. 2010. 甘肃省生态城市建设研究. 生态经济,(6):141-144.

李丽娜. 2003. 累积环境影响评价指标体系研究. 北京:中国环境科学研究院.

李凌颖. 2005. 中国特色的生态城市. 保定:河北农业大学.

李明. 2008. 城市环境景观美学价值与规划导向. 北方经贸,7:169-170.

李娜. 2008. 中低山区生态旅游景观规划与设计研究. 西安:陕西师范大学.

李茜. 2007. 区域土地生态环境安全评价及生态重建研究——以宁夏回族自治区为例. 西安:陕
西师范大学.

李强. 2004. 城市生态规划指标体系研究——以河南省商丘市为例. 天津:天津大学.

李珊珊. 2009. 生态设计与材料工艺特性研究. 武汉:武汉理工大学.

李士勇. 2000. 复杂系统、非线性科学与智能控制理论. 计算机自动测量与控制,**8**(4):1-3.

李树志,高均海. 2006. 采煤塌陷区景观生态再造技术. 选煤技术,(S):62-66.

李团胜. 1998. 试论城市景观生态规划. 生态学杂志,**17**(5):63-67.

李薇. 2006. 基于生态足迹判定的武汉科技新城景观生态安全格局分析. 武汉:华中农业大学.

李文庆. 2006. 小城镇景观生态规划研究. 保定:河北农业大学.

李向婷. 2008. 南方丘陵区乡村景观规划与设计研究. 长沙:湖南农业大学.

李小凌,周年兴. 2004. 生态规划过程详解——《生命的景观(The living landscape)》述评. 规划师，(6)：92-94.

李晓燕，陈红. 2006. 城市生态交通规划的理论框架. 长安大学学报（自然科学版），**26**(1)：79-82.

李晓燕. 2003. 基于交通环境承载力的城市生态交通规划的理论研究. 西安：长安大学.

李迅，曹广忠，徐文珍，等. 2010. 中国低碳生态城市发展战略. 城市发展研究，(1)：32-39.

李迅. 2010. 低碳生态视角下对城乡规划的几点思考. 城市，(3)：10-14.

李迅. 2010. 低碳生态引领城市发展新方向. 环境保护与循环经济，(6)：4-6.

李迅. 2008. 生态文明与生态城市之初探. 城市发展研究，(S1)：218-225.

李阳兵，谢德体，魏朝富，等. 2002. 西南岩溶山地生态脆弱性研究. 中国岩溶，**21**(1)25-29.

李弋. 2004. 生态建设与城市经营的互动机制及其在城市规划中的应用研究. 重庆：重庆大学.

李颖，黄贤金，甄峰. 2008. 区域不同土地利用方式的碳排放效应分析——以江苏省为例. 江苏土地，(4)：20-25.

李永军. 2010. 小城镇生态规划编制内容研究. 保定：河北农业大学.

李有斌. 2006. 生态脆弱区植被的生态服务功能价值化研究. 兰州：兰州大学.

李允祥. 2003. 建设生态型城市的几个重点问题. 发展论坛，(6)：40-41.

李正国，王仰麟，张小飞，等. 2006. 景观生态区划的理论研究. 地理科学进展. **25**(5)：10-20.

李子君. 2002. 中国如何进行生态城市建设. 国务院发展研究中心信息网.

梁朝晖. 2009. 上海市碳排放的历史特征与远期趋势分析. 上海经济研究，(7)：79-87.

梁鹤年，吴国玺，牛雄，等. 2010. 横向思维——首届"理论年聚"有感. 城市规划，**34**(1)：66-72.

梁警丹. 2007. 吉林省生态灾害风险评价与管理对策研究. 长春：东北师范大学.

梁留科，曹新向. 2003. 景观生态学和自然保护区旅游开发和管理. 热带地理，**23**(3)：289-293.

梁留科，曹新向. 2004. 试论生态旅游的生态化道路——以自然生态旅游区为例. 云南地理环境研究，**16**(3)：55-59.

林皆敏. 2007. 厦门市景观动态变化及其生态环境效应研究. 福州：福建师范大学，2-4.

林品蓁. 2005. 导入循环经济观念于工业园区之研究. 台北：国立台湾科技大学.

林群. 2009. 参与式森林生态系统管理模式构建与风险评价研究. 北京：中国林业科学研究院.

林小玲. 2004. 基于遗传神经网络的车辆动态最短路径研究与实现. 福州：福州大学.

刘翠梅. 2004. 旅游投资项目后评价. 青岛：青岛大学.

刘存丽. 2009. 南京市景观生态功能区划及研究. 南京晓庄学院学报，(6)：95-99.

刘存丽. 2006. 南京市景观生态空间格局的变化及调优措施. 南京：南京农业大学.

刘道辰，王振健，唐永顺，等. 2005. 生态足迹模型在区域生态规划中的应用——以山东聊城莘县为例. 生态经济，(10)：207-210.

刘国华，傅伯杰. 1998. 生态区划的原则及其特征. 环境科学进展，**6**(6)：67-72.

刘浩，吴仁海. 2003. 城市生态规划的回顾与展望. 生态学杂志，**22**(5)：118-122.

刘红玉，李兆富. 2005. 三江平原典型湿地流域水文情势变化过程及其影响因素分析. 自然资源学报，**20**(4)：493-494.

刘洪梅，赵占林. 2007. 智能控制在复杂系统控制中的应用. 太原科技，(12)：66-67.

刘华. 2008. 河南省泌阳县区域城市空间规划与调控研究. 北京:中国地质大学(北京).

刘金霞,顾培亮. 2003. 农业系统风险的复杂性管理研究. 西北农林科技大学学报(社会科学版),3(3):40-44.

刘京敏,周强. 2008. 西宁市 1996—2006 年生态城市建设测度分析. 中国公共安全(学术版),(13):25-28.

刘康,李团胜. 2004. 生态规划:理论、方法与应用. 北京:化学工业出版社.

刘岚. 2008. 城市废置地区生态景观再造补偿性设计探讨. 武汉:湖北工业大学.

刘茂松,张明娟. 2004. 景观生态学—原理与方法. 北京:化学工业出版社,113.

刘苗,苏鹏海. 2010. 基于生态视角下的城市交通生态规划探讨. 价值工程,(28):120.

刘年丰. 2005. 生态容量及环境价值损失评价. 北京:化学工业出版社.

刘启波. 2004. 绿色住区综合评价的研究. 西安:西安建筑科技大学.

刘茜,曾维华,陈栋等. 2009. 基于景观生态学的生态功能区划研究——以重庆市长寿区为例. 环境科学与技术,**32**(7):170-189.

刘倩,陈利民. 2009. 生态型城市规划与建设的几点思考. 江西化工,(3):142-143

刘琴,王金霞. 2006. 景观生态学在旅游规划中的应用. 环境科学与管理,**31**(5):148-150.

刘青. 2007. 江河源区生态系统服务价值与生态补偿机制研究. 南昌:南昌大学.

刘天齐,孔繁德,刘常海. 1992. 城市环境规划规范及方法指南. 北京:中国环境科学出版社,238-240.

刘文明. 2005. 山东省沂蒙山区土壤侵蚀经济损失评估及恢复对策研究. 泰安:山东农业大学.

刘小波,尤尔金姆·阿克斯. 2009. 曹妃甸生态城交通和土地利用整合规划. 世界建筑,(6):44-55.

刘晓丽,王发曾. 2004. 人本、文化、生态、超前、务实——小城镇新区规划设计的原则. 小城镇建设,(12):18-20.

刘晓涛. 2001. 城市河流治理规划若干问题的探讨. 水利规划设计,(3):28-33.

刘晓旭. 2009. 探索我国建筑业发展低碳建筑的方法与策略. 环境科学,(5):45-49.

刘新峰. 2009. 15 年来乌鲁木齐市自然资源变化轨迹与环境承载力动态变化研究. 乌鲁木齐:新疆师范大学.

刘星,石炼. 2008. 城市可持续水生态系统初探——以中新天津生态城为例. 城市发展研究,(S1):316-319.

刘艳红,郭晋平. 2007. 城市景观格局与热岛效应研究进展. 气象与环境学报,**6**(23):46-50.

刘英. 2007. 快速城市化区域景观生态规划研究. 武汉:华中农业大学.

刘勇. 2008. 基于空间信息技术的土地生态风险评价研究. 上海:上海大学.

刘张璐. 2010. 城市生物多样性保护规划大纲编制的研究. 泰安:山东农业大学.

刘哲,张江山. 2005. 层次分析法在水库水质评价中的模型设计及应用. 江苏环境科技,**18**(2):33-35.

卢爱刚,张镭,索安宁. 2010. 基于水土流失的景观格局分析方法. 生态环境学报,**19**(7):1599-1640.

卢创新. 2007. 河涌水污染特征及其悬浮式生物膜法处理技术研究. 广州:暨南大学.

鲁学军,周成虎,张洪岩,等. 2004. 地理空间的尺度-结构分析模式探讨. 地理科学进展,**23**(2):107-114.

吕翠美. 2009. 区域水资源生态经济价值的能值研究. 郑州:郑州大学.

吕一河,陈利顶,傅伯杰. 2007. 景观格局与生态过程的耦合途径. 地理科学进展,**26**(3):2-10.

罗彦芳. 2007. 县域土地可持续利用的景观生态学分析. 乌鲁木齐:新疆农业大学.

罗勇. 2005. 区域经济可持续发展. 北京:化学工业出版社.

马克明,孔红梅,关文彬,等. 2001. 生态系统健康评价:方法与方向. 生态学报,**21**(12):2106-2116.

马世骏,王如松. 1984. 社会——经济——自然复合生态系统. 生态学报,**9**(1):1-9.

马婷婷,刘立,嵇文涛. 2010. 生态风险评价内涵及方法研究. 甘肃科技,**26**(13):63-66.

马晓星. 2008. 小尺度区域生态功能区规划途径研究. 上海:上海交通大学.

马英杰,季方,樊自立. 1999. 塔里木河水质评价研究. 干旱区研究,**16**(3):1 - 5.

马玉英. 2004. 生态城市:21世纪青藏高原城市发展的目标. 北京大学学报(国内访问学者、进修教师论文专刊).

马元波. 2008. 晋城市生态功能区划研究. 太原:太原理工大学.

毛洪章,陈军. 2006. 武汉市环境承载力研究. 理论月刊,(1):72-77.

毛建华,刘太祥,马履一,等. 2008. 中新天津生态城资源节约、环境友好的改土绿化技术. 天津农业科学,**14**(4):1-3.

毛伟,强泰,陈海莉. 2008. 西宁市湟水河道整治与生态城市建设. (7):72-77.

毛文永. 1998. 生态环境影响评价概论. 北京:中国环境科学出版社.

梅林.2007. 泛生态观与生态城市规划整合策略. 天津:天津大学.

梅伟明. 1998. 城市规划建设与环境美学刍议. 学术论坛,(S1):103-105.

门可佩,周萍,蒋梁瑜. 2008. 构建和谐城市评价体系探讨——以南京市为例. 统计教育,(3):34-36.

孟鹏. 2004. 大城市郊区化过程中小城镇的区位分析与景观格局优化. 北京:中国农业大学.

闵庆文,欧阳志云. 1998. 可持续发展的生态学思考. 农村生态环境,**14**(2):40-44.

聂康才,周学红. 2006. 基于GIS的可操作的城市生态规划方法探索. 昆明冶金高等专科学校学报,**22**(3):25-35.

宁镇亚,刘东兰,黄麟,等. 2006. 自然保护区布局监测和生境破碎化监测——以海南铜鼓岭自然保护区为例. 林业调查规划,**31**(3):42-48.

牛桂敏. 2008. 基于系统科学的循环经济系统分析. 南方论坛,(1):38-52.

欧阳鹏. 2008. 公共政策视角下城市规划评估模式与方法初探. 城市规划,**32**(12):22-28.

欧阳云生. 2007. 城市废弃物生态工业园区的规划与设计研究. 成都:西南交通大学.

欧阳志云,王如松,李伟峰等. 2005. 北京市环城绿化隔离带生态规划. 生态学报,**25**(5):965-974.

欧阳志云,王如松. 2005. 区域生态规划理论与方法. 北京:化学工业出版社.

欧阳志云,王如松. 1995. 生态规划的回顾与展望. 自然资源学报,**10**(3):203-215.

欧阳志云,王如松. 1993. 生态规划——寻求区域持续发展的途径. 见:陈昌笃. 生态学与持续发展. 北京:中国科学技术出版社.

欧阳志云,王如松. 2000. 生态系统服务功能、生态价值与可持续发展. 世界科技研究与发展,(5):46-50.

欧阳志云,肖燚,王效科. 2005. 地理信息系统与自然保护区规划和管理. 北京:化学工业出版社.

欧阳志云. 2007. 中国生态功能区划. 高层论坛,(3):70.

潘宏图. 2005. 城市滨水区景观设计的生态策略研究. 成都:西南交通大学.

潘竟虎,石培基. 2009. 张掖市生态功能分区. 城市环境与城市生态,**22**(1):38-41.

彭晓春,陈新庚,李明光等. 2002. 城市生长管理与城市生态规划. 中国人口·资源与环境,**12**(4):24-27.

浦德明,何刚强. 2003. 城市河道整治与生态城市建设. 江苏水利,(5):33-35.

齐洪伟. 2009. 吉林省人口城市化进程中的生态环境研究. 长春:吉林大学.

齐亚彬. 2005. 资源环境承载力研究进展及其主要问题剖析. 中国国土资源经济,(5):7-11.

钦佩,安树青,颜京松. 1999. 生态工程学. 南京:南京大学出版社.

秦昌波. 2006. 天津海岸带生态系统健康评价研究. 北京:中国环境科学研究院.

秦珊. 2004. 森林生态系统服务功能经济价值估算及比较分析——以新疆为例. 乌鲁木齐:新疆大学.

丘宝剑,卢奇尧. 1987. 农业气候区划及其方法. 北京:科学出版社.

邱彭华. 2003. 旅游地景观生态规划与设计研究. 福州:福建师范大学.

邱扬,张金屯,郑凤英. 2000. 景观生态学的核心——生态学系统的时空异质性生. 生态学杂志,**19**(2):42-49.

曲格平. 1993. 环境科学词典. 上海:上海辞书出版社.

全泉,田光进,王健. 2009. 长江三角洲四城市城镇化过程景观动态变化格局比较. 生态学杂志,**28**(4):721-727.

饶正富. 1991. 流域生态环境规划的系统生态学方法. 武汉大学华报(自然科学版),(1):85-92.

任海,邬建国,彭少麟. 2000. 生态系统健康的评估. 热带地理,**20**(4):310-316.

任洪源. 2007. 论主体功能区划与生态功能区划的关系. 天津经济,(8):46-49.

任勇,陈燕平,周国梅,等. 2005. 我国循环经济的发展模式. 中国人口·资源与环境,**15**(5):137-142.

商振东. 2006. 市域绿地系统规划研究. 北京:北京林业大学.

邵培仁. 2008. 论媒介生态系统的构成、规划与管理. 金华:浙江师范大学学报(社会科学版),**33**(2):1-9.

邵先龙,贾仁甫. 2005. 城市河道治理工程新思考. 江苏水利,(7):10-11.

申卫军,邬建国,任海,等. 2003. 空间幅度变化对景观格局分析的影响. 生态学报,**23**(11):2219-2231.

申亚男．2009．城市景观生态规划理论应用初探．北京：北京林业大学．

沈莉莉，柏益尧，左玉辉．2006．城市景观生态规划：生态基础设施建设与人文生态设计——以常州市为例．四川环境，**25**(2)：71-74．

沈清基．2001．城市人居环境的特点与城市生态规划的要义．规划师，**17**(6)：14-17．

沈清基．2003．对城市河流的生态学认识．上海城市规划，(2)：31-36．

沈孝辉．2008．城市规划建设和管理的全新理念——巴西城市生态与文化考察．群言，(3)：36-41．

施璠成．2009．基于GIS的泰州医药城土地生态适宜性评价．南京：南京林业大学．

石洪华．2008．典型城市生态风险评价与管理对策研究．青岛：中国海洋大学．

石崧．2002．以城市绿地系统为先导的城市空间结构研究．武汉：华中师范大学．

史善宏．2008．井工开采煤矿沉陷区景观生态再造技术初探．矿山测量，(1)：61-64．

世界环境与发展委员会．1997．我们共同的未来．长春：吉林人民出版社．

舒坤良．2009．农机服务组织形成与发展问题研究．长春：吉林大学．

帅文波，刘黎明．2005．基于景观生态规划的县域生态农业规划方法探讨．生态经济(8)：78-81．

帅文波．2005．区域生态农业规划理论与方法研究．北京：中国农业大学．

宋晶．2009．旅游景区生态规划设计——入口场所景观设计研究．武汉：武汉理工大学．

宋满福．2003．山西省"数字生态"规划方法初探．科技情报开发与经济，**13**(11)：68-69．

宋鹏飞．2005．太原市城区土地利用景观格局分析及其优化研究．太原：山西大学．

宋睿．2007．生态服务价值理论在规划环评中的应用研究．大连：大连理工大学．

宋郁东，樊自立，雷志栋，等．2000．中国塔里木河水资源与生态问题研究．乌鲁木齐：新疆人民出版社．

宋治清，王仰麟，丁艳，等．2004．市域生态功能区划与可持续发展研究——以深圳市为例 资源科学，**26**(5)：118-124．

苏荣．2005．关于未来五年甘肃发展的思考．甘肃理论学刊，(6)：5-10．

苏小康．2006．基于复杂性与不确定性理论的城市生态规划系统分析方法．长沙：湖南大学．

隋铮．2008．计算机辅助可拓建筑设计的基本理论研究．哈尔滨：哈尔滨工业大学．

孙爱民．2007．天然气对江苏能源结构和环境保护的影响．中国工程咨询，(5)：23-24．

孙大明，马素贞，李芳艳．2011．无锡太湖新城低碳生态规划指标体系．(22)：52-54．

孙玲．2004．生态城市研究．长春：吉林大学．

孙明，邹广天．2009．基于可拓学的城市生态规划的目标和条件界定研究．华中建筑，**27**(9)：145-148．

孙明．2010．可拓城市生态规划理论与方法研究．哈尔滨：哈尔滨工业大学．

孙尚华．2008．渭北丘陵沟壑区冉家沟流域景观格局及其景观生态规划．杨凌：西北农林科技大学．

孙涛，杨志峰．2004．河口生态系统恢复评价指标体系研究及其应用．中国环境科学，**24**(3)：381-384．

孙秀美．2005．基于GIS的山东沂沭泗流域水土保持生态功能评价及区划研究．济南：山东师范大学.

孙育红,王学军,张志勇. 2007. 资源替代与吉林省循环经济发展. 当代经济研究,(11):59-61.

孙越. 2009. 水利建设项目后评价研究. 太原:山西财经大学.

塔依尔江·艾山. 2010. 河道输水干扰下塔里木河下游胡杨林长势变化对比研究. 乌鲁木齐:新疆大学.

覃美玲. 2002. 城市生态规划初探——以邵阳市为例. 湖南城建高等专科学校学报,11(3):38-40.

覃盟琳,吴承照,周振宇. 2008. 基于 CPSR 规划模型的风景区环境生态规划研究——以云南乃古石林景区详细规划为例. 中国园林,(2):65-70.

汤姿. 2005. 县(市)区域层面的生态环境质量评价与规划研究. 大连:辽宁师范大学.

唐建荣. 2005. 生态经济学. 北京:化学工业出版社.

唐艳明. 2009. 中新生态城节能经. 城市住宅,(8):130-131.

唐永顺. 2004. 应用气候学. 北京:科学出版社:155-161.

陶星名. 2005. 生态功能区划方法学研究. 杭州:浙江大学.

田村坦之. 2001. 系统工程. 北京:科学出版社.

田光进,邬建国. 2008. 基于智能体模型的土地利用动态模拟研究进展. 生态学报,28(9):4451-4459.

田倩. 2005. 城市开放空间景观元素特色研究. 武汉:武汉理工大学.

田晓晴. 2009. 西北地区东部中小城市"生长型"规划的结构与形态研究. 西安:西安建筑科技大学.

田艳. 2010. 黄山风景区生态风险分析与评价研究. 芜湖:安徽师范大学.

田宇鸣. 2007. 城市化过程中小城镇生态规划研究. 苏州:苏州科技学院.

仝川. 1998. 城市生态规划的理论与方法. 环境导报,(3):4-6.

童明. 1997. 城市模型方法的发展与反思. 国外城市规划,(3):42-46.

童颖. 2007. 长春净月潭国家级生态示范区生态环境规划研究. 长春:东北师范大学.

万显会. 2008. 城市应急水源地生态服务功能保护与开发的研究和应用. 厦门:厦门大学.

汪永华. 2005. 景观生态学研究进展. 长江大学学报(自科版),2(8):79-83.

王朝科. 2003. 建立生态安全指标体系的几个理论问题. 统计研究,(9):17-20.

王春芳. 2005. 塔里木河下游受损生态人工恢复与重建探讨. 北京:中国农业大学.

王丹. 2010. 基于 3S 技术的炎陵生态县规划方法研究. 长沙:湖南农业大学.

王芬,钱杰,唐东雄. 2002. 生态城市建设理论与实践的再思考. 上海环境科学,21(5):265-271.

王根绪,郭晓寅,程国栋. 2002. 黄河源区景观格局与生态功能的动态变化. 生态学报,22(10):1587-1598.

王根绪,钱鞠,程国栋. 2001. 生态水文科学研究的现状与展望. 地球科学进展,16(3):314-323.

王国平. 2005. 保护西溪湿地造福人民群众关于实施西溪湿地综合保护工程的思考. 湿地公园湿地保护与可持续利用论坛交流文集,22-28.

王国胜. 河流健康评价指标体系与 AHP——模糊综合评价模型研究. 广州:广东工业大

学,2007.

王浩,杨爱民.2002.国内外城市雨水利用情况评述.北京科协,(10):1-4.

王洪翠.2006.生态服务功能、生态安全和风险评价.福州:福建农林大学.

王家骥,李京荣,张惠选,等.2004.区域生态规划理论、方法与实践.北京:新华出版社.

王敬华.2001.小城镇生态规划理论研究.保定:河北农业大学.

王军,傅伯杰,陈立顶.1999.景观生态规划的原理和方法.资源科学,21(2):71-76.

王君.2002.城市改造问题研究.大连:东北财经大学.

王磊.2009.基于战略环评的公路网规划生态环境影响评价研究.西安:长安大学.

王立红.2005.循环经济.北京:中国环境科学出版社.

王立科.2005.美国生态规划的发展(二)——斯坦纳的理论与方法.广东园林,27(6):3-5.

王沛芳,王超,冯骞.2003.城市水生态系统建设模式研究进展.河海大学学报,31(5):485-489.

王乾,雷黎.2008.基于灰色预测模型的交通环境承载力研究.科学之友(B版),(7):70-72.

王青.2009.国外生态城市建设的模式、经验及启示.青岛科技大学学报(社会科学版),25(1):
    21-24.

王冉,钱瑜,张炜,等.2009.景观生态评价法在规划环评中的应用.环境科学与技术,32(4):
    177-180.

王让会,樊自立.2001.干旱区内陆河流域生态脆弱性评价——以新疆塔里木河流域为例.生态
    学杂志,20,363-68

王让会.2008.城市生态资产评估与环境危机管理.北京:气象出版社.

王让会.2004.遥感及GIS的理论与实践——干旱内陆河流域脆弱生态环境研究.北京:中国环
    境科学出版社.

王如松,迟计,欧阳志云.2001.中小城镇可持续发展的生态整合方法.北京:气象出版社.

王如松,林顺坤,欧阳志云.2004.海南生态省建设的理论与实践.北京:化学工业出版社.

王如松,欧阳志云.1996.生态整合——人类可持续发展的科学方法.科学通报,41(增刊):
    47-67.

王如松,薛元立.1995.生态规划及其在城乡生态建设中的作用.见:生态学进展.北京:科学技
    术出版社,363-364.

王如松,周启星,胡聃.2000.城市生态调控方法.北京:气象出版社.

王如松.1987.高效、和谐:城市生态学调控原理.长沙:湖南教育出版社.

王瑞君,高士平,宇文会娟等.2007.平泉县生态功能区划与主体功能区划研究.地理与地理信
    息科学,23(5):95-99.

王书玉.2006.基于生态足迹理论的县域生态经济系统评价.南京:南京农业大学.

王淑燕.2010.李村河生态整治对策及适用技术的研究.青岛:青岛理工大学.

王硕.2008.基于GIS—ANN—GM的生态适宜性分析.大连:大连理工大学.

王婷,李雪松.2010.中新天津生态城可再生能源利用综述.天津建设科技,(5):29-31.

王婷.2007.西安生态城市建设研究.西安:西安建筑科技大学.

王拓.2010.陕西省生态城市建设评价指标体垂研究.西安:陕西师范大学.

王炜. 2005. 城镇景观生态规划方法与实践研究. 北京：中国农业大学.

王祥荣，王平建，樊正球. 2004. 城市生态规划的基础理论与实证研究——以厦门马銮湾为例. 复旦学报（自然科学版），**43**(6)：957-966.

王祥荣. 2002. 城市生态规划的概念、内涵与实证研究. 规划师，**18**(4)：12-15.

王祥荣. 2005. 环境与生态. 南京：东南大学出版社.

王祥荣. 2001. 论生态城市建设的理论、途径与措施——以上海为例. 复旦学报（自然科学版），**40**(4)：349-355.

王祥荣. 1995. 上海浦东新区持续发展的环境评价及生态规划. 城市规划汇刊，(5)：46-50.

王祥荣. 2000. 生态与环境——城市可持续发展与生态环境调控新论. 南京：东南大学出版社.

王小春. 2003. 天津市生态功能区划研究. 天津：河北工业大学.

王晓博. 2006. 生态空间理论在区域规划中的应用研究. 北京：北京林业大学.

王雄宾. 2007. 八达岭油松林生态系统健康评价及调控研究. 保定：河北农业大学.

王秀红，何书金，罗明. 2002. 土地利用结构综合数值表征. 地理科学进展，**21**(1)：17-24.

王旭，王斌. 2009. 生态规划的生态学原理研究. 现代农业科学，**16**(1)：87-88.

王雪. 2009. 南京市可持续发展状态与趋势分析. 南京：南京林业大学.

王亚飞，宋瑛，谢光喜. 2003. 我国矿业城市实现可持续发展的途径分析. 有色设备，(6)：32-35.

王亚军. 2007. 生态园林城市规划理论研究. 南京：南京林业大学.

王仰麟. 1997. 景观生态系统及其要素的理论分析. 人文地理，**12**(1)：2-5.

王逸群. 2006. 新疆伊犁湿地资源现状与生态环境评价. 水土保持研究，**13**(6)：314-318.

王英. 2007. 水电工程陆生生态环境影响评价与生态管理研究. 西安：西北大学.

王永丽. 2009. 基于 RS 和 GIS 的县域生态功能区划研究. 西安：陕西师范大学.

王宇，欧名豪. 2006. 耕地生态价值与保护研究. 国土资源科技管理，(1)：104-108.

王玉荣，吕萍. 2007. 滨海新区产业发展特点、问题及对策. 中国科技投资，(9)：17-20.

王煜琴. 2009. 城郊山区型煤矿废弃地生态修复模式与技术. 北京：中国矿业大学.

王治江，李培军，王延松等. 2005. 辽宁省生态功能分区研究. 生态学杂志，**24**(11)：1339-1342.

韦亚权. 2005. 生态工业园区的规划与设计研究. 西安：西北大学.

魏海悟. 2010. 生态工业园规划与建设. 南昌：南昌大学.

温淑瑶，马占青，周之豪，等. 2000. 层次分析法在区域湖泊水资源可持续发展评价中的应用. 长江流域资源与环境，**9**(2)：196-201.

文琦，刘彦随，延军平. 2007. 生态节水型城市评价指标体系研究. 干旱区资源与环境，**21**(10)：34-38.

翁士增. 2005. 温州市生态城市建设评价与对策研究. 杭州：浙江大学.

邬建国. 2000. 景观生态学——格局、过程、尺度与等级. 北京：高等教育出版社.

巫丽芸. 2004. 区域景观生态风险评价及生态风险管理研究. 福州：福建师范大学.

吴琛. 2006. 城市景观生态设计. 天津：天津大学.

吴承照. 1999. 旅游区游憩活动地域组合研究. 地理科学，(2)：66-69.

吴岚. 2007. 水土保持生态服务功能及其价值研究. 北京：北京林业大学.

吴良林,周永章,陈子,等. 2007. 基于GIS与景观生态方法的喀斯特山区土地资源规模化潜力分析. 地域研究与开发,**26**(6):112-116.

吴良辅. 2001. 人居环境科学导论. 北京:中国建筑工业出版社.

吴亚妮. 2008. 车尔臣河中下游流域生态环境敏感性评价及其空间分布研究. 乌鲁木齐:新疆大学.

吴岩,杨子夜. 2009. 生态城市建设存在的问题及对策. 现代农业科技,(5):273-274.

吴忠勇,王文杰,李雪. 1995. 国家级环境区划理论与方法初探. 农村生态环境,**11**(3):1-3.

武春友,朱庆华,耿勇. 2001. 绿色供应链管理与企业可持续发展. 中国软科学,(3):67-70.

武赫男. 2006. 海南省生态环境规划研究. 长春:东北师范大学.

武立磊. 2007. 生态系统服务功能经济价值评价研究综述. 林业经济,342-445

奚江琳,李晓东,潘晨. 2007. 城市生态规划中的系统思维. 山西建筑,**33**(2):4-6.

夏保林. 2010. 郑汴区域城市空间扩展及调控研究. 开封:河南大学.

夏春凤. 2006. 水利枢纽施工干扰区水土保持与生态恢复研究. 南京:河海大学.

夏胜国,王树盛,曹国华. 2011. 绿色交通规划理念与技术——以新加坡·南京江心洲生态科技岛为例. 城市交通,**9**(4):66-75.

夏涛. 2003. 论生态化城市绿地规划与设计. 北京:清华大学.

鲜骏仁. 2007. 川西亚高山森林生态系统管理研究. 雅安:四川农业大学.

肖笃宁,高峻. 2001. 农村景观规划与生态建设. 农村生态与环境,**17**(4):48-51.

肖笃宁,李秀珍,高峻,等. 2003. 景观生态学. 北京:科学出版社.

肖笃宁,李秀珍. 1997. 当代景观生态学的进展和展望. 地理科学,**17**(4):356-364.

肖笃宁,李秀珍. 2003. 景观生态学的学科前沿与发展战略. 生态学报,**23**(8):1615-1621.

肖笃宁,王根绪,王让会. 2005. 中国干旱区景观生态学研究进展. 乌鲁木齐:新疆人民出版社.

肖笃宁. 1999. 国际景观生态学研究的最新进展——第五届景观生态世界大会介绍. 生态学杂志,**18**(6):75-76.

肖笃宁. 1991. 试论景观生态学的理论基础与方法论特点. 北京:中国林业出版社.

肖华斌,袁奇峰,陈军. 2008. 生态足迹视角下的区域生态规划研究——以九江市为例. 现代城市研究(1):76-82.

谢长青. 2006. 循环经济与城市可持续发展. 成都:四川大学.

谢花林. 2004. 乡村景观功能评价. 生态学报,**24**(9):1988-1993.

谢宁宁. 2008. 武汉市稻田生态系统服务功能评价. 哈尔滨:东北林业大学.

辛琨,赵广孺. 2002. 3S技术在现代景观生态规划中的应用. 海南师范学院学报(自然科学版),**15**(3/4):73-75.

辛章平,张银太. 2008. 低碳经济与低碳城市. 城市发展研究.(4):98-102.

邢宇,姜琦刚,李文庆,等. 2009. 青藏高原湿地景观空间格局的变化. 生态环境学报,**18**(3):1010-1015.

熊鸿斌,李远东,谷良平. 2010. 生态足迹在城市规划环评中的应用. 合肥工业大学学报,**33**(6):897-900,910.

熊惠华,钟旭东,杨智超. 2010. 色彩美学与规划管理在城市特色构建中的重要作用. 中外建筑, (3):83-85.

熊璟. 2009. 中国花生种植系统生态服务功能分析. 长沙:湖南农业大学.

熊雁晖. 2004. 海河流域水资源承载能力及水生态系统服务功能的研究. 北京:清华大学.

胥彦玲. 2003. 基于景观生态学的生态系统服务功能评价——以甘肃省为例. 西安:西北大学.

徐化成. 1995. 景观生态学. 北京:中国林业出版社.

徐会. 2009. 基于主体功能框架下县域生态功能区划及配套环境政策研究. 合肥:合肥工业大学.

徐建刚,宗跃光,王振波. 2008. 城市生态规划关键技术与方法体系初探. 见:2008 城市发展与规划国际论坛论文集.

徐敏. 2004. 基于资源环境系统复杂性研究的城市环境规划理论与方法. 长沙:湖南大学.

徐析,李倞. 2008. 浅析城市生态规划理论的发展、实践与展望. 三峡环境与生态,**1**(3):44-47.

徐晓芳,王让会,李锦,等. 2007. 基于3S的极端干旱区县域生态功能区划研究——以新疆鄯善县为例. 干旱区资源与环境,**21**(11):85-89.

徐雁. 2007. 上海生态型城市建设评价指标体系研究. 上海:华东师范大学.

徐颖. 2005. 生态系统健康的概念及其评价方法. 上海:上海建设科技,(1):38-39.

许浩峰. 2005. 山地流域小城镇生态规划研究. 上海:上海师范大学.

许克福. 2008. 城市绿地系统生态建设理论、方法与实践研究. 合肥:安徽农业大学.

许文峰,郑东. 2007. 新区龙湖水资源优化配置及技术保障措施研究. 长春:吉林大学.

许心倩. 2007. 泰安市生态功能区划研究. 北京:北京林业大学.

薛晓坡,林辉,孙华,等. 2009. 长沙市区景观动态变化分析. 中南林业科技大学学报,**29**(1):64-68.

薛英,王让会,张慧芝,等. 2008. 塔里木河干流生态风险评价. 干旱区研究,**25**(4):562-267.

薛兆瑞,马大明,段延青,等. 1993. 城市生态规划研究——承德市城市生态规划. 北京:气象出版社.

鄢涛,李冰,李迅. 2012. STARS——低碳生态规划技术体系的思考与实践. 建筑科技,(12):4-57.

鄢泽兵,万艳华. 2004. 现代生态规划对传统城市规划的启迪. 规划师,**20**(6):71-73.

严登华,何岩,王浩,等. 2005. 生态水文过程对水环境影响研究述评. 水科学进展,**16**(5):747-751.

严力蛟. 2005. 关于生态城市建设的十大误区. 中国生态环境城市建设论坛.

颜兵文. 2005. 长株潭湘江河岸带景观生态规划研究. 长沙:中南林学院.

颜京松,王如松. 2004. 生态市及城市生态建设内涵、目的和目标. 现代城市研究,(3):33-38.

燕守广,邹长新,张慧,等. 2008. 江苏省生态功能区划研究. 国土与自然资源研究,(3):71-72.

阳柏苏. 2005. 景区土地利用格局及生态系统服务功能研究. 长沙:中南林业科技大学.

阳小聪. 2008. 红壤丘陵区生态适宜性评价与土壤物理性质研究. 长沙:湖南大学.

杨春燕,蔡文. 2007. 可拓工程. 北京:科学出版社.

杨春燕,张拥军. 2002. 可拓策划研究. 中国工程科学,**4**(10):73-78.

杨定海. 2004. 岳麓山风景名胜区景观分析评价研究. 长沙:中南林学院.

杨馥. 2008. 基于复杂性理论的城市生态系统评价与规划. 长沙:湖南大学.

杨虎. 2007. 武汉经济技术开发区军山组团生态规划策略研究. 武汉:华中科技大学.

杨锦滔. 2006. 长沙市生态市建设与规划研究. 长沙:湖南大学.

杨劲松. 2007. 基于 Geomatics 的城市森林公园生态规划方法研究. 南京:南京林业大学.

杨晶. 2007. 荆州市生态环境系统敏感性评价方法及应用研究. 武汉:华中农业大学.

杨丽,甄霖,谢高地等. 2007. 泾河流域景观指数的粒度效应分析. 资源科学,**29**(2):183-187.

杨美霞. 2007. 基于循环经济理论的专业化旅游生态城市建设——以张家界为例. 资源环境与发展,(1):24-28.

杨敏. 2004. 基于 GIS 和模糊评价法的土地生态适宜性分析. 成都:西南交通大学.

杨荣斌. 2008. 基于 GIS 的阜新市土地生态适宜性模糊综合评价. 阜新:辽宁工程技术大学.

杨彤,王能民,朱幼林. 2006. 生态城市的内涵及其研究进展. 城市经济管理,(14):90-96.

杨晓平. 2005. 济南市南部山区景观安全格局的研究. 济南:山东师范大学.

杨絮飞. 2004. 生态旅游的理论与实证研究. 长春:东北师范大学.

杨永峰. 2009. 基于多重分析的山东省水土保持生态功能区划研究. 北京:北京林业大学.

杨永强,余新晓,卞有生,等. 2007. 县域生态功能区划研究——以桐柏县为例. 环境科学导刊,(S1):39-44.

杨勇. 2010. 生态工业园空间布局规划研究. 中外建筑,(6):80-82.

杨跃军,刘犟. 2008. 生态系统服务功能研究综述. 中南林业调查规划,**27**(4):58-62.

杨芸,祝龙彪. 2001. 城市生态支持系统的指标体系设计及实例分析. 上海环境科学,**20**(5):237.

杨兆萍,张小雷. 2000. 自然保护区生态旅游与可持续发展——以哈纳斯自然保护区为例. 地理科学,**20**(10):450-455.

杨志峰,徐俏,何孟常. 2002. 城市生态敏感性分析. 中国环境科学,**22**(4):360-364.

杨志焕. 2006. 亚热带人工湿地植物多样性与人工湿地价值评价. 杭州:浙江大学.

姚晓霞. 2009. 江苏新能源发展现状及对策. 江苏商论,(4):6-8.

叶立兵. 2010. 新城市中心设计的美学价值研究. 武汉:武汉理工大学.

叶蔓,王要武. 2003. 生态城市建设保障体系的研究. 低温建筑技术,(2):78-79.

叶青. 2010. 区域生态功能区划理论、方法与实证研究. 兰州:西北师范大学.

叶水泉. 2010. 低碳建筑技术思考与实践. 制冷空调与电力机械,**31**(4):25-29.

叶文虎. 1992. 环境承载力理论及其科学意义. 环境科学研究,(2):108-109.

叶正伟,朱国传,陈良. 2005. 洪泽湖湿地生态脆弱性的理论与实践. 资源开发与市场,**21**(5):416-420.

殷浩文. 1995. 水环境生态风险评价程序. 水污染防治,**11**(11):11-14.

尹长林. 2008. 长沙市城市空间形态演变及动态模拟研究. 长沙:中南大学.

尹丹宁. 2006. 区域生态环境规划技术方法的研究. 长春:东北师范大学.

尹立峰. 2005. 火电厂生态工业园方案设计与评价指标体系研究. 天津:河北工业大学.

于海燕. 2008. 钱塘江流域生态功能区划研究. 杭州:浙江大学.

于沪宁,李伟光. 1985. 农业气候资源分析和利用. 北京:气象出版社.

于曙明. 2007. 景观生态学在自然保护区旅游开发和管理中的应用. 贵州林业科技,**35**(2):23-26.

于斯惟. 2009. 野生动物园规划与设计初探. 长沙:中南林业科技大学.

于英. 2009. 城市空间形态维度的复杂循环研究. 哈尔滨:哈尔滨工业大学.

余新晓,牛健植,关文彬,等. 2006. 景观生态学. 北京:高等教育出版社.

鱼晓惠. 2007. 西北黄土高原地区小城市有机生长规划方法研究. 西安:长安大学.

俞孔坚. 1991. 景观敏感度与景观阈值评价研究. 地理研究. **10**(2):38-51.

俞孔坚. 1998. 从世界园林专业的发展的三个阶段自中国园林专业所面临的挑战和机遇. 中国园林,(1):17-21.

俞孔坚. 1998. 景观:文化、生态与感知. 北京:科学出版社.

俞孔坚. 1999. 生物保护的景观生态安全格局. 生态学报,**19**(1):8-15.

俞孔坚. 2003. 城市景观之路——与市长们交流. 北京:建筑工业出版社.

俞孔坚,李迪华,段铁武. 1998. 生物多样性保护的景观规划途径. 生物多样性,**6**(3):205-212.

俞孔坚,李迪华. 2003. 景观设计:专业、学科与教育. 北京:中国建筑工业出版社.

俞艳,何建华. 2008. 基于生态位适宜度的土地生态经济适宜性评价. 农业工程学报,**24**(1):124-128.

宇振荣. 2008. 景观生态学. 北京:化学工业出版社.

袁明瑞. 2010. 基于生态评价的区域生态规划发展等级评判. 泰安:山东农业大学.

曾光明,焦胜,黄国和,等. 2006. 城市生态规划中的不确定性分析. 湖南大学学报(自然科学版),**33**(1):102-105.

曾辉. 2009. 快速城市化地区景观的复合研究. 北京:北京大学.

曾静. 2005. 巢湖市生态城市建设研究. 福州:福建师范大学.

曾丽芳. 2011. 浅谈城市生态规划内容及注意事项. 生态与环境工程,(1):176.

詹云军,黄解军,吴艳艳. 2009. 基于神经网络与元胞自动机的城市扩展模拟. 武汉理工大学学报,**31**(1):86-90.

张道民. 1994. 论整体性原理. 科学技术与辩证法,**11**(1):35-39.

张海龙,蒋建军,谢修平,等. 2005. 基于GIS与马尔可夫模型的渭河盆地景观动态变化研究. 干旱区资源与环境,**19**(7):119-124.

张海琴. 2011. 江苏射阳县生态建设的措施与方法. 中国园艺文摘,(4):75-76.

张汉雄. 1997. 晋陕黄土丘陵区土地利用与土壤侵蚀机制仿真研究. 科学通报,**42**(7):743-746.

张红梅. 2005. 遥感与GIS技术在区域生态环境脆弱性监测与评价中的应用研究. 福州:福建师范大学.

张洪军. 2007. 生态规划:尺度、空间布局与可持续发展. 北京:化学工业出版社.

张虎闽. 2006. 江河口区湿地环境承载力研究. 福州：福建师范大学.

张惠远，王仰麟. 2000. 土地资源利用的景观生态优化方法. 地学前缘，7(S2)：112-120.

张建频. 2004. 关于崇明岛生态城市规划和建设的思考. 中国市政工程，**110**：45-50.

张建荣. 1997. 对区域环境风险评价的探讨. 中国环境管理，(6)：39-40.

张剑，隋艳晖，王森，等. 2006. 城市景观生态规划探讨——社会、经济、生态的和谐发展. 现代园林，(12)：30-33.

张江山. 2005. 福州内河环境治理与生态城市建设. 福建师范大学学报(自然科学版)，**21**(3)：99-104.

张金萍. 2009. 我国油田重大石油装备后评估研究. 哈尔滨：哈尔滨工程大学.

张金霞. 2004. 发展绿色武汉之探讨. 商业研究，(24)：94-98.

张景华，吴志峰，吕志强等. 2008. 城乡样带景观梯度分析的幅度效应. 生态学杂志，**27**(6)：978-984.

张竞贤. 2007. 消落区景观生态规划研究. 雅安：四川农业大学.

张静. 2005. 作物——地域多种组合中作物生态适宜性评价与权重配置方法的研究. 南京：南京农业大学.

张俊杰，张文杰，袁素霞. 2003. 论可持续发展的建筑节能观. 中州大学学报，**20**(4)：108-110.

张坤民. 2008. 低碳世界中的中国：地位、挑战与战略. 中国人口资源与环境，**18**(3)：1-7.

张莉娟，陆明，张勃. 2003. 计算机技术在城市生态规划中的应用. 黑龙江工程学院学报，**17**(1)：32-35.

张理华，周秉根，郑淑婧. 2006. 关于安徽生态省建设若干问题探讨. 国土与自然资源研究，(4)：59-60.

张龙. 2007. 生态水利在现代河道治理中的应用. 合肥：合肥工业大学.

张弥，关德新，吴家兵等. 2006. 植被冠层尺度生理生态模型的研究进展. 生态学杂志，**25**(5)：563-571.

张民. 2002. 发电厂励磁系统参数辨识. 北京：华北电力大学(北京).

张娜，尹怀庭. 2005. 自然风景旅游区规划设计的环境理念初探. 干旱区资源与环境，**19**(7)：71-75.

张娜，于贵瑞，于振良，等. 2003. 基于景观尺度过程模型的长白山净初级生产力空间分布影响因素分析. 应用生态学报，**14**(5)：659-664.

张鹏. 2008. 公路生态容量与分区研究. 西安：长安大学.

张鹏. 2009. 基于GIS的沿运灌区水系生态服务价值评估. 扬州：扬州大学.

张擎. 2010. 低碳城市建设要明确五大问题. 中国科技投资，(11)：41-42.

张泉，叶兴平. 2009. 城市生态规划研究动态与展望. 城市规划，**33**(7)：51-58.

张守营. 2009. 低碳生态将引领我国城市发展. 中国经济导报，10-27.

张素平. 2006. 现代生态理论及技术在城市生态规划中的应用途径. 中国环境管理干部学院学报，**16**(1)：18-21.

张为民，陈超，刘岳洲，等. 2007. 对杭州市生态建设的几点思考. 现代城市，(4)：19-21.

张为民,陈超,刘岳洲. 2008. 对杭州市生态建设的几点思考. 西南给排水,**30**(1):7-8.

张小飞,王仰麟,李正国. 2005. 基于景观功能网络概念的景观格局优化. 生态学报,**25**(7):1707-1713.

张晓明. 2007. 典型县域生态建设规划的初步研究. 青岛:青岛大学.

张薪. 2006. 城镇生态规划的研究与探讨. 武汉:华中科技大学.

张星,蒋文举,廖文杰. 2007. 资源型城市生态工业园规划设计探讨——以攀枝花市为例. 生态经济(学术版),(1):48-51.

张旭. 2004. 基于共生理论的城市可持续发展研究. 哈尔滨:东北农业大学.

张学林,王金达,张博,等. 2000. 区域农业景观生态风险评价初步构想. 地球科学进展,**15**(6):712-716.

张雅静. 2006. 闲时代文化对城市发展的影响——兼论城市文化的特性. 自然辩证法研究,(2):88-91.

张亚芬. 2009. 城市湿地景观的生态规划设计研究. 武汉:华中农业大学.

张亚平,左玉辉. 2006. 我国城市生态交通规划研究. 生态经济(学术版),(2):304-306.

张妍,杨志峰,何孟常,等. 2005. 基于信息熵的城市生态系统演化分析. 环境科学学报,**25**(8):1127-1134.

张艳芳,任志远. 2005. 景观尺度上的区域生态安全研究. 西南大学学报,**35**(6):815-818.

张燕. 2006. 区域循环经济发展理论与实证研究. 兰州:兰州大学.

张勇强. 2003. 城市空间发展自组织研究. 南京:东南大学.

张宇星. 1995. 城镇生态空间理论——扬州城镇群空间发展研究. 南京:东南大学.

张玉梅. 2006. 陆域生物多样性保护区群网体系框架研究. 福州:福建师范大学.

张远. 2003. 黄河流域坡高地与河道生态环境需水规律研究. 北京:北京师范大学.

张志云. 2008. 现代工业城的生态规划——以江西省丰城市丰源工业城规划为例. 科技广场,(9):84-85.

张智婷. 2009. 河北省自然保护区规划和管理有效性评估. 保定:河北农业大学.

章戈,严力蛟. 2009. 森林风景区景观生态规划研究现状与展望. 林业科学,**45**(1):144-151.

章家恩. 2009. 生态规划学. 北京:化学工业出版社.

赵晨光. 2009. 公主岭经济开发区环境承载力研究. 长春:东北师范大学.

赵广琦. 2005. 崇明东滩湿地生态系统健康评价和芦苇与互花米草入侵的光合生理比较研究. 上海:华东师范大学.

赵红兵. 2007. 生态脆弱性评价研究. 济南:山东大学.

赵惠琴. 2008. 我国生态城市建设的探索. 科学时代,(1):90-92.

赵军,胡秀芳. 2004. 区域生态安全与构筑我国 21 世纪国家安全体系的策略. 干旱区资源与环境,**18**(2):1-4.

赵军. 2008. 平原河网地区景观格局变化与多尺度环境响应研究. 上海:华东师范大学.

赵珂,冯月. 2009. 城乡空间规划的生态耦合理论与方法体系. 土木建筑与环境工程,**31**(1):94-98.

赵麦换. 2001. 区域生态环境规划的理论、指标体系及其应用初步研究——以延安市宝塔区为例. 西安：西北大学.

赵伟丽. 2008. 北京山区生态规划理论与方法研究. 北京：首都经济贸易大学.

赵文武，傅伯杰，陈利顶. 2003. 景观指数的粒度变化效应. 第四纪研究，**23**(3)：326-333.

赵肖. 2005. 石家庄污水灌溉区区域健康风险研究. 武汉：武汉大学.

赵秀勇. 2003. 生态足迹分析法在生态持续发展定量研究中的应用. 农村生态环境，**19**(2)：58-60.

赵英琨. 2009. 作物生态适宜性评价决策支持系统的设计与实现. 北京：北京林业大学.

赵玉涛，余新晓，关文彬. 2002. 景观异质性研究评述. 应用生态学报，**13**(4)：495-500.

郑国庆，王艳，王小同. 2006. 复杂系统非线性科学与中医脑病研究的方法论. 中国中医药科技，**13**(6)：421-422.

郑淑华. 2006. 不同放牧强度下羊草草原生态系统服务功能价值评估. 呼和浩特：内蒙古农业大学.

郑卫民，吕文明，高志强，等. 2005. 城市生态规划导论. 长沙：湖南科学技术出版社.

郑新奇. 2004. 基于 GIS 的城镇土地优化配置与集约利用评价研究. 郑州：解放军信息工程大学.

郑姚闽. 2010. 湿地类型自然保护区保护价值评价及保护空缺分析研究. 北京：北京林业大学.

郑毅. 2000. 城市规划手册. 北京：中国建筑工业出版社.

郑祖武. 1994. 中国城市交通. 北京：人民交通出版社.

中国城市科学研究会，中国城市规划协会，等. 2009. 中国城市规划发展报告 2008—2009. 北京：中国建筑工业出版社.

周海燕. 2006. 黄河三角洲数字生态模型及其应用研究. 郑州：解放军信息工程大学.

周静. 2009. 天山北麓"奎——独——乌"地区协同发展机制研究. 西安：西北大学.

周文. 2008. 自然保护区生态规划与景观设计研究——以广东大雾岭自然保护区为例. 长沙：中南林业科技大学.

周曦. 2001. 园林规划设计生态因素的思考. 北京：北京林业大学.

周志宇. 2007. 基于生态学理论的营口市水源镇土地利用规划研究. 哈尔滨：哈尔滨工业大学.

朱明栋. 2007. 景观生态规律的尺度推绎问题研究——以湖北省安陆市为例. 武汉：华中师范大学.

朱小武. 2009. 麻阳苗族自治县土地利用与生态环境建设研究. 长沙：湖南农业大学.

朱玥. 2007. 固态振动陀螺角度误差的全温补偿研究. 重庆：重庆大学.

朱跃龙. 2005. 京郊平原区生态农村发展模式研究. 北京：中国农业大学.

庄贵阳. 2007. 中国：以低碳经济应对气候变化挑战. 环境经济，(1)：69-71.

邹栋. 2006. 基于生态服务价值的绿色 GDP 核算. 武汉：武汉理工大学.

祖智波. 2007. 免耕稻——鸭生态种养模式生态系统服务功能价值评估. 长沙：湖南农业大学.

Aguilar B. 1999. Applications of ecosystem health for the sustainability of managed ecosystems in Costa Rica. *Ecosystem Health*，**5**(1)：36-48.

Bailey R G. 1976. *Ecoregions of the United States*. U. S. Washington D. C. : Department of Agriculture Miscellaneous Publication.

Bailey R G. 1989,Explanatory supplement to ecoregions map of the Continents. *Envir. Conser*, **16**(4):307-309.

Barnthouse L W, Suterll G W, Bartell S M. 1988. Quantifying risks of toxic chemical on aquatic populations and ecosystems. *Chemosphere*,**17**: 1487.

Barnthouse L W, Suter II G W. 1988. Use Manual for Ecological Risk Assessment. ORNL, 6251.

Bastian Olaf. 2000. Landscape classification in Saxony (Germany) - a tool for holistic regional planning. *Landscape and Urban Planning*, **50**: 145-155.

Briggs D J. 1983. Classifying landscape and habits for regional planning. *Journal of Environmental Management*, **17**(4): 249-261.

Cédric Gaucherel. 2007. Multiscale heterogeneity map and associated scaling profile for landscape analysis. *Landscape and Urban Planning*, **82**: 95-102.

Cook EA. 2002. Landscape structure indices for assessing urban ecological networks. *Landscape and Urban Planning*, **58**:269-280.

Demetiro L G, Leonardo M. 2007. Habitat and landscape factors associated with neotropical waterbird occurrence and richness in wetland fragments. *Bio-divers Conserve*, **16**: 1231-1244.

Department of Trade and Industry. 2003. Energy White Paper:Our Energy Future Create a Low Carbon Economy,London:TSO.

Dominique Guyonnet,Bernard Come,Pierre Perroehet, *et al*. 1999. Comparing two methods for addressing uncertainty in risk assessments. *Journal of Environmental Engineering*, **125**(7):660-666.

Doug P W, Alex S K. 2009. Rangeland biodiversity assessment using fine scale on-ground survey, time series of remotely sensed ground cover and climate data: An Australian savanna case study. *Landscape Ecology*, **24**:495- 507.

Duchhart I. 1989. Manual on environment and urban development. Nairobi, Kenya: Ministry of local government and physical planning.

Dustmann, Christian. 1997. Return migration, uncertainty and precautionary savings. *Journal of Development Economics*,**52**(2):295-316.

Eckart L. 2008. Our shared landscape: Design, planning and management of multifunctional landscapes. *Journal of Environment Management*,**89**: 143-145.

EPA. 1992. Framework for ecological risk assessment. *Risk Assessment Forum*, EPA/630(1):41.

Fernandez J E, Telleria J L. 2000. Effect of human disturbance on Blackbird turdus merula spatial and temporal feeding patterns in urban parks of Madrid Spain. *Bird Study*,**47**:13-21.

Ferng J J. 2001. Using composition of land multiplier to estimate ecological footprints associated with production activity. *Ecological Economics*,**37**: 159-172.

Forman R T T, Gordon M. 1986. Landscape ecology. New York: John Wiley and Sons.

Forman R T T. 1995. Land Mosaics: the Ecology of Landscape and Regions. London: Cambridge University Press.

Fornara D A,Tillman D. 2008. Plant functional composition influences rates of soil carbon and nitrogen accumulation.*Journal of Ecology*,**96**: 314-322.

Fortin M J, Agrawal A. 2005. Landscape ecology comes of age.*Ecology*, **86**: 1965-1966.

Fradkov A L. 1999. *Nonlinear and adaptive control of complex system*. Netlands: Kluwer Academic Publishers.

Fricker A. 1998. The ecological footprint of New Zealand as a step towards sustainability. *Future*,**30**(6): 559-567.

Godefroid S. 2001. Temporal analysis of the Brussels flora as indicator for changing environment quality. *Landscape and Urban Planning*,**52**: 203-224.

Groeneveld J,Enrich N J,Lamout B B, *et al*. 2002. A spatial model of coexistence among three banksias species along a topographic gradient in fire-prone shrablands. *Journal of ecology*, **90**(5):762-774.

Guido Buenstorf. 2000. Self-organization and sustainability: Energetics of evolution and implications of economics. *Ecological Eeonomics*,**33**: 119-134.

Haberl H, Erb K H, Krausmann F. 2001. How to calculate and interpret ecological footprints for long periods of time: the case of Austria 1926—1995. *Ecological Economics*, **38**: 25-45.

Hawkins V, Selman P. 2002. Landscape scale planning: Exploring alternative land use scenarios. *Landscape and Urban Planning*,**60**(4): 211-224.

Hendrix W G, Fabos J G Y, Price J E. 1988. An ecological approach to landscape planning using geographic information system technology, *Landscape and Urban Planning*, **15**: 211-225.

Liu Hua, Weng Qihao. 2009. Scaling effect on the relationship between landscape pattern and land surface temperature: A case study of Indianapolis, United States. *Photogram metric Engineering & Remote Sensing*,**75**(3): 291-304.

Isabel O P, Miguel A C, Alejanddra E C, et al. 2007. Landscape evaluation: Comparison of evaluation methods in a region of spain. *Journal of Environment Management*, **85**(1): 89- 90.

Itziar D A, María F S, Pedro A, *et al*. 2008. Modelling of landscape changes derived from the dynamics of socio-ecological systems: A case of study in a semiarid Mediterranean landscape. *Ecological Indicators*, **8**(5): 672-685.

Janet L O, Thomas A S. 1998. Regional gradient analysis and spatial pattern of woody plant communities of Oregon forests. *Ecological Monographs*,**68**(2):151-182.

Johk, McPherson E G. 1995. Carbon storage and flux in urban residential green space. *Journal of Environmental Management*, **45**:109-133.

Joly D, Brossard T, Cavailhes J, *et al*. 2009. A quantitative approach to the visual evaluation of landscape. *Annuals of association of American geographers*, **99**(2):113-125.

Julia L, Gregory J M, Alysha D P, *et al*. 2009. The influence of patch-delineation mismatches on multi-temporal landscape pattern analysis. *Landscape Ecology*, **24**:157-170.

Juval portugali. 1997. Self-organizing cities. *Futures*, **29**(4/5):353-380.

Keeble E J, Collins M, Ryser J. 1991. The potential of land-use planning and development control to help achieve favorable microclimates around buildings: A European review. *Energy and Buildings*, **16**(3-4):823-836.

Kurt H R, James D W, Robert V O, *et al*. 2002. Fragmentation of continental United States forests. *Ecosystem*, **5**:815-822.

Kurt H. R, James D Wickham, Robert V. O'Neill, et al. 2002. Fragmentation of continental United States forests. *Ecosystems*, **5**:815-822.

Lewis P H J. 1996. *Tomorrow by design: A regional design process for sustainability*. New York: John Wiley & Sons.

Li H. 1989. Spatio-temporal pattern analysis of managed forest landscapes: a simulation approach. The Orogen State University, Corvalllis, Otegou, USA.

Li L, Simonovic S P. 2002. System dynamics model for predicting floods from snowmelt innorth American prairie watersheds. *Hydrological Processes*, **16**(13):2645-2666.

Li Xia, Ye Jian. 2000. modelling sustainable urban development by the integration of constrained cellular automate and GIS. *International Geographi. Infor. Sci*, **14**(2):131-152.

Marsh G P. 1965. *Man and Nature*. New York: Charles Scribner.

McHarg I L. 1969. *Design with nature*. Doubleday, Garden City, NewYork.

McHarg I L. 1981. Human planning at Pennsylvania. *Landscape Planning*, **8**(2):109-120.

Melching, Charls S, Yoon, Chun G. 1996. Key sources of uncertainty in QUALZE model of Passaic River. *Journal of Water Resources Planning and Management*, **122**(2):105-113.

Monica G T. 2005. Landscape ecology: What is the state of the science. Annual Review of Ecology. *Evolution and systemics*, **36**:319-344.

Monica G T. 1987. Spatial simulation of landscape changes in Georgia: A comparison of 3 transition models. *Landscape Ecology*, **1**:29-36.

Moore T. 1998. Planning without preliminaries. *Journal of the American Planning Association*, **54**(4): 525-528.

Mumford I. 1960. Design with nature. New York: Natural History Press.

Nancy E M, John A W. 2000. A novel use of the lacunarity index to discern landscape function. *Landscape Ecology*, **15**:313-321.

Nilsson C, Berggrea K. 2000. Alterations of riparian ecosystems caused by river regulation. *Bio-*

science,**50**(9):783-793.

Northan R M. 1975. Urbangeography. New York: John Wiley & Sons, 66.

Odum E P. 1996. The strategy of ecosystem development. *Science*,**16**(4):262-270.

Opdam P, Foppen R, Vos C. 2002. Bridging the gap between ecology and spatial planning in landscape ecology. *Landscape Ecology*,**16**:767-779.

Rapport D J, Costanza R, McMichael A J. 1998. Assessing ecosystem health. *Trends in Ecology & Evolution*,13(10):397-402.

Rees W E, Wackemagel M. 1996. Urban ecological footprints: Why cites cannot be sustainable and why they are a key to sustainability. *Environmental Impact Assessment Review*, **16**(4-6): 223-248.

Rees W E. 1992. Ecological footprints and appropriated carrying capacity: What urban economical leaves out. *Environment and Urbanization*,**4**(2): 121-130.

Rigister R. 1987. *Eco-city Berkeley: Building Cities for A Healthy Future*. CA:North Atlantic Books.

Romme W H. 1982. Fire and landscape diversity in subalpine forests of Yellowstone National Park. *Ecological Monographs*,**52**:199-221.

Rose D, Steiner F, Jackson J. 1979. An applied human ecological approach to regional planning. *Landscape Planning*, **5**(4): 241-261.

Salyer,Kevin D. 1988. Overlapping generation and representatives agent models of the equity premia: implication from a growing economy. *Canadian Journal of Eeonomics*,**21**(3): 565-578.

Sidle R, Pearce A, Q'Loughlin C. 1985. Hillslope stability and land use. *Water Resource Monographs*,**11**(3): 231-239.

Singer,Hermann. 1998. Continuous panel models with time dependent parameters. *Journal of mathematics Sociology*,**23**(2):77-98.

Sirpa T, Kalle R,Hanna T, et al. 2005. Mapping gradual landscape-scale floristic changes in Amazonian primary rain forests by combining ordination and remote sensing. *Global Ecology Biogeography*,**14**: 315- 325.

Steiner F, Young G, Zube E. 1988. Ecological planning: Retrospect and prospect. *Landscape Journal*,**7**(1): 31-39.

Steiner F. 2002. *Human Ecology: Following Nature's Lead*. Washington D C. : Island Press.

Steiner F. 2000. *The living landscape: An ecological approach to landscape planning*. New York: McGraw-Hill.

Stokes S, Elizabeth W, Shelley M. 1997. *Saving America's countryside: A guide to rural conservation*. Baltimare Maryland: Johns Hopdins university press.

SuterlI,G W. 1993. *Ecological Risk Assessment*. Boca Raton:Lewis Publishers. 1-13.

Thayer R L. 2003. *Life place: Bioregional thought and practice*. Berkeley: University of California Press.

Thompson W. 1991. A Natural Legacy: Ian McHarg and His Followers. *Planning*, **57**(11): 14-19.

UK Government. 2003. Energy White Paper, Our Energy Future: Creating a Low Carbon Economy.

Van den Bergh J C J M, Verbruggen H. 1999. Spatial sustainability, trade and indicators: an evaluation of the ecological footprint. *Ecological Economics*, **29**: 61-72.

Veldkamp A, Fresco L O. 1996. CLUE: A conceptual model to study the conversion of land use and its effects. *Ecological modelling*, **85**(2-3): 253-270.

Vester F, Hesler A V. 1980. *Ecology and planning in metropolitan areas sensitivity model*. Berlin: Federal Environmental Agency.

Vuuren D P, Smeets E M W. 2000. Ecological footprints of Benin, Bhutan, Costa Rica and the Netherlands. *Ecological Economics*, **34**: 115-130.

Wackemagel M, Rees W E. 1996. *Our Ecological Footprint: Reducing Human Impact on the Earth*. Canada: New Society Publishers.

Wackernagel M, David Y J. 1998. Ecological footprint: An indicator of progress toward regional sustainability. *Environmental Monitoring and Assessment*, (2): 511-529.

Wackernagel M, Rees W E. 1997. Perceptual and structural barriers to investing in natural capital: Ecological from an ecological footprint perspective. *Ecological Economics*, **20**: 3-24.

Walmsley, Anthony. 1995. Greenways and the making of urban form. *Landscape and Urban planning*, **33**(1-3):81-127.

Wang F. 2006. Modelling sheltering effects of trees on reducing space heating in office buildings in a windy city. *Energy and Buildings*, **38**(12):1443-1454.

Wang Y Q, Zhang X S. 2001. A dynamic modelling approach to simulating socioeconomic effects on landscape change. *Ecological modelling*, **140**(1-2):141-162.

Zhou Zaizhi. 2000. Landscape changes in rural area in China. *Landscape and Urban Planning*, **47**(3):33-38.

后　记

　　全球变化背景下,生态问题日趋严峻,针对生态系统的变化,联合国曾启动了MA 计划,系统监测与评价生态系统的变化,为资源、环境与社会经济的协调发展提供理论指导与实践模式。在这种背景下,全国生态功能区规划以及主体功能区规划的实施,为合理利用土地资源,保护生态环境,发展区域经济提出了更高的要求,也同时为节能减排,应对气候变化以及建设资源节约型、环境友好型社会创造了有利条件,而生态规划发挥着重要的作用。

　　参与本研究及撰写人员有:胡正华负责生态规划的评价与分析等章节的编写,李琪负责生态规划的内涵及原则等章节的编写,王让会为本书总体策划,并负责其他章节的编撰及全书统稿工作,气象出版社的李太宇编审及各位同仁为本书的出版做了大量的工作。

　　参与本研究及撰写的人员还有:钟文(低碳生态规划的实施步骤),陆志家(生态规划的美学原理),薛雪(生态规划的特点与发展趋势)、程曼(基于城市生态功能的生态规划),王龚博(中国生态规划的理论方法及实践),丁玉华(生态规划的合理性),曹华(生态省(区、市)和城市建设特点与目标),丁曼(低碳产业园的一般模式)。因工作需要,部分研究工作之间的人员有诸多交叉。李成参与了本书系统集成以及生态省(区、市)和城市生态规划案例等工作,朱旻参与了相关图片的完善工作。参与本书编撰的还有中国科学院研究生院薛英、徐晓芳等。本书中引用了本领域相关专家的研究进展,因篇幅所限,未能一一列出,在此,对所有专家的工作表示敬意与感谢!

　　随着人们对“气候变化”、“低碳经济”、“生态经济”、“智慧环保”、“节能减排”、“可持续性”等问题的关注,生态规划在全国范围得到重视与加强,倡导生态经济、循环经济与低碳经济等成为资源、环境、社会、经济可持续发展的重要内涵。如果本书能够对生态建设、环境保护与经济发展等方面有所借鉴与帮助,那就是编者的共同心愿。衷心希望得到同行的不吝赐教!

作者

2012 年 7 月 9 日于南京